40年後の『偶然と必然』

モノーが描いた生命・進化・人類の未来

佐藤直樹［著］

東京大学出版会

40 ans après «Le hasard et la nécessité»
Reconstruction de la vue de Jacques Monod sur la vie,
l'évolution et l'avenir de l'humanité

40 years after "Chance and Necessity"
Reconstruction of Monod's view on life,
evolution, and the human future

Naoki SATO
University of Tokyo Press, 2012
ISBN 978-4-13-063333-8

『偶然と必然』各国語版の表紙

詳しい書誌情報は巻末の引用文献および巻頭の凡例を参照.

日本語版(JP), 1972年

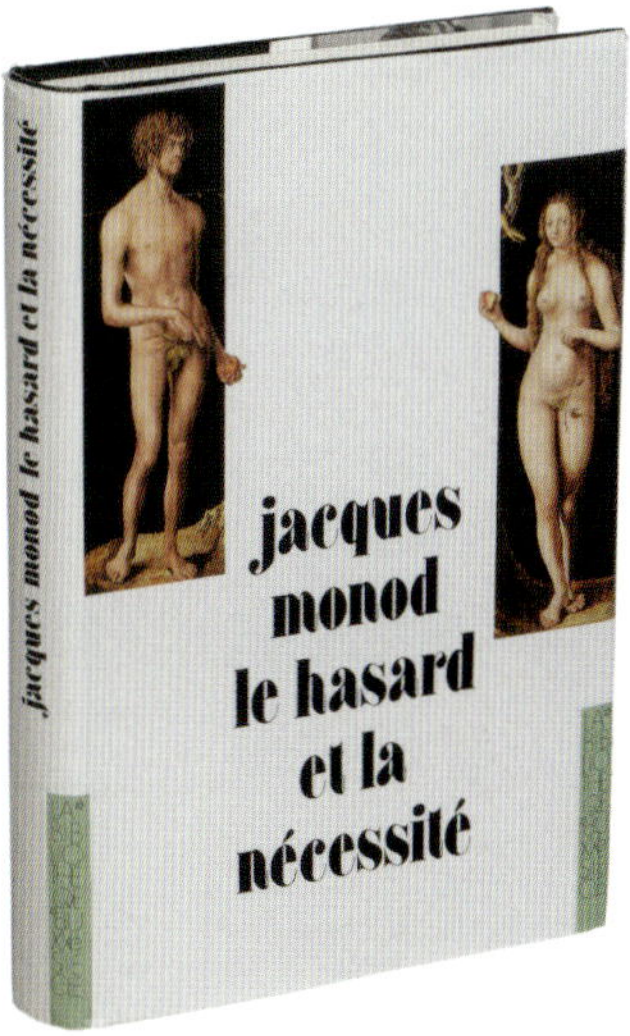

フランス語版(再版), 1989年

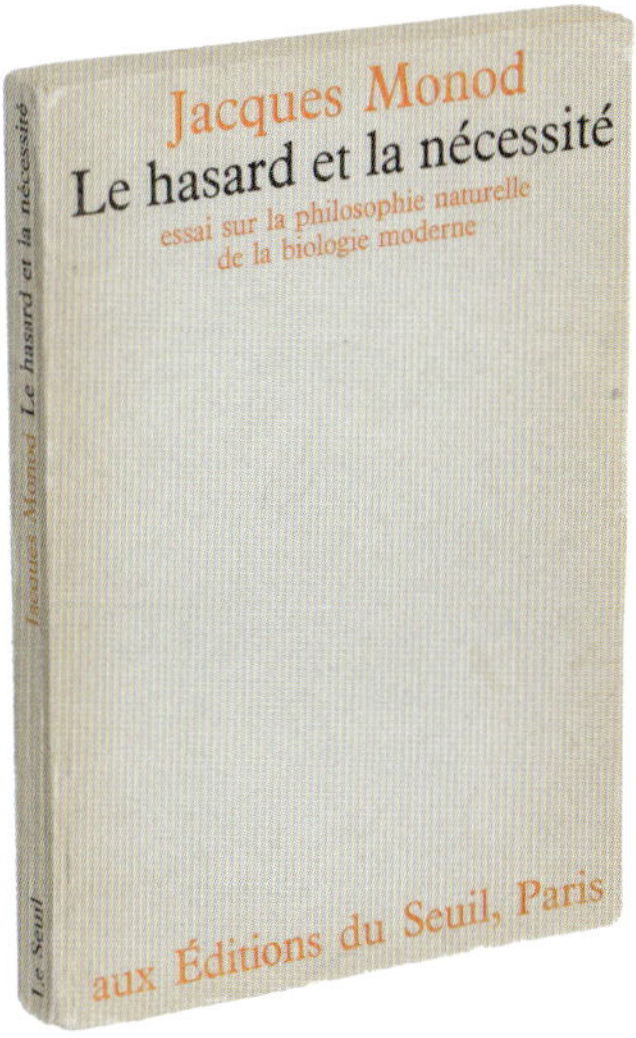

フランス語版(原著HN), 1970年

英語版（イギリス），1972年

英語版（米国ポケット版US），1972年

イタリア語版（ポケット版IT），1997年

ドイツ語版（DE），1971年

はじめに

ジャック・モノーの『偶然と必然』Le hasard et la nécessité という書物が出版されたのは、一九七〇年のことである。また、ジャコブとモノーが、転写制御のモデル系とも言うべきラクトース合成調節系のオペロン説を発表したのは、一九六〇～一九六一年のことで、それによって、彼らとルヴォフがノーベル賞（医学生理学賞）を受賞したのは、一九六五年のことである。二〇一〇年は、モノー生誕一〇〇周年記念の年で、二〇一一年は、ラクトースオペロンから五〇年、『偶然と必然』から四〇年あまりとなる。モノーのもう一つの重要な業績は、アロステリック制御で、これも同じ頃に発表されたよく知られた概念である。こうした記念すべき年ということで、分子生物学の専門誌である *Molecular Cell* には、「ジャコブとモノーから五〇年」という特別記事が掲載され、各界の専門家による短いコメントが紹介された（*Molecular Cell* 特集記事 2011）。また、モノー生誕一〇〇周年記念として、モノーが所長を務めていたパリのパスツール研究所から、微生物学研究雑誌 *Research in Microbiology* に記念論文が掲載された（Ullmann 2010, Legout 2010, Morange 2010）。こうした点から、今の時期に、こうした問題の原点を振り返ることには意味があろう。しかし、いまなぜモノーかということについては、もう少し多面的な要因を説明しなければならない。

誰もが挫折した「モノー」

日本で『偶然と必然』が出版されたのは一九七二年、私がちょうど大学に入学した年である。当時、この本はかなり話題となり、生物関係に限らず多くの理系の学生が読みあさったようである。また文系の学生も読んでいたが、必ずしも好評というわけではなかったと思う。実は私は、流行というものが嫌いで、生物化学科に進学した後も、この本を読んだことはなかった。この本の大きな特色は、理系、それも生物学という、それまでは趣味の学問と思われていた分野のノーベル賞学者が、人間の生き方や社会のあり方を語ったという点であろう。モノーの本は、生物学者の社会的な発言として、真新しいものであった。当時新しく発展してきた生物学が、本格的に人間社会や生活にも関わりをもち始めた転換点にあって、分子生物学つまりＤＮＡを基本とした生物学の牽引者の見解に関して、世間からは、期待も、批判も、誤解も、失望も含めて、さまざまな感想があった。

ところが、『偶然と必然』を購入した人は多かったのだが、では、本当に全体を読んで中身を隅々まで理解した人がどれだけいたのかというと、かなり怪しい。後に紹介するように、多くの日本人が批評を残しているが、哲学的な部分だけ、あるいは、生物学的な部分だけについてのコメントにとどまっている場合が多い。「柳瀬尚紀の猫舌三昧」という朝日新聞の記事（二〇〇三年三月六日付夕刊）には、「分子生物学者ジャック・モノーの有名な『偶然と必然』に挫折して久しい」と書かれている。実際、身近な人に聞いても、挫折したという人は多い。その理由は、この本のカバーする範囲の広さにもあろう。フランスでも、生物学の学生は、この本を必ずしも読まなかったとも聞く。しかし、もう一つの深刻な問題は、書かれている訳文の意味が理解しにくいことであった。

私と「モノー」との出会い

それから四〇年経った最近になって、生物学の基本概念を、「エントロピー差／不均一性」をキーワードとして理解する（佐藤 2011a, 2012）ということを考えているうちに、生命世界の全体はどのような因果関係で結ばれているのだろうか、異なる階層での自己組織化に含まれる偶然性と因果律との関係はどうなのか、などと考えながら、このさい、モノーが実際にどんなことを言っていたのかを確認しておきたいと思うに至った。そこで、図書室に行って、日本語版の本を探し、ページをめくってみた。何か仰々しい言葉が並んでいて、どうもなじめない。この感じは、四〇年前に書店の店頭で見たときと同じである。少し読んでみようとしたが、書いてあることがどこかおかしいのではないか、ひょっとしたら翻訳がおかしいのかもしれないと思って、原書を入手することにした。さて、フランス語で読み始めると、すらすら読み進んで、何も引っかかるところがない。確かに少しスノッブなフランス語で、フランス語初心者には難しいかもしれないが、少なくとも生物学の中身はすでによく知られていることなので、特に問題なく読める。

では、フランス語で読む限り中身も問題ないのかというと、そうでもない。やはり、多くの哲学者を引き合いに出しながら、きちんとした出典すら示さず、あまり厳密な議論もなく否定しているように見える。マルクス主義については、少しは詳しく引用しながら議論しているものの、それをアニミズムというのはおかしいのではないか。さんざん難しそうなことを言っておいて、最後の章では、ずいぶんと楽観的な理想社会を語っている。一方で、生物学の中身についても、偶然というのは何を指しているのか、必然の中身は何か、偶然から必然が生まれるというのは本当なのか、などなど、いろいろな疑問がわいてくる。生命の起源や人間の進化についても仮説が述べられているが、果たしてその真偽はどうなのか。わからないことだらけである。みなが挫折するのも納得できる。

そこで、挫折した人々になりかわって、この本について、何とか私の力で完全解読してみようという気持ちになった。この本を解読するにあたり、私にとってたまたま非常に条件がよかったと思えるのは、若い頃に実存主義やマルクス主義の本をたくさん読んでいたことと、それと関連してフランス語を勉強したこと、そして、生物化学を専攻したことであろう。モノーの思想内容は別として、この本の広がりが、ぴったりと私にあてはまるように感じられた。

四〇年という時間

四〇年前の本なのだから、今さら考えてみても意味がないではないか、という意見にも一理ある。特に自然科学の本であれば、そういうこともあるかもしれない。とはいえ、いまだにこの本はロングセラーとして、フランスでも日本でも販売されており、ブログなどにもたくさん取り上げられていて、分子生物学的な中身はすでに風化しているものの、世間や学生に対する影響は依然として根強いように思われる。風化していることは、むしろよいことかもしれない。つまり、当時最新の知識だった分子生物学的な内容が、いまや高校の教科書にも載っていて、ある意味では「あたりまえのこと」になり、今なら、生物学者でなくても理解して読むことができるからである。一方で、一九七〇年当時の風潮として、マルクス主義は大きなテーマであったが、今となっては、社会主義・共産主義はすでに過去のものとなり、人々の関心は薄くなっている。それも、「モノー」の解釈においては、よいことかもしれない。

他方、進化を哲学的に考えること自体は、今でもホットな話題として、形を変えながら残り続けている（松本 2010 など）。進化というのは、生物学の中でも非常に主観の入る分野である。一九七〇年当時は、生物学者の中に、分子生物学の華々しい成果を認めたくない人々がかなりいて、なんでもＤＮＡでわかるはずがないとか、生物の生き物らしさをよく見なければならない、顕微鏡で見えるものがすべてである、とかいうような話をよく耳にしたものである。ポストゲノム時代と言われる現在でも、生物学には、生物のおもしろさを楽しむ面と、分子レベルのしくみを解明しようとする方向性の両面が残っている。それでも、生物がたくさんの部品でできていて、それを詳しく調べることが人間の健康にも役立つなどということについて、すでに共通理解ができているという意味では、四〇年の歳月は十分だった。

そうなると、四〇年前の本であっても、そこで問題とされていることがらは、今日的な課題でもあり、共通ではないかとも思える。それは、一九七〇年が、新しい生物学が人間生活に身近なものになってくる見通しがついた転換期であるとすれば、現在は、ゲノムを始めとする生物学的知識により、本当に人間や生物のことが解明され始めるというさらに重大な転換期だからである。モノーが書いていた分子の組み合わせによって、人間のことが本当に理解できそうになりかけている。そんな時代であればこそ、もう一度一九七〇年を振り返ってみて、当時の人が、この新しい生物学の発展にどのような態度をとろうとしていたのかを、わが身で感じることができ、それによって、モノーの問いかけに答えることも可能になるのではないだろうか。

「モノー」の思想の広がりをマップにする

『偶然と必然』は、一つの作品として整合性のあるまとまりを見いだすには、確かに内容的に古い部分やおかしな部分も多い。したがって、モノーの意図を再構築しようとすると、必ずしも書いてあることのすべてについて、つじつまが合っているとは言えず、うまく全体を構築できなくなるかもしれない。

それは、誰の著作でも、多かれ少なかれ、あることかもしれない。しかし、それを無理に整合性のあるものにしないで、それぞれの議論を、ある仮想的位相空間の座標に配置していけば、全体としてのモノー像の広がり・分布が生まれてくるに違いない。それは同時に、一九七〇年当時の科学的知識のマップの一部でもある。

フランスの哲学者にミシェル・フーコーという人がいて、一九六九年に『知の考古学』L'archéologie du savoir という本を書いている(Foucault 1969)。私なりの理解では、昔の思想を、本とか理論とかの単位から切り離してバラバラにし、それぞれの言説(ディスクールと呼ばれている)をそれぞれの背景に埋め込み、当時の知的思想マップを再現し、そのマップの切り替わりから思想史を区分するというようなことが提案されていたと思う。昔の科学史というのは、現在の知識に照らして「正しい」ことが、どのように解明されてきたかを跡づけるものだったが、そういう観点からモノーを見るのではなく、現在をも客観化して、知識や思想のぶつかり合いや融合などを、位置づけることを考えてみたい。つまり、いわば、『偶然と必然』の「知の考古学」を試みようと思う。このように書いたからといって、私の試みることがなにもフーコーの言う通りのものである必要はないが、全体として、整合性のあるモノー像を目指すのではないことだけは、始めに断っておきたい。

本書の構成

本書では、まず一章で、モノーの人となりを紹介したのち、二章と三章では、モノーの『偶然と必然』の議論を、原書に基づいて、できるだけ忠実に再現したい。これによって、「挫折」した人にも、もう一度「本来の」意味を理解してもらいたいと思う。そのさいに、日本ではあまり知られていない関連文献についても紹介したい。四章では、この本に対する批判を、各国語ごとに取り上げて検討する。それを受けて、五章では、各国語に翻訳されたさいの紹介のされ方から、各国語版を再話として捉え、各国なりの『偶然と必然』像がどのようなものとして構成されたのかを考察する。次に、六章では、特に、偶然と必然という言葉に焦点をあて、それぞれの概念の意味する内容を解明する。引き続き七章では、その他の重要概念に対するモノーの立場を考察する。これらの分析に基づいて、八章では、現在の分子生物学や進化学において、『偶然と必然』のさまざまな議論がそれぞれどのように見直されたのかを考察する。最後に、モノーが発した問いに対して、私なりの答が出せればよいと思う。なお、分子生物学的な内容の詳細は、ここで詳しく説明する必要はないと思う。この他に、資料1として語句の説明を、また、資料2として日本語訳の問題点を検討した結果を提供する。予めお断りしておきたいこととして、私のような理系の人間が他の文献に言及するさいに、直接的な表現で述べることによって明確ではあるものの、受け取りようによってはきつい表現と思われる場合もあるかもしれない。とくに、翻訳の問題点などの指摘では、訳者の方などに不快の念を与えないかと懸念しているが、表現のまずさがあるとしても悪意があるわけではないことを述べておきたい。

すでに翻訳書をもっていて、本棚の肥やしにしている方は、ぜひ、もう一度引っ張り出してきて、比べながら本書を読んでいただきたい。また、翻訳書をもっていなくても、本書だけでも十分に理解できるように書いてあるつもりである。ぜひ、いろいろなことに頭をめぐらせながら、自分ならどう答えるのか考えながら読んでいただければ幸いである。

謝辞

本書をまとめるにあたり、一九七〇年当時の『偶然と必然』をめぐる状況について教えていただいた中村桂子氏（生命誌研究館）、與謝野文子氏（フランス文学者）、偶然の引用例について教えていただいた中島敏幸氏（愛媛大学）、一九七〇年当時の関連出版物について教えていただいた横山輝雄氏（南山大学）、心理学に関してコメントをいただいた長谷川壽一氏（東京大学）にお礼を申し上げます。また、第二外国語としてドイツ語選択であった私が、大学院時代以降、長年にわたり、フランス語を勉強する機会をもった東京お茶の水のアテネフランセで、フランス語・ラテン語の指導をいただいた諸先生方、互いに励まし合った同学の方々にも感謝いたします。さらに、フランス・グルノーブル留学中には、ロラン・ドゥース Roland Douce、ジャック・ジョヤール Jacques Joyard の両先生および研究室の方々に、研究はもちろん、フランス語の面でも大変お世話になりました。ジョゼフィーヌ・ガリポン Joséphine Galipon 氏および野崎夏生氏（お二方とも東京大学）にはいくつかのフランス語の意味について、マイケル・A・カバイェロ Michael A. Cabellero 氏（コロラド州立大学）には一部の英語の表現について、それぞれ教えていただきました。実存思想に関する理解は、駒場の学生当時、ハイデガーについての原佑先生（故人）のゼミに参加させていただいたことで、深まりました。さらに、まだ第三外国語となる前のイタリア語を、ゼミで教わった平川祐弘先生には、その後もいろいろ教えていただきました。逆に、現在の駒場で、フランス語で科学書を読む全学ゼミに参加した学生諸君の指導の中からも、重要な示唆を得ました。東京大学出版会の薄志保氏・小松美加氏には、企画の段階から幅広く相談にのっていただきました。お礼を申し上げます。

なお、再話については、妹の佐藤宗子（千葉大学）から示唆を得ました。たぐいまれな書物の虫を実践するお手本となったこの妹と妻いづみの二人には、ずいぶんと励まされたこともつけ加えておきたいと思います。

凡例

表記についての説明

欧文引用語は、基本的にフランス語である。英語版や英語圏の批評家、英文論文に言及する場合のみ、英語を使っている。また、一部には、ドイツ語、イタリア語やラテン語・ギリシア語も用いている。ラテン語は、慣用に従い、イタリック体とした。

人名は、カナで表記しているが、初出の時には、もとの綴りを示している。

引用文献については、下記のモノーの著作を除き、人名と年号を使って表示し、そのさいには、もとの綴りを用いている。

物事の始まりを表す「きげん」には、「起源」と「起原」の二通りの書き方があり、ダーウィンの『種の起原』では、伝統的に「原」の字が使われているが、「原」も「源」も、語源は、水がわき出す泉を指しているようなので、本書では、「起源」で統一した。

文献の引用について

頻出文献については、巻末文献表にある通り、以下のように略記する。

HN…『偶然と必然』フランス語版原文
JP…『偶然と必然』日本語版
US…『偶然と必然』英語版

DE…『偶然と必然』ドイツ語版
IT…『偶然と必然』イタリア語版
EC…『知識の倫理』
LI…コレージュ・ド・フランス開講講義「分子生物学から知識の倫理へ」
SV…ノーベルシンポジウム要旨「科学とその価値観」
LR…「知識と価値との論理的関係について」

なお、「本書」という言葉は、この私が書いている本のことを指すために用い、モノーの著書を指すときには、右の記号で示すことにする。訳文は、基本的には私自身が訳したものを表示したが、必要に応じて、訳書を引用した。区別が必要な時には、私自身の訳文にNSと表記した。『偶然と必然』の章を表すには、第2章のように表し、本書の章を表すには、三章のように漢数字で第をつけずに表すことにする。

40年後の『偶然と必然』——モノーが描いた生命・進化・人類の未来【目次】

第一章　モノーの人物像と業績

ジャック・モノーと言えば、普通は、分子生物学の草分けで、オペロン説とアロステリック酵素の概念を提唱したノーベル賞学者という位置づけである。しかし、『偶然と必然』を理解するには、それだけでは十分ではない背景がある。そこで、モノーとはどんな人だったのかについて、文献に基づいて紹介したい。

一九七〇年当時は、日本でも、日米安保改定反対運動や大学改革を求める学生運動が盛んだった時代で、戦中戦後に社会的にも活躍したモノーについては比較的よく知られており、共感を得ていたと聞くが、現在では、こうしたことはほとんど知られていない。モノーの生涯と経歴については、二〇一〇年にパスツール研究所から刊行された論文（Ullmann 2010）および一九八八年に刊行されたモノーの論文集（文献EC）の序文、イタリア語版ITの紹介文、さらにクリックによる追悼文（Crick 1976）、スタニエによる追悼文（Stanier 1977）、モノー追悼論文集『分子生物学の起源』（Lwoff & Ullmann 1979）などにまとめられていて、これらがおそらく最も信頼性の高い情報であると思われるので、それらに基づいて、簡単に紹介する。

（1） その生涯

ジャック・モノー Jacques Monod は、一九一〇年二月一〇日、父ルシアン・モノー Lucien Monod と母シャルロット・トッド・マクレガー Charlotte Todd McGregor の子として、パリで生まれた（誕生日は、Ullmann 2010 と Lwoff & Ullmann 1979 では二月九日となっている）。コレージュ・ド・フランス Collège de France における開講講義 Leçon inaugurale（EC 第7章所収、以下 LI と表記）の中にある引用文で McGregor の名前があるのは、実はモノー自身の言葉を母の旧姓を使って語ったものである（EC p 45）。父は清教徒で、芸術家として自由に生きた。モノーは、ダーウィンについて、父から教わったという。母はアメリカ人で、スコットランド系牧師の娘であった。このため、モノーは当時のフランス人としては珍しく、流暢な英語を話した（Crick 1976, Stanier 1977）。

モノー一族は、ユグノー（カルバン派のプロテスタント）の家系に属しており、ルイ一五世の時に、迫害をおそれてスイスとフランスの国境ジェクス Gex 地方（ジュネーブ近く）に逃れたが、フランス革命後の一八〇八年にフランスに戻ってきたとされる。その子孫は多数にのぼり、歴代の親族には、教師、公務員、牧師、医師などが多かったとされる。なお、共和国連合 RPR にあって、シラク大統領のもとで参事官 conseiller を務めた政治家ジェローム・モノー Jérôme Monod（一九三〇年生まれ）は、いとこにあたる。また、砂漠の研究で知られる博物学者テオドール・モノー Théodore Monod（一九〇二～二〇〇〇）

など、各界で活躍する親戚は多い。

モノーは、一九一八年（IT、Stanier 1977では一九一七年）から一九二八年まで、フランス南部のカンヌに移り住み、そこでリセ（日本の中学・高校にあたる）を終えた。チェロを弾くなど音楽的な教育環境にも恵まれた。バカロレア（大学入学資格）取得後、パリに上京してソルボンヌ大学に入学、一九三一年に、理学の学位を得て卒業した。その間、ロスコフの海洋生物学研究所に研修生として滞在し、後にともにノーベル賞を受賞することになるルヴォフと出会う。また、一九三〇～一九三一年には、ストラスブール大学のシャットン教授（真核生物と原核生物の区別を提唱した微生物学者）のもとで、研修を行っている。一九三二年、パリ大学の生物進化研究室（コルリ教授）に、奨学生として入所した。この時期には、ゾウリムシやテトラヒメナなどの原生動物を使って、いろいろな研究テーマを探していたようである。一九三四年には、調査船"Pourquoi pas?"（なんでもやってみよう号）でグリーンランドに行き、海藻などの自然誌を研究した。一九三六年には、同僚のエフルッシの勧めで、ロックフェラー財団の奨学金を得て、カリフォルニア工科大学（アメリカ）にわたり、モルガン率いる遺伝学のメッカ（IT p VI）で、本場の遺伝学を学ぶこととなった。この時、実はもう一度調査船に乗ることも考えていたが、その船はその後、グリーンランドで遭難し、乗組員は全員亡くなった。モノーは、遺伝学に命を救われたと言われている。ところが、アメリカでは音楽に没頭し、パリに戻っても、ソルボンヌでの研究助手と合奏団の指揮の二足のわらじを続けた。一九三八年、音楽で知り合った考古学者で東洋研究者でもあったオデット・ブリュール Odette Bruhl と結婚し、オリヴィエ（後に地質学者）とフィリップ（後に物理学者）の二人の息子に恵まれた。

（2） 科学者としての経歴

一九三七年からは、大腸菌をモデルとした細胞生理学の実験を始めた。一九三九年の第二次世界大戦開戦後、フランスはドイツ軍の占領下に置かれたが、研究は続けることができたようである。一九四一年には、細菌が二種類の糖を使い分ける二相性現象（ジオキシー）diauxieを発見し、これがその後の酵素的適応の研究の基礎になった。同年、この研究で博士号を取得したが、審査員は、誰もその研究の重要性を認識していなかったと言われる（Ullmann 2010）。

一九四二年には、占領軍に反対する地下運動に加わっていった。パリ解放後は軍隊に加わり、そこで、アメリカ軍の士官を通じて、アメリカの研究雑誌に触れ、ルリアとデルブリュックによる細菌の突然変異の論文や、エイブリーの形質転換の論文を読むこととなった。

戦後は、パスツール研究所に入り、ルヴォフが主宰する研究部門の一研究室を任され、狭い小さな研究室で、酵素の適応現象を研究することとなった。これがβ（ベータ）ガラクトシダーゼの研究である。一九四六年以降、ラクトース利用に関する突然変異体の取得を始め、ガラクトース透過酵素を発見し、それがβガラクトシダーゼと一緒に誘導されることを明らかにした。両酵素をコードする（コードするとは、その酵素をつくる情報をもつ、という意味）遺伝子が同時に誘導なしに発現する構成的変異が見つかり、その原因遺伝子は、i遺伝子と名づけられた。一九五七年には、i遺伝子がリプレッサー（現在では、DNAに結合して発現を抑制するタンパク質とわかっている）をコードすることがわかった。さらに、一連の実験によって、メッセンジャーRNA（DNAの情報を読み取ってつくられる核酸の一種）やオペロン（複数の遺伝子が並んで存在し、同時にまとめて発現制御を受けるシステム）の概念が生まれた。一九六〇年代初めには、オペロンやリプレッサーの働きについてのしくみがかなりわかってきた。

一九五三年から一九七〇年まで、モノーは、パスツール研究所の細胞生化学部門の長として研究を続けたが、一九七〇年からはパスツール研究所長を務めた。研究所の財政立て直しなどに尽力したが、再生不良性貧血症（anémie aplasique）のため、輸血に頼る生活となり、一九七六年五月三一日（ITのみ三〇日）に、静養先のカンヌで急逝した。最後の言葉は、「私は、理解しようと務める」Je cherche à comprendre. だったそうである（EC p 48）。ルヴォフによれば、モノーの性格には二面性があり、個人的なつきあいでは、暖かく親切な面をもちながら、公的な場で批判を受けることには頑強に反論したのだそうである（Lwoff & Ullmann 1979）。

なお、科学的業績の内容については、この後の（6）で簡単に説明し、三章におけるHNの内容紹介の一部と、六章、七章、八章などでも扱う。

（3）　社会との関わり

ウルマンの論文（Ullmann 2010）でも指摘されているように、モノーは、市民としてまた知識人としての責任と義務に目覚めた学者であった。ドイツ軍占領下でも、始めは研究も続けながら、レジスタンス運動に加わって、重要な役割を果たしていたが、妻がユダヤ人であるという問題があった（Stanier 1977）。

やがて、一九四四年になると、ドイツの国家秘密警察ゲシュタポに追われるようになり、ソルボンヌの研究室を去った。連合軍パリ入城の前にマリベール Malivert という名前でパリ市民に向けて出されたビラは、モノーの手になるものだったそうである。また、パリ解放後に、それまで別々に戦ってきた部隊を、フランス正規軍として統合するのにも大きな役割を果たした。

モノーは社会的な発言も、さまざまに行っている。一九六〇年には、アメリカのオレゴン州で、近代社会と科学の関係を論ずる講演を行った。さらに、コレージュ・ド・フランスの開講講義（一九六七年一一月三日）では、『偶然と必然』のもとになる講義を行っている。大きなホールが満員になり、立ち見が出るほどの大盛況だったそうである。その後、一九六九年には、カリフォルニアのポモナ・カレッジ Pomona College でロビンス・レクチャー "Molecular Biology and the Kingdom of Ideas"（分子生物学と知識の王国）を行った。さらに、コレージュ・ド・フランスの一九六九〜一九七〇年の講義でも、同じ問題を扱った。これらの講演の内容をもとに、『偶然と必然』がまとめられた。

一方、ルイセンコ事件（次項で説明する）でも、ソビエト社会主義（現在のロシア）が以前にとっていた社会体制）に反対する意見を述べていた。さらに、大学改革のため、政府に働きかけ、フランスの科学水準を高める努力をしたことも、大きな社会貢献である。その他、堕胎の合法化を含む家族計画や安楽死の容認などについても、見解を発表した。こうしたモノーの態度は、人権の擁護者として評価されている（Fantini 1988 EC序文、Stanier 1977）。さらに、忙しい公務の中、『人間と時間』L'Homme et le temps という本を執筆していたそうであるが、未完に終わった（Lwoff & Ullmann 1979）。

(4) マルクス主義との関係

モノーは、レジスタンス運動のさなか、一九四三年には、当時最も有力な抵抗組織であったフランス共産党に入党し、かなりの戦功もあげて、後にたくさんの勲章を受けた。解放後の一九四五年には、共産党から離党したものの、このことのために、生涯、アメリカへの入国のビザを得るさいに特別な許可を必要とした(EC p 12, Stanier 1977)。その後一九四八年に、ルイセンコ事件(獲得形質が遺伝するとするソビエトの学者ルイセンコの説が、弁証法的唯物論に合致するものとして、共産党からもてはやされ、逆に、変化しない遺伝子を対象とする遺伝学はブルジョア思想として粛清の対象となった)が起きたが、その時には、共産主義を批判する論陣を張った。『偶然と必然』の中でも、たくさんのページを割いて、エンゲルスの自然弁証法の内容を再構成していることなど、マルクス主義にはかなり精通しているとともに、最も強い批判の矛先を向けていた。

マルクス主義に対するモノーの立場という文脈における一つの解釈を述べるならば、必然が「マルクス主義で言う歴史的必然」つまり共産主義の勝利を指し、偶然は「科学的な客観的真理」を指しているようにも思える。あとで説明するように、第9章の最後は、真に科学的な社会主義の建設で終わっているが、この議論こそが、このタイトルに込められた一つの意味なのではないかと思われる。

（5） モノーは実存主義者か？

マルクス主義と並んで、当時、フランスの多くの知識人にとって、やはり必須の教養であった実存主義・実存思想との関係は、モノーの著作の理解にとって重要である。一九六八年の五月革命で先頭に立っていたサルトルの思想には、当時の若者は大いに影響を受けた。ここでは、この言葉になじみのない読者のことも考えて、少し詳しく説明する（資料1も参照）。

『偶然と必然』HNの最初のページに、カミュの『シジフォスの神話』からの抜粋（Camus 1942b）が掲載され、同じものは、一九七〇年のノーベルシンポジウム一四（SV、EC第6章として所収）でも引用されている。人間はどれだけ努力して、前に進もうとしても、なんどもなんども引き戻されてしまう。なぜそうしなければならないのかもわからないのだが、それでも、前に進もうとし続けるのが人間であるという、この有名な話は、実存思想の中心概念である「人間の不条理」を表現した作品として知られる。この他、コレージュ・ド・フランス開講講義LIでは、ハイデガーとニーチェからの引用が、他の引用とともに含まれている。ハイデガーからの引用は、以下のような短い文章である（仏独語で若干ニュアンスが異なることだけ、指摘しておく）。

Qu'un étant soit ontologique ne signifie pas pour autant qu'il ait déjà élaboré une ontologie.

ある存在者が存在論的であるということは、だからといって、その存在者が存在論をつくり上げたことを意味しない。

（ドイツ語原文）Ontologisch-sein besagt hier noch nicht: Ontologie ausbilden.（Heidegger 1927/1972 序論第四節）

存在論的に存在しているということは、だからといって、存在論を形成することを意味しない。

この引用は、LIにおける問題提示の最初に置かれ、ハイデガーの意図とは別に、「人間は生きているからといって、生きることの意味がわかっているわけではない」という人間存在の意味を追求することの難しさを紹介したものと思われる。

ニーチェからの引用は、やや長く、難解である。

[...] Toutes les sciences travaillent aujourd'hui à détruire en l'homme l'antique respect de soi ... Elles mettent leur idéal austère et rude d'ataraxie stoïque à entretenir chez l'homme ce mépris de soi, obtenu au prix de tant d'efforts, en le présentant comme son dernier, son plus sérieux titre à l'estime de soi ...

（ドイツ語原文）Alle Wissenschaft ... — ist heute darauf aus, dem Menschen seine bisherige Achtung vor sich auszureden,［wie als ob dieselbe Nichts als ein bizarrer Eigendünkel gewesen sei; man könnte sogar sagen,］

sie habe ihren eigenen Stolz, ihre eigene herbe Form von stoischer Ataraxie darin, diese mühsam errungene Selbstverachtung des Menschen als dessen letzten, ernstesten Anspruch auf Achtung bei sich selbst aufrecht zu erhalten ... (Nietzsche 1887 III-25. 下線はNS)

あらゆる科学は現在、人間が古くからもつ自尊心を破壊するのに全力をあげている。[1]（角括弧内略）そうした努力の代償を払って得られた人間の自己侮蔑を、人間の自尊心の最後の最も真剣な証明書[2]として提示し、それをもち続けるという禁欲的平静が、辛辣で高慢な科学の理想（科学自身の高慢さ、つまり禁欲的平静という科学自身の辛辣な形式）なのである。[3]

（1）ドイツ語では「人間に自尊心を捨てさせることを追求している」。
（2）ドイツ語では「権利・要求」。
（3）ドイツ語では「とさえ言ってもよかろう」。
（全体の註）難解なので、簡単に言い換えると、「科学が進めば人間の価値をおとしめることにしかならないが、それでも、それ以外には人間が自尊心をもつ手段がないので、科学はいわば禁欲的に黙々と働いている」ということと思われる。

ここに述べられているのは、後に紹介する『偶然と必然』第9章の主張そのものにきわめて近い。違うとすれば、ニーチェは科学を否定したが、モノーはそれでも科学によって人間社会をよくしようと考えた点である。

人間存在の不条理、つまり、「人間はなぜ存在するのかという根拠がまったくわからない、人間はどのように生きていけばよいのかもわからない」という疑問が実存思想の中心である。フランスで実存主義と一般に呼ばれるのは、サルトルの思想である。サルトルが、『実存主義はヒューマニズムである』という本を著したのは一九四六年であった（Sartre 1946/1970）が、彼は、一九六八年の学生運動において、指導的とも言える大きな役割を果たした。人間の実存を考える思想は、キルケゴール、ニーチェ、ヤスパース、ハイデガーらによって発展させられてきたものであり、サルトルは、直接にはハイデガーの思想に多くを負っている。また、「神は死んだ」という有名な言葉で知られるニーチェは、人間存在の根拠を神に求められない状況に対して、人間が積極的に自分自身を超えてゆくという超人思想により、真の実存を確立しようとした。『偶然と必然』の中には、超越という言葉が何度も表れるが、これは、カントの超越概念というよりも、ニーチェ以降の実存思想の超越概念を表していると考えられる。

一方、カミュは、当初サルトルの盟友であったものの、後には袂を分かち、暴力を否定し、政治から遠ざかっていった。HNやLIで引用されている『シジフォスの神話』（Camus 1942b）は、人間存在が自分の存在意義を求めてどんなに努力してもちっとも報われず、それでも努力し続けるという実存の姿を表現したものである。モノーはHNの中で、人間存在が宇宙の中で孤立したものであることを述べ、科学の進歩が人間の不条理をいっそう際だたせることになったことを嘆いているが、それは、ちょうどシジフォスと重ね合わせることができる。つまり、努力して科学を進歩させても、それだけ、人間存在の無根拠性がいっそう明らかになるだけである。しかし、このむなしい努力は止めることはできない。

ECの編集者ファンティーニは次のように述べている。

（現代科学は、人間や言語や思想の起源が、偶発的事故のようなものであったことを示したということを受けて）モノーにとっては、ここにこそ、人間の実存的苦悩の根源があるのである。「あらゆる宗教、ほとんどすべての哲学、科学の一部さえもが、人間が自身の偶然性contingenceを否定しようと、絶望的な努力を飽くことなく英雄的に行っていることの証人となっている(HN p 55より)」。マクレガーを名乗るモノーは、こうした人間の状況は、なぜだかわからないものであるが、「科学が勝利を収めるたびに、それは不条理の勝利となるのである(LIからの引用EC p 166)」と述べている。(EC p 45)

さらに、続けて、ファンティーニはモノーを実存主義者と位置づけている。

科学的実存主義とでもいうべきこの立場は、フランスの哲学的あるいは文学的な実存主義とも非常に近いが、大きな違いがある。それは、知識の世界と価値観の世界の間の必然的な協力関係である。

つまり、宇宙における人間存在の孤立性、無根拠性こそが、モノーがいう偶然の最も重要な中身であり、それに科学が答えることができないことに、苛立ちをつのらせているというのが、HNなどの哲学的な書を著すに至ったモノーの立場と考えられる。これは、従来の実存主義と必ずしも同じではないにしても、実存思想から強い影響を受けていることは間違いない。なお、IT紹介文にも科学的実存主義の記述がある(IT p XIII)。

モノーが実存主義者への共感を明確に述べている文章が、『現代生物学の社会へのインパクト』という一九七〇年の会議の記録(LR)の中の、質問に対する答えの中にある。客観的知識という基準に従って生きるという選択をすることは、われわれの自由な選択に基づいているという。

私が述べているのは特に新しいことではなく、これは、最近の実存主義学派の何人かの人々、特に、
カミュやサルトルのとっている態度なのです。(LR p 16)

つまり、ある価値基準を採用するかどうかは、個人の自由な選択にかかっており、いわば実存主義で言うアンガジュマン engagement であるというのである。客観的知識を価値基準にするかどうかそのものは、実存主義の問題ではなく、そういう選択をすることが実存主義者の態度と同じであると明言しているのである。

一方で、サルトルに対するモノーの立場を示す言葉がある。名指しでは書かれていないが、SVの中で、ニーチェの「神は死んだ」という言葉を引用したのちに、「人間の〈絶対的〉自由を語る現代フランスの実存主義者」(EC p 146 下から7行目)という言葉で、否定的にサルトルに言及している。一九六八年の学生運動において、サルトルとどのような関係にあったのかわからないが、共感しつつも対峙することになったのだろうか、あるいは、政治的立場が大きく異なるのだろうか、モノーの言葉はかなり批判的ではある。特に、LIの最後の文章では、

人類が自ら発見した「無」を、知識によって再征服すること (EC p 169)

と述べていて、この「無」néant はサルトルの主著『存在と無』L'Être et le néant の主要概念を指しているようである。つまり、モノーの立場は、「知識の倫理」によって、実存的な「無」に打ち克つことなので、出発点は実存の認識であるとしても、その先の展開が異なっていることになる。

しかし、同じ文章の少し前には、上に挙げたニーチェの文章を引用し、「力への意思」une volonté de puissanceという言葉も使っているので、ニーチェのような積極的な事態打開を求めているのであろう。いずれにしても、実存主義あるいは実存の思想が提起した問題を認めつつ、この現代の困難な状況を乗り越えてゆくための切り札を実存主義から得ることはできない、と判断したことは確かで、そのことが、モノー自身の哲学を「客観性の倫理」という形でまとめることになったのである。

(6) モノーの重要な科学的業績

本書では、科学的な内容について、詳細に触れることが目的ではないが、それでも、オペロン説とアロステリック制御という最も重要な概念のもつ意義については、説明しておく必要がある。

オペロン説は、いまでは、どんな生命科学・生化学・分子生物学の教科書にも説明されており、高校の生物でも教えられている。ジャコブとモノーが一九六〇年と一九六一年に発表したモデルには、いくつかの誤りがあった(Jacob 1997)。『偶然と必然』に描かれていたラクトースオペロンの模式図(図1)は、いまでは必ずしも適切ではなく、現在の図式はさらに複雑である(図2)ので、それについては、巻末に挙げた生命科学の教科書を参照していただきたい。ここでは、モデルの詳細よりも、アイディアを説明するのが目的である。

もともと、オペロンの話は、モノーが一九四一年に発見した二相性現象(ジオキシー)dioxie現象から始まる。ただし、モノー自身の説明(HN p 88)によると、「酵素的適応」という現象を名づけたのは、フィ

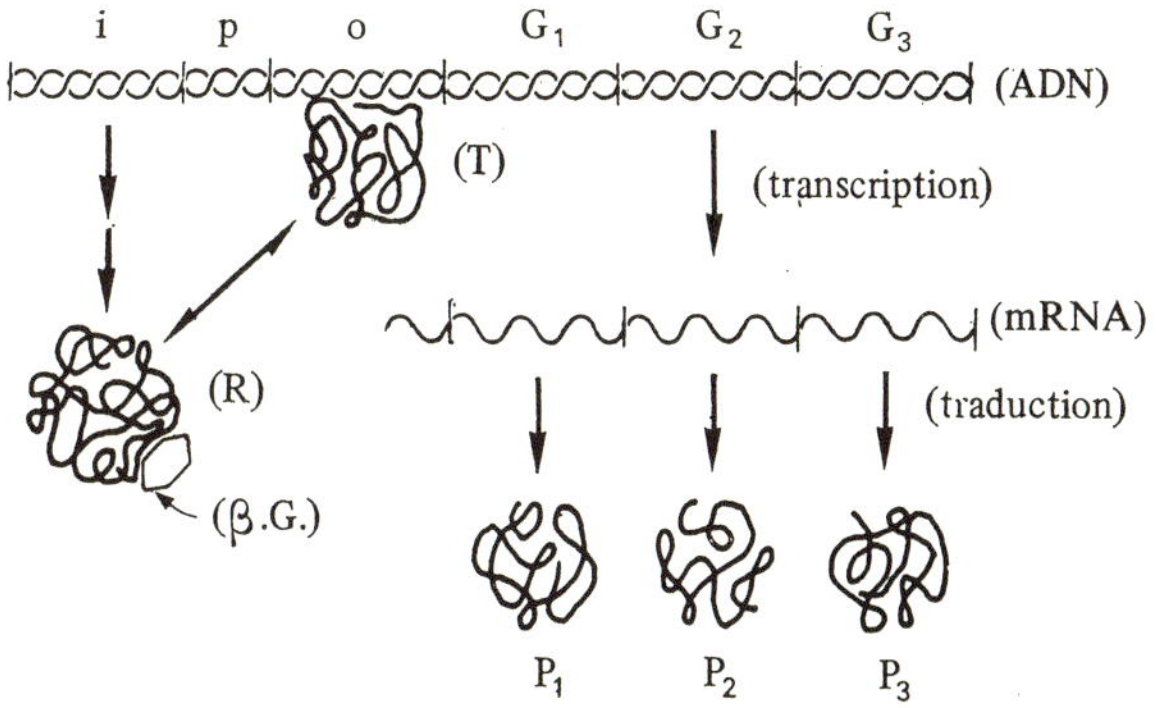

図 1　『偶然と必然』HN で示されたラクトースオペロンのモデル

i，リプレッサー遺伝子；p，プロモータ；o，オペレータ領域；G_1，βガラクトシダーゼ遺伝子（*lacZ*）；G_2，*lacY* 遺伝子；G_3，*lacA* 遺伝子．R はリプレッサーの弛緩型，T はリプレッサーの緊張型．β.G. はβガラクトシド，P_1〜P_3 はそれぞれ G_1〜G_3 の遺伝子産物のタンパク質を表す．ADN はフランス語で DNA のこと．transcription は転写を，traduction は翻訳を，それぞれ表す．

ンランド人 Karström (1930, 1938) である。同様の記載は、さらに Wortmann (1882) に遡る。

　したがって、細菌は、デンプン以外に利用できる炭素源がない時にだけ、デンプンを分解する酵素を合成するという非常に注目すべき性質をもっていることが、私たちにはわかる。(Wortmann 1882, p 316. なお、この部分の原文はすべて強調されている)

　そこで、モノーの研究にもどる。大腸菌は、ラクトース (乳糖) とグルコース (ブドウ糖) が同時に与えられた場合、まず、グルコースを使い、それがなくなるとラクトースを使う。このような「偏食」がある理由は、ラクトースは、グルコースとガラクトースが結合した物質なので、分解して

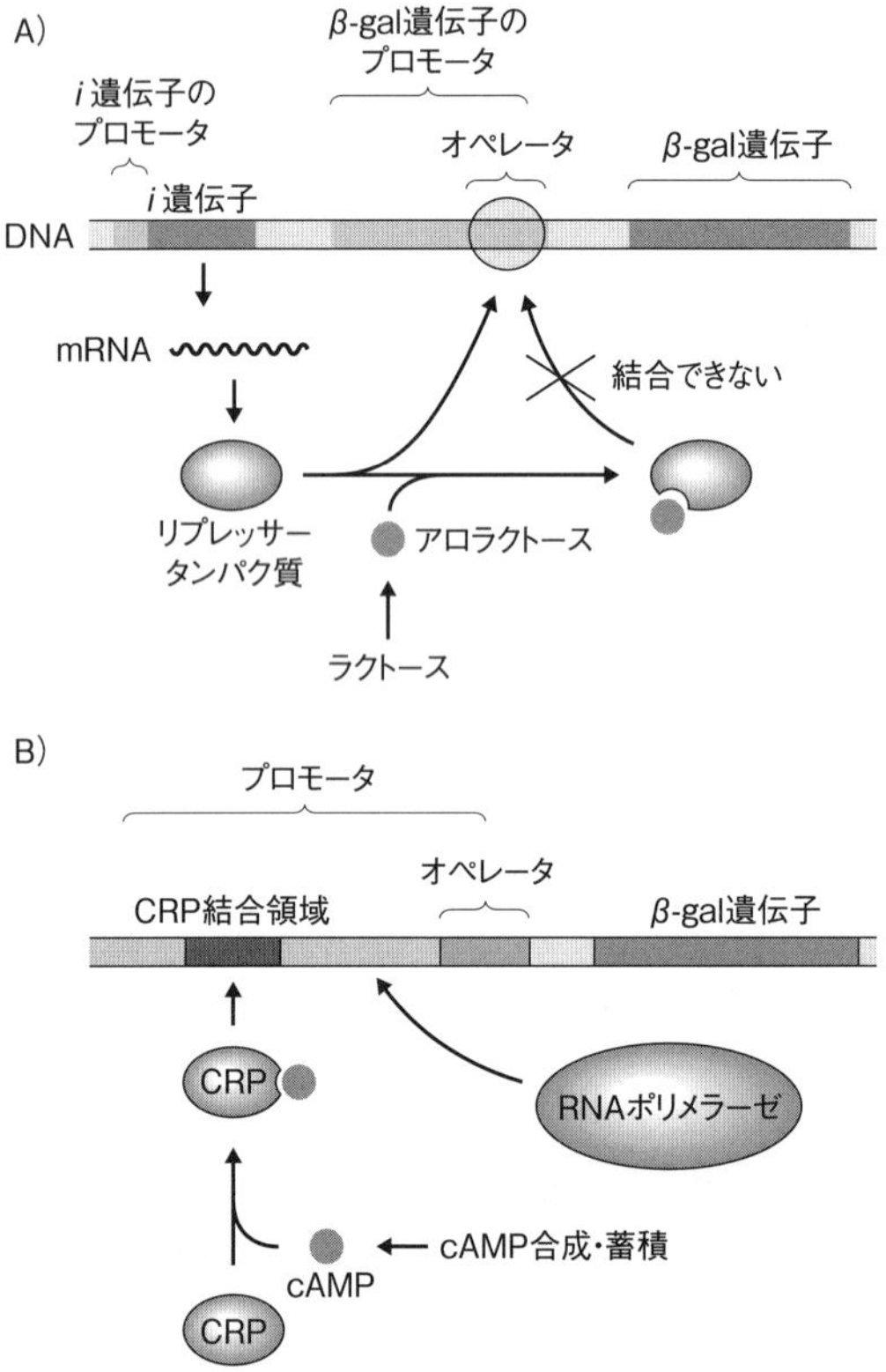

図 2　ラクトースオペロンの現在のモデル

β ガラクトシダーゼ（β-gal）遺伝子（*lacZ* という：図 1）のプロモータの内部にはB に示す CRP 結合領域も存在するので，CRP 結合領域，プロモータ領域，オペレータ領域の順になっている．ラクトースオペロンは，グルコースがなくて，ラクトースがある時にしか活性化されない．グルコース欠乏時には cAMP が合成され，それにより CRP が活性化されて，CRP 結合領域に結合し，RNA ポリメラーゼを呼び寄せ，転写を活性化する方向で働く．一方，ラクトースから変化してできた異性体であるアロラクトースがリプレッサータンパク質に結合すると，リプレッサーはオペレータからはずれ，転写の阻害をやめる．A）リプレッサーによる負の調節，B）CRP による正の調節．（東京大学生命科学教科書編集委員会編（2010）生命科学第 3 版より）

から利用する必要があるためで、手間のかからないグルコースを最初に使うのである。ラクトースを分解する酵素は、βガラクトシダーゼと呼ばれ、*lacZ* 遺伝子の産物である。また、細胞膜を介してラクトースを輸送するための輸送酵素が、*lacY* 遺伝子の産物で、ゲノム上には、これら *lacZ*, *lacY* 遺伝子の他、未だに生理的機能がはっきりしない *lacA* 遺伝子が並んでいる。これらの遺伝子を転写するためのプロモータは一つだけで、そこにRNAポリメラーゼが結合して、*ZYA* の三つの遺伝子を一つながりのメッセンジャーRNA(mRNA)として転写する。こうして、これらの遺伝子が指定するタンパク質が同時に合成されたり、停止したりするようになっている。

さて、グルコースがある限りは、『偶然と必然』の当時は知られていなかった別のしくみ(CRP、図2)が働くため、ラクトースオペロンが活性化されることはない。グルコースが消費されてしまい、そこで、ラクトースが存在すると、リプレッサーにラクトース(現在では、βガラクトシダーゼの副反応によって生ずるアロラクトースとわかっている)が結合する。リプレッサーは普段、ラクトースオペロンのオペレータ部分(*lacZ* 遺伝子のすぐ前にある)に結合していて、転写(遺伝子発現)を抑制しているが、ラクトースの結合により、リプレッサーはオペレータからはずれ、転写が開始される。こうして、グルコースを使い切ってからラクトースを利用するという、合理的なしくみが成り立っている。これは、生物のもつ生理的適応(acclimation 英語)という合目的的なしくみが、遺伝子とDNA結合タンパク質の組み合わせ、つまりサイバネティクスによって、説明できることを証明した最初の例である。

もう一つの言葉であるアロステリック制御は、一つの酵素タンパク質に関するものである。多くの代謝酵素は、その代謝系の最終産物が多量にある時には、その最終産物(エフェクター)による可逆的阻害を受ける。このような負のフィードバックによって、代謝系全体として、原料の無駄な消費を防いでいる。この時、エフェクターは、その酵素の基質とは構造的に関係なく(同じこともあり得る)、基質結合部位とは異なるアロステリック部位に結合することによって、酵素の活性を調節する。

しかし一般に、酵素と基質やエフェクターとの結合は平衡関係にある(つまり、濃度とともにだんだんと結合量が増える)はずなので、これだけでは、酵素活性がスイッチ的に調節されることを説明することができなかった。上記のリプレッサーもまた、アロステリック制御を受けて、スイッチ的に転写を制御している(図1のRとT)。アロステリック酵素の場合、いくつかのサブユニットと呼ばれる基本になるタンパク質が組み合わさって機能的な酵素をつくり上げており、一つ一つのサブユニットが、ある対称性をもって、規則正しく複合体を構成している。エフェクターが結合すると、サブユニットは全体的な構造を少しだけ変化させる。そのとき、エフェクターが一つのサブユニットだけに結合しようとしても、複合体全体の構造が崩れてしまうので、強く結合することができない。ところが、エフェクターの濃度がある程度以上になると、すべてのサブユニットに同時に結合することによって、複合体の構造を変化させる。これによって、酵素はスイッチ的に構造変化を行い、それに伴って活性もオン・オフされる。

この考え方は、現在でも、一〇〇%証明されたとは言えないかもしれないが、それでも大筋では、現象をうまく説明できるモデルと考えられている。モノーが問題としているのは、エフェクターと基質の関係で、それぞれの結合部位が異なる以上、どのエフェクターとどの基質が一つの酵素に結合するかは、原理的には任意である。これを無根拠性 gratuité と表現している(この訳語はJPに従っている)。同じことは、上記のオペロンについても言えて、どの転写因子がどの遺伝子を制御するかについても、無根拠である。

本書では、無根拠性という言葉では意味が不明確と考えて、このことをモジュール性と呼ぶことにする。現在の合成生物学では、制御因子と遺伝子の組み合わせを自由に変えることにより、目的に合った制御系が設計できる。モジュール性は、その基礎をなす考え方である。それと同時に、モジュール性は、アロステリック酵素やオペロンの目的律的・合目的的（七章1）なしくみが、モジュールの偶然的な組み合わせによって実現されていることを意味しており、モノーが生物を偶然性の結果と考える一つの根拠となっている。あるいは、これが偶然性という発想のもとだったのかもしれない。この点については、後に考える。

（7）一九七〇年という時代

この『偶然と必然』という本を理解するにあたって、少しだけ出版当時の社会情勢を説明しておきたい。現在の日本では、デモ（示威行動）も政治的な集会もほとんどない。世界中探しても非常に珍しいことだろう。フランスでは、今も一九七〇年当時と同様、デモが繰り返されている。

一九六八年から始まった世界的な学生運動の波は、戦後のベビーブームによる一学年の人数の爆発的増加の反映であったようである。フランスでも、日本でも、当時の社会秩序に対して、学生たちは激しい抗議行動を起こし、大学改革から政治改革へと要求が拡大していった。当時、日本でも、共産党や共産主義関係の政治団体が積極的に運動を牽引しようとしていた。当時の活動家だった人によるその後の回顧の本もいくつか出ている（当時の民青系の立場からの出版物としては、三浦・増子（1995）があり、いつ誰が何をした、というような生々しい状況が手に取るようにわかるが、その他の立場の本もたくさんある)。

私自身はその少し後の年代だが、高校時代にも、封鎖とストライキがあり、さらに一九七二年に大学に入学したときには、教養学部はストライキの最中で、授業がなく、クラス討論の毎日であった。こうした場面で、自主的な勉強会が組織され、マルクスやエンゲルスを読むこともごく普通のことであり、時には、カントやデカルトやアリストテレスなどにまで及んだ。当時のフランスでは、サルトルらが、行動する哲学者として学生運動に参加し、デモの先頭に立って行進した。

当時は、フランスも日本も似通った状況にあったが、現在の状況はまったく違う。一九八九年のベルリンの壁崩壊に始まるソビエト連邦の崩壊によって、共産主義自体が風化してしまい、過去のものになっている。サルトルもすでに過去の人である。日本は特に、長い平和ぼけと不況・震災のダメージによって、沈滞したままである。フランスは出生率も高く、デモも盛んで、経済はともかく、人間生活としては活発である。このように、日仏の現在の状況はだいぶ異なる。そのため、モノーが一九七〇年当時言いたかったことが、今の日本では理解できなくなっているかもしれない。現在とは、少し違った見方で、人々はこの本を読んでいたに違いない。フランスやドイツでは、『偶然と必然』は爆発的な売れ行きとなったようで、共産主義への批判をめぐって、大きな論戦が起きたと聞いている。そのため、モノーの本は、ある色眼鏡で見られることもあり、純粋に科学者の本という域を超えていたようである。その点が、ジャコブの本 (Jacob 1970) などとは異なり、センセーショナルな受け止め方をされた理由であった。

本書では、こうした時代背景は踏まえるにしても、あまりそれに引きずられることなく、純粋にモノーが書いていた内容を分析し、幅広い視野から検討することにしたい。

第二章　『偶然と必然』のキーワード

そもそも、この『偶然と必然 Le hasard et la nécessité』というタイトルがセンセーショナルな印象を与えるのは、世の中で、偶然とか必然という言葉を使う機会があまりないためではないだろうか。ここでは、モノーが表現していたことを理解する前提として、まず、偶然、必然、それにプロジェとテレオノミーというキーワードについて概観したい。

（1）偶然、および、必然という言葉

フランス語の hasard は、もともとアラビア語で「さいころ」を意味する言葉に由来する。ラルース Larousse 辞書による意味（筆者が翻訳したもの）とそれぞれの同義語は、（1）見かけ上、気まぐれか不確実な事象を引き起こす原因としての何らかの力…chance, destin, fatalité、（2）予期しないか予測できない

状況のことで、その結果が誰かにとってよいことも悪いこともあるもの…circonstance, coïncidence, occasion である。特に悪い意味に限定されるわけではない。さらに、(1)と(2)のどちらの意味も具体的な内容であり、抽象的な言葉である偶然性とは区別する必要がある。また、ラルース辞書には書かれていないが、HNにおける実際の用例を見ると、偶然起きたことがら、偶発的事象の意味で使われていることも多い。熟語としては、au hasard というと、いい加減に、気まぐれに、ランダムに、などという普通に使われる副詞句になる。par hasard もよく使われる副詞句で、思いがけず、偶然に、という意味である。偶然的なことを表す言葉は他にもたくさんある。形容詞としては、aléatoire, fortuit, contingent などがある。初めの言葉は、数学でランダムな変数をとるときなどに使われる。二番目は、思いがけず起きることに使う。contingent は、起きるか起きないかわからず気まぐれなこと、または副次的なことに使う。これら以外にも、accidentel, incertain, occasionnel などの類義語がある。

これに対して、nécessité は、必要だ、必然的だということを表す形容詞 nécessaire の名詞形である。この言葉の意味とそれぞれの類義語は、(1)必要なこと、省略できないこと…besoin、(2)死のように絶対に不可避なこと…fatalité, destin、(3)どうしても必要なこと…impératif、などである。dans la nécessité は、生活が苦しいことを表す。(2)の運命的に決まっていることという意味が、hasard の(1)にも出ているのが不思議だが、きちんと決まっているのも運命だが、どうなるかわからないのも運命ということなのであろう。(2)の意味の必然は、目的論、合目的性などという概念とも近くなってくる。

日本語で偶然というときには、偶然的な事象や偶然的にものを決める力を示し、偶然性というと、物事が偶然的できちんと決まっていないさまを表すが、偶然性の意味で偶然を使うことも多い。元来は、「偶然タリ」という文語の形容動詞の語幹であるから、偶《たまたま》という様子だという意味であるが、現実の用法では、具体的な対象も、事実も、一般性もみな同じ言葉で表されている。毅然《きぜん》、憮然《ぶぜん》、唖然《あぜん》など、同じ造語法の言葉があるが、様態を表すだけで、偶然や必然のように、意味が複雑に何通りにもなっている言葉は少ない。「必然タリ」とは、必《かならず》という様子だという意味になる。必然というときは、必然的に決まっていることそのものや、運命的な力を意味し、必然性というときには、必然的に決まっているというさまを表すが、これも必然で代用することが多い。

こうした状況を意識して、HNにおけるこれらの言葉の用例を調べてみた。HNの本文の中で、hasardの用例は多い（四二カ所）が、nécessitéの用例は少ない（六カ所）。少し詳しく見ると、hasardの一六カ所はau hasardという副詞句として使われている。その他の用例のうち、偶発的事象と考えられる数は八個、偶然的な力が六個、偶然性が三個である。一方で、nécessitéのうち少なくとも三カ所は、「必要性」という意味である。ただし、nécessaire（形容詞）とnécessairement（副詞）はあわせて四八カ所で使われている。形容詞の多くは「必要」という意味で、「必然」という意味で使っている形容詞が一三カ所、「必然的に」という副詞が一六カ所である。これを見ると、すべてを「必然」と訳すのは適切ではない。実際、「必然的に」という表現が非常に強く感じられ、読んだ人が不快に感ずることがしばしば指摘されている（武谷・野島 1975）。

さらに、英語のタイトルChance and Necessityも、不釣り合いな言葉である。哲学用語としては、たしかにこれでよいかもしれないが、一般人が目にするタイトルとして考えると、違和感がある。chanceは日常語だが、necessityはそうでもない。しかもchanceの意味は多様である。ウェブスターWebster辞書によると、幸運luck、偶然contingency、機会opportunity、確率possibility、リスクriskなどがある。chanceの代わりに、US本文中で訳語として数多く使われているrandomnessを使うのも一つの可能性だが、その場合の意味は、偶然性である。おそらく、randomness and necessity では、堅すぎて、一般読者は読まないに違いない。表題をまず見たときに、何らかの誤解をすることが、本が売れる秘訣かもしれない。necessity をお金がなくて困っていることと考えると、貧乏だが、幸運に恵まれて出世したという話か、チャンスがつかめなくて貧しくなったという話にも見える。この誤解はフランス語でも十分にあり得る。

いまのところは、このくらいにして、実際にモノーがどのような意味でこれらの言葉を使っているのか、『偶然と必然』の内容を説明した後の五章でさらに検討したい。

(2) プロジェ(目的・意図)という言葉

実は、『偶然と必然』の中心になるキーワードは、プロジェ projet という言葉である。この言葉は、あまり注目されていないようだが、次に述べるテレオノミーを理解するためのキーワードでもある。本書では、この言葉を、後に述べるように、「目的・意図」という形で訳しておく。

しかし、projet という言葉は、テレオノミーの枠の中で考える通常の言葉である「目的」fin とは異なる意味合いをもっている。実際、projet というフランス語を適切に日本語に移すのは難しい。この言葉は、企画などの意味合いも含む。しかし、何よりも、サルトルの実存主義の中心的概念である投企または企投と訳される言葉が projet である。この言葉のもとの意味は、前に pro 投げる jeter という projeter という動詞があって、その過去分詞である。そのため、実存主義では、ある企てを前に投げかけるというような意味で、投企／企投という訳があてられている。以下はサルトルの『実存主義とはヒューマニズムである』の一節である。

人間は、何よりも、未来に向けて自身を投げかけるものであり、自身を未来に投げかけていることを意識しているものである。人間は、まず自らを主観的に生きるという投げかけ・意図である。（Sartre 1946/1970 p 23）

モノーは必ずしもサルトルとは同じ考えではないにしても（一章5）、このprojetという言葉は、そうした意味合いまで含めて考えるのがよいのではないだろうか。実存主義では、それ自身では「無」でしかない人間が未来に向かって自らの運命を投げかけていることが、投企／企投であり、モノーの議論でも、いつまでも生物の子孫が繁栄し続けることを、生物生存の目的・意図としているので、形の上でもよく対応している。

目的・意図は、存在を説明し、存在は、その目的・意図によってのみ意味をもつ。（NS）

Le projet explique l'être, et l'être n'a de sens que par son projet.（HN p 43）

サルトル風に書けば、

企投は存在を説明し、存在はその企投によってのみ意味をもつのである。

いかがだろうか。ただし、上の文章は、アニミズム的な投影の文脈の中なので、実存の話ではない。HNをただ読んだだけでは、このprojetという概念がどういう意味で使われているのか、非常にわかりにくい。フランス人は、だいたいの意味を理解できていたのだろうが、その他の国の人々には、なかなかわかりにくい概念であった。英語版ではprojectと訳されているが、これは会社や集団が企画したことのようにとれるので、「生物のプロジェクト」と書かれていると非常に違和感がある。この言葉についての説明は、次のテレオノミーという枠の中で、さらに続けたい。

(3) テレオノミー(目的律的な合目的性)という言葉

プロジェと対になる言葉が、テレオノミー téléonomie である。この言葉は、日本語訳JPでは、「合目的性」と訳されている。フランス語の téléonomie の意味は、アシェット Hachette 辞典(2011版)では、“Propriété qu'a la matière vivante de matérialiser une finalité.”「合目的性を実体化するという生体物質がもつ性質」と書かれている。ラルース Larousse オンライン辞書では、“Conception selon laquelle s'exerce, tout au long de l'évolution, une finalité de nature purement mécanique, tenant à la mise en œuvre par les êtres vivants du projet dont ils sont dotés. (Notion développée par J. Monod.)”「モノーによってつくられた概念で、本質的に純粋に機械論的な合目的性が進化の過程を通じて働くという概念で、生物がもつプロジェが生物に

よって実行されることを保証するもの」と明確に書かれている。現在の生物哲学では、英語のteleonomyという言葉は「目的律」、teleologyは「目的論」と訳すのが普通である（松本2010）。目的論や目的律は、合目的性の解釈の仕方を表す概念であるとされる。アシェット辞典の説明では明確でないが、ラルース辞書の説明は目的律に対応している。

しかし、哲学用語として、「合目的性」を表すフランス語はfinalitéである。これは、「目的」finを実現する性質という意味である。そこでまず、「目的」から考えなければならない。カントの『判断力批判』では、「目的」Zweckと「合目的性」Zweckmäßigkeitを次のように定義している（どちらもドイツ語）。

ある対象の概念は、それが同時にその対象の現実性の根拠を含む限りにおいて目的と呼ばれる。またある物が、およそ物のもつある種の性質――換言すれば、目的に従ってのみ可能であるような性質と合致すれば、この合致はその物の形式の合目的性と呼ばれる。（Kant 1790/1922 序論IV p XXVIII 篠田訳）

「目的」は、物そのものの性質ではなく、人間の認識において機能する、判断力に関わる問題と考えられた。カントは、個人的嗜好に関係する美的な合目的性と自然科学的な合目的性を対比した。後者の場合、自然科学の経験的法則全体に先だってそれらを束ねる理解ができるような先験的概念として、客観的な合目的性を位置づけた（なお、カントの先験的はtranszendentalで、経験によらずに最初から与えられていることを表している。同じ言葉は、別の哲学者の場合、超越的とも訳される）。たとえば、「自然は最短距離をとる（最節約原理）」（p XXXI）などは、認識にとって判断の先験的原理とされる。カントは、物質には外面的な合目的性（相互に役に立つ関係）を、生物現象には、内的な合目的性（「一切のものが目的であると同時にまた相互的に手段となる」篠田訳）があると考えた（Kant 1790/1922 第二部63–65節）。生物は、単なる機械ではなく、それ自身のうちに形成する力を具えている（同65節）。

ちなみに、このあたりを読むと、不思議とモノーが使っている言葉と同じものが出てくる。盲目的な機械的組織（自然の機械的しくみ）ein blinder Naturmechanism、偶然に ungefähr, zufällig、必然的に notwendig、統整的原理であって構成的原理ではない regulativ und nicht konstitutiv（主語は ein Prinzip）。最後の言葉は、オペロン説で使われる調節的と構成的という言葉と同じである。内容的に関係するからなのか、それとも、モノーがカントを読んでいたのか、興味がわく。

＊

生物について考えた場合、個体の生存、種の維持、繁栄などが、目的として考えられる。その意味では、モノーが projet という言葉で直接的に表していたものは、伝統的な哲学で「目的」fin といっていたものと同じである。しかし、こうした伝統的な言葉は、どうしても、アリストテレス以来の目的論に結びついてしまいがちである。いろいろな学者がそれぞれにいろいろな言葉を生み出したのは、それを避けたいためだった。生物が生存という目的のために適した構造や機能をもっていることや、種や個体の生存という目的指向的な（goal-directed 英語）行動をすることを、生物哲学では、合目的性といい、英語で purposiveness と表現する（松本 2010）。

マイア（Mayr 1988）によれば、もともと英語の teleonomy が、時間生物学者ピッテンドレー C. Pittendrigh によって一九五八年に導入されたさいには、「目的を目指して動くように見えるオートマトン」を念頭に置いて、「目的に向かって進むシステム end-directed system」という概念一般を、それまでのアリストテレスの伝統による目的論 teleology から切り離すためであったと説明されている。生物学におけるテレオノミー（目的律）の意味は、「生物やその性質が示す、見かけ上目的に適ったように見えること」である（Mayr 1961）。さらに、マイアは、進化を前提として、次のようにテレオノミー（目的律）を定義した。

テレオノミックという言葉は、あるプログラム、つまり、ある情報コードに従って作動するシステムだけに限定して使うのが有益であるように思われる。（Mayr 1961）

「プログラム」の意味がわかりにくいかもしれないが、筆者なりに言い換えるならば、あるルールに従って並べられた数列が、ある数に収束するようなイメージを考えればよい。そのルールには、最終的な値が明記されていないにもかかわらず、特定の値に収束するときに、目的律に従っていると考えるのである。現在、一般に生物哲学で通用している定義は、この発展型と思われる。

*

ところが、モノーが最初に teleonomy（英語）を使ったのは、非常に早く、Monod & Jacob (1961) においてであり、タイトルの他、本文にも二カ所に出てくる。この用例は、マイアと同じ頃であり、おそらく独立である。しかし、そこには言葉の定義が明記されておらず、ピッテンドレーもマイアも引用されていない。その後、LI の中では téléonomie について、「合目的性 finalité という言葉を慎重に避けて使う言葉で、生物が、ある一つの目的 fin に向かってつくられているかのように見えることを指す」とし、その目的とは、個体の生存、あるいは、むしろ種の生存のことだと述べている（三章3）。これはピッテンドレーの定義に近い。

モノーによるこの言葉の実際の使い方は、マイアの使い方とは異なり、特にプログラムや進化を前提としているわけではなく、また、現在の哲学的定義における目的律という意味でもない。実際の用法を見ても、大部分が目的・意図 projet、機能 performances、装置 appareil、構造 structures、原理 principe などを修飾する形容詞 téléonomique として使われている。これらの場合、モノーが使った téléonomie は、細胞内制御系や細胞内の精密な合成装置に関する場合が大部分で、その場合は、合目的性というよりも、首尾一貫性や調節性、的確性などを意味している。それでも目的律と言えないことはないので、「目的律的な合目的性」と考えることにしたい。ラルース辞典にあるように、モノーの定義がマイアの与えた意味合いまで込めていたと考えるのは、後づけの解釈と思われる。本書では、モノーの言葉遣いに一番近くなるように考えて、téléonomie を「(目的律的な) 合目的性」、téléonomique を「目的律的な」として使うことにするので、JPの訳とは違ってくることをお断りしておく。

第三章　モノーが書いた『偶然と必然』の実像

（1）いろいろな関連文書

一九七〇年に一般書として出版された『偶然と必然』HNは、たくさんの内容を簡潔な言葉で綴っているために、論旨や意味が不明確な部分が多々あり、なかなか意味がわからない。実は、ほぼ同様の内容の文書が、それ以前にも出版されていた。一つは、一九六七年にコレージュ・ド・フランスで行われた開講講義の内容が出版された「分子生物学から知識の倫理へ」De la biologie moléculaire à l'éthique de la connaissance（LI）で、もう一つは、一九七〇年にノーベルシンポジウムで講演した内容が出版された「科学とその価値観」La science et ses valeurs（SV）である。SVは主にHNの最終章に関わる内容を、少し異なる表現でまとめたものであり、LIは、HN全体の内容とほぼ同等の内容を書いたもので、おそらくHNのもとになった文書である。LIとSVには、HN冒頭の二つの引用なども含まれており、内容的にはほとんど同じことを書いている。それにもかかわらず、これら二つの文書とHNとの間には、大きな違いがある。それは、これらの文書では、「偶然」hasardや「必然」nécessitéという言葉が、ほとんど使われていないことである。偶然的なことを表すのには、別の言葉aléatoire, fortuit, contingenceなどが使われ、必然に相当する言葉や内容はほとんど書かれていない。また、HNでは繰り返し用いられる「不変性」invarianceもほとんど出てこない。代わりに「創発」émergenceという言葉が多用されている。ただし、書かれている内容は、理解しやすい。つまり、HNは、LIとSVの内容をもとに、偶然と必然という概念をキーワードとすることで、より抽象的な話に仕上げた作品ということが考えられる。ここでは、HNの理解を助けるため、これら二つの文書の内容を簡単にまとめておくことにする。

なお、一九七〇年末にイギリスで開かれた「現代生物学の社会的インパクト」と題する会議でも、モノーは「知識と価値との論理的関係について」On the logical relationship between knowledge and values（英語）という講演を行っていて、その内容が、一九七一年に英語で出版されている（LR）。内容的には、SVやHN第9章の内容のエッセンスをまとめたものである。特徴としては、自身の主張をデカルトの哲学原理のように、箇条書きの公理的体系として提示していることで、主張内容を論理的に示すことができると考えていたことがわかる。ただし、内容的には完全にSVやHNとかぶっていることと、本文が英語で書かれていて誰でも読める上に、日本語訳が、入手困難ではあるものの比較的読みやすいものであるため、ここでは詳しい内容の紹介は控えることにしたい。

（2）「科学とその価値観」（SV）

まず、SVのタイトルにあるvaleurを、「価値観」と解釈することを、お断りしておきたい。「価値」と訳すと、きわめて具体的に、ある特定のものの価値を表すだけになり、ここでの主張である「科学を基本にした価値観を確立しよう」という意味が伝わらないからである。しかし、本文中では、「価値」のほうがよい場合もある。HNを翻訳したJPでも同じ問題があり、価値と訳すか価値観と訳すか、考える必要がある。

以下、SVの本文の内容を簡単に紹介する。最初の銘には、HNと同じくカミュの『シジフォスの神話』からの引用が提示されている。本文の概要は以下の通りである。

人間社会における伝統的な倫理は、科学に基づくものではなく、現代社会では、科学による工業技術の革命により、人間と世界との間での断絶が生まれている。科学は何でも合理的に理解できるようにしてきたが、人間存在（実存）の意味を説明することはできず、人間はこのことに苦悩している。従来、人間にその意味を説明してきたのは、神話や宗教などであり、そこでは、物事の起源をうまく説明していた[1]。こうした体系では、ものの価値は超越的なもので、議論の余地はなく、安定したものであった。そのことは、過去の偉大な哲学体系でも同様であった。人権概念でさえも人間の自然的基本状態に基づく超越的なものであり、政治的な価値観も超越的なもので、人間による選択を認めるものではなかった。こうしたものは、みな、社会の安定を保証するものとして機能していた。

遺伝的形質ならば簡単には変わらないことを、われわれは知っているが、文化的な規範は変化してきた。しかし、社会の安定性を保証するという、文化の重要な一つの特徴は変わっていない。それを科学が破壊し始めていて、無意味なものにしようとしている。こうして、人生に意味を与えてきた伝統的概念を、科学が破壊している。神話や宗教や哲学では、世界全体を説明する体系の中で、人間存在の意味も与えられていた。つまり、人間と世界の間に、宇宙論と歴史という形で、内在的で深遠な、断ち切ることのできない絆《きづな》があり、人間と自然は一体となって、宇宙の目的・意図を達成するために働くという説明である。人間の本質は自身の意識であり、同じ本質が自然にも付与された。これは、原始的なアニミズムに基づく神話にも、弁証法的唯物論における弁証法的法則にも見られる。

科学はこうした絆を二通りの仕方で破壊した。一つは、主に物理学の面で、科学的方法論を用いることにより、自然についての絶対的な客観性が得られ、それによってアニミズムが取り除かれた。もう一つは、生物学の面で、生物進化には上昇的な方向性をもつ力が働いているなどと考える生気論の名残を取り除くことになった。ダーウィン自身も、進化の始まりを示すことはできず、ラマルクの考え方を反駁することもできなかった。これに対して、遺伝学に始まり分子生物学へと発展する現代生物学は、生物の安定性と進化を説明する究極の源泉としてDNAを発見し、進化が生物に内在する性質ではないこと、DNA構造の偶然的な撹乱こそが生物世界における新奇性の源泉であること、などを明らかにした。したがって、進化は予見できず、制御もできない(2)。つまり、進化の原因は偶然的な性格のものである。生命の誕生も人間の誕生も、偶然 hasard のなせる戯れにすぎない[3]。

われわれはこの結論から逃げることができない。この科学的結論は、伝統的な価値観や倫理とは相容れない[4]。科学的な研究方法によって、人間はたまたま生じたもの accident で、宇宙の中では異邦人 étranger である、ということが明らかになった。しかし、西欧の国々でも社会主義国[5]でも、こうした価値観を受け入れていない。

どんな社会でも、大多数のメンバーによって理解され、受容され、敬意をもたれる価値観に基づく道徳的規範がなければ、社会を続けていくことは難しい。今の規範を捨てて、人間が宇宙の中では特異な孤独な存在であることを認識することにより、人間自身の他には、人間に価値を与える基準はないということを現実のものとして受け入れる以外にはない。こうして、ニーチェが言った「神は死んだ」という言葉から、さらに進めていかなければならない。神だけでなく、その代わりとなってきたロマン主義的、歴史主義的、進歩主義的な価値基準もなくなるからである。しかし、ニーチェやその後継者たるフランス実存主義者たちのように、人間の絶対的自由を主張することはできない。これは生物学者が認めない。人間も、細菌、植物、動物もみな、同じ遺伝暗号をもっていて、基本的なしくみは同じだからである。

人間の本質には、生物学的に受け継がれてきたもののほかに、言語がある。人間は、テイヤール・ド・シャルダンの言う「理性的世界」noosphère という知識と思想の支配する王国に所属しており、それを可能にしたのは、コミュニケーション能力、つまり、言語の獲得である。言語の使用が、人間の脳を発達させた。フランスでは、人間の本質という概念を否定する哲学[6]も流行っているが、生物学的には正しくない。

＊

（1）これをモノーは「個体発生的な」説明と呼んでいる。
（2）この部分はHNの議論を一言でまとめていて、むしろわかりやすい。しかし、現在から見ると、内容的には、遺伝学は進化を説明できないこと、変異の原因を物理的な不確定性に求めていることなど、不適切な点もある。この要約では削ってある。
（3）この言葉は、マリボーの戯曲（六章1参照）を思い起こさせる。
（4）筆者の考えでは、科学というのは、永遠に真理を求め続けるものであって、ここで得られている結論が唯一絶対的な結論と言い切るのはむしろ科学的・客観的ではない。アイゲンも述べている（五章4）。将来、変更される可能性も含めて立場を決めるのが、科学的ではないかと思われる。
（5）一九七〇年当時は、ソビエト連邦を始めとしてたくさんの社会主義国があり、西欧の自由主義国と対峙していた。
（6）構造主義など新しいフランス哲学の流れを指すと思われる。

以上が、SVの内容のあらましである。これを見ると、SVが、HN第9章そのものの内容を書いていた文書だということがわかると同時に、わかりにくいHNの文章の代わりに、言いたいことをはっきりと表現している。内容的に多少異なる部分もあるが、大きな違いではない。HNは、偶然や必然を始めとするいろいろな概念を無理矢理使おうとしたために、読者には意味がわかりにくくなっているのである。

（3）「分子生物学から知識の倫理へ」（LI）

コレージュ・ド・フランスの開講講義LIは、実質的に、HNの中身そのものである。最初の部分でモノーは、この栄《は》えあるコレージュ・ド・フランスの教授になって講義をすることについて、その感慨を述べ、感謝を述べている。次には、早速、現代の問題である人間存在の不安や疎外を取り上げ、分野を越えた議論が重要だと述べている。要するにテーマは人間の問題なのである。そこで、先に引用したハイデガーの言葉（一章5）が出てきて、存在論の問題は難しいという。

次に、物理法則とは異なる生物の法則があることを述べ、それは、創発と（目的律的な）合目的性であると言っている。創発 émergence については、「高次な複雑性をもつ構造を複製して増やすことができる性質で、進化的に次第に複雑になる構造を創造することを可能にする性質」と述べている（EC p 152）。また、（目的律的な）合目的性 téléonomie については、「（予め決められた）合目的性 finalité という言葉を慎重に避けて使う言葉で、生物が、ある一つの目的 fin に向かってつくられているかのように見えることを指す」とし、その「目的」とは、個体の生存、あるいは、むしろ種の生存のことだと述べている。一般に、創発という概念は、上位の階層で見られる現象が、下位の階層を構成する成分の性質からは演繹できないことを指すので、ダーウィニズムを否定する立場で使われ、生物にある独自の勢いのようなものを表現している。モノーがネオ・ダーウィニズムの極端な主張の代表であるかのように書かれていることが多いが、創発も取り入れて議論していたことは注目に値する。つまり、生物の目的律的な目的・意図 projet は、種の増殖であり、創発的な性質であるというのである。

しかし、次に、それぞれの生物種の創発の定義として、その構造を維持するために世代から世代へと受け渡される情報量であると述べられている。ここでいう創発は、HNでは不変性と言い換えられている。こうした計測によって、「生物学的な目的論を客観的なものにすることができる」« objectiver le finalisme biologique » と考えた。そこで、問題は、創発 émergence と（目的律的な）合目的性（テレオノミー）téléconomieとの因果関係の順序になる。テレオノミーが先で、それが創発を牽引するという考え方が生気論やアニミズムで、逆に、創発がテレオノミーより先だというのが、現在、われわれがとりうる唯一の見解であるという。なお、このあたりのテレオノミーの用法は少し変で、生気論であれば、目的律とは言えないはずである。HNでは生気論とアニミズムが区別されているが、LIでは、これらの間には明確な区別はなく、しかも、その定義も異なっている。これらについては、LIの執筆からHNの執筆の間に、考え方が整理されたものと思われる。

この部分で、エンゲルスの文章が引用され、宇宙論的なアニミズムでは、生命が何度でも誕生すると考えることは熱力学第二法則を否定している、と断定している。この点は、現在では、宇宙は何度でも膨張と収縮を繰り返していると考えられている上、太陽系外惑星に、生命がいくらでも存在する可能性が考えられているなど、モノーの考えがむしろ間違っていたことが、ほぼ確実になっている。これ以後は、LIに書かれている内容をそのまま要約して紹介していきたい。

ダーウィンの考えに従えば、創発が合目的性を生み出し、研ぎ澄まし、増幅した。ただし、これは論理的な説明だけで、物理的な説明ではない。創発の物理的な支持体であり、合目的性の基本的な相互作用の物理的な本質、つまり、究極の答え *ultima ratio* として、DNAが発見された（EC p 155）。DNAは遺伝を守る役割をもち（gardien de l'hérédité）、進化の源泉である。DNAとコンピュータのメモリとの間には、類似点もあるが違いもある。DNAは自身をつくる情報をもっているが、コンピュータの情報は装置そのものをつくる情報をもたない。(1) もう一つの違いは、メモリの情報は書き換えができるというものである。(2) どちらにせよ、DNAに含まれるプログラムの目的 but (3) は、それ自身の構造が変化しないように *ne varietur*、正確に複製することである[4]。遺伝物質は非周期的結晶 cristal apériodique である[5]。ＤＮＡが正確に複製される、つまり極端な保守性をもつということは、進化とは反するように見えるが、それは見かけ上のことにすぎない。複製の過程で起きる偶発的な事故 accident fortuit があるからである。複製の誤りもまた、保存され、複製され、増幅されていく[6]。より単純な形態からの複雑な構造の創発 émergence である進化は、細胞がもつ保守的なシステム自体のもつ不完全さの結果である。ただし、その場合、進化的な創発を（目的律的な）合目的性が先導するのではなく、進化は盲目的である。無生物系では偶然的な事象が、構造を破壊していくのに対し、生命世界では、新たな構造の出現や次第に増加する複雑性を生み出している[7]。

＊

（1）　ただし、今から見ると、これが生物情報と普通の情報との違いの本質であるのかどうか、疑問である。

（2）　この点に関しても、その後、遺伝子操作ができるようなり、さらにゲノムの人工合成までできるようになったので、本質的な違いではなくなってしまった。

（3）　フランス語でビュットと読む。

（4）　ここで用いられている but という言葉は、HNの中では projet という言葉に置き換えられている。*Ne varietur* というラテン語は、フランス語の文章でも使われるが、いかにも目的意識を強調した言葉である。資料2参照。

（5）　これは、シュレーディンガー Schrödinger が『生命とは何か』What is life? の中で述べていたことの引用である。

（6）　傍線部は原文ではイタリック。

（7）　このあたりの定式化は、HN第5章最後の部分とよく似ているが、HNの該当部分が還元論を表した言葉として引用されるのに対し、ここに書かれているのは、むしろ創発に基づく進化である。モノーは創発による遺伝子の変化も、究極的には、突然変異によって生ずる現象と考えて、両者を特に区別して考えていなかったように思われる。この点に関しては、八章5で詳しく検討する。

HNの冒頭でも引用されているデモクリトスの言葉とされる短い言葉が、この場所（EC p 157）でも引用されている。「宇宙に存在するものすべては、偶然と必然の果実である」。ただし、これは本当のデモクリトスの言葉ではない（三章4参照）。

ここからは、進化のしくみの詳細ではなく、進化の始まりである生命の誕生と、進化の行き着く先である人類の文化の進化についての考察に移る。これも、HNとよく似た展開である。まず生命の起源の問題が取り上げられるのだが、そこで細胞のしくみと酵素の説明が挿入される。以下、再び本文をたどる。

ＤＮＡは創発の分子的な支持体であるとしても、それ自体は不活性で目的律的な性質をもたない。それが可能なのは、細胞システムの中にあってこそであり、ＤＮＡの構造を保存しようとする明確な目的・意図 projet をもっているのが細胞システムなのである[1]（EC p 157–8）。つまり、（目的律的な）合目的性をもつのは細胞や生物体であって、その目的が自身のＤＮＡを守ることである。細胞は複雑で、細菌であっても、二〇〇〇種類もの化学反応において、共有結合を立体特異的に切ったりつないだりしており、それはすべて酵素のおかげで一〇〇%完全に行われる。酵素は、二〇種類のアミノ酸が、一五〇ないし一五〇〇個、決まった順序でつながってできている。酵素は、細胞の形態形成 morphogenèse の分子的な支持体である（EC p 158）。多細胞生物では、細胞間や組織間の相互作用によって形態形成が可能になるが、その場合の相互作用の特異性も、タンパク質が担っている。

細胞の目的・意図 projet の実現過程は、次の通りである[2]（EC p 158）。

1　細胞内の遺伝情報の発現（ＤＮＡからタンパク質まで）
2　タンパク質相互作用による細胞内小器官の形成

3　細胞内の生化学反応による、化学ポテンシャル（自由エネルギー）の変換と細胞成分の生合成
4　DNAの複製
5　DNAの分配と細胞分裂

これが、細胞がそれ自身の目的・意図 projet（これは Jacob（1970）の言う「細胞の夢 rêve」と同じである）である、「DNAの複製と細胞増殖」を果たすために行っていることである。これらの過程が、非常に短い時間の間に一〇〇〇分の一以下のエラー率[3]で、しかも反応収率一〇〇％で実行される。

これらのことが、完璧に実行されるためには、すべてがうまく協調したシステムになっていなければならない。その協調を行うしくみが、酵素がもつアロステリックな性質である。これは、元来別々の代謝を協調させるしくみであるが、その原理は、分子の対称性にある。その意味で、タンパク質複合体は「それ自身で完結した結晶」cristaux fermés である。[4] この対称性により、アロステリック酵素のもつ非線形な性質、つまり化学的シグナルを増幅するリレーとして働く性質が説明できる（EC p 160）。このリレーという電子部品の名前は、この話にはぴったりで、相互に独立な代謝系を結びつけるのに働いているからである。言い換えれば、「無根拠性・モジュール性をもつ」gratuite と言うことができる。この言葉は多義的で、「無償の」という意味もあり、確かに、リレーは、わずかなエネルギーで大きなエネルギーを制御できる。

しかし、もっと本質的な意味としては、制御するものとされるものとの間に、本来は化学的な関連が存在しないことである。分子レベルでの進化の過程において、アロステリック制御の発明 invention によって、化学的制約から生命システムが解放され、細胞というすばらしい構造物の創発が

可能になった（EC p 160）。さらに、細胞レベルを超えて、アロステリック概念の一般化がどこまでできるのかを見極める必要がある。多細胞体が創発するには、新たな相互作用のネットワーク（細胞間相互作用、内分泌、神経）が必要だからである。そこでも、アセチルコリンという神経伝達物質のようなリガンドとタンパク質との、アロステリックな相互作用が重要であるはずである（EC p 161 抄訳）。

＊

（1） これに対応する内容は、HNを読んだだけでは、DNAがすべて進化の主体のように書かれているが、細胞システムとDNAが一緒に働くことの意味が、ここではきちんと書かれている。

（2） 当時の知識ではこの程度しか解明されていなかったことがよくわかる。たとえば、細胞内のオルガネラの形成機構（膜の形成や輸送シグナル、小胞輸送など）、細胞周期の制御系や細胞増殖に関わるシグナル伝達系、DNAの分配のしくみ、などなど、その後に解明されたことがらは、細胞内の物質合成のしくみとシグナル伝達のネットワークを明らかにしたが、ここでは、代謝過程が抽象的に描かれているにすぎない。

（3） 現在では、複製のエラー率は一〇〇億分の一ないし一〇〇〇億分の一と言われる。

（4） この言葉は、HN第5章p 98にも出てくるが、そこでは唐突で、意味がよくわからない。このLIでの説明ならば、意味がはっきりする。対称性をもつことで結晶という言葉を使うが、決まった数のサブユニットから構成されていて無限に成長するものではないので、閉じたferméという言葉を使っているのだが、このように訳してみた。

＊

このように、すべてがアロステリックで説明可能というのがモノーの考えだった。分子間の相互作用に関しては、現在でも、このこと自体は間違いではない。当時としては、いかに斬新なアイディアであって、それをモノーが誇りに思っていたかが伺える。特にシステムの非線形性に触れている点などから、単純な還元論者ではなかったことがわかる。ただ、自分が考えていることが還元論から抜け出してしまっていることについて、モノー自身もわかっていなかったのかもしれない。HNの中で、モノー自身は自分の考えを、還元論、機械論と表現していたのだが、どうも、必ずしもそうは見えない。モノーを単純かつ先鋭的な還元論者に仕立てたのは、この話の本質を十分に理解できなかった当時の学者たちにも原因があったように思えてくる。

LIの文章はここで一区切りがあって、ここまでのことが正しいとすると、人間の思考の究極的な物理的基盤 support physique はわかったことになるのではないか、と問うている。続けて見ていこう。

> 生命世界において、分化した細胞間の情報伝達のしくみ(神経系)ができたことは、進化における画期的事件 accident remarquable であり、もう一つの事件は、機械的運動をする組織(筋肉)ができたことである。事件という意味は、起こりうるにしても、不可避な inévitable ことではなかったということである。さらに、理性的世界 noosphère、つまり、思想と知識の王国、という新たな王国の創発が起きた。そこでは、個人の中で生じた新たな連想や創造的な組み合わせが、他の人に伝達されることによって、個人が死んでも残るようになった。(EC p 162 抄訳)

このあたりの議論も、新たなものの組み合わせがさらに新たなものの出現を可能にするという、システムの創発的性質を記述していながら、あまり、そういうことが意識されていないように見える。次に、人類を生み出したのは言語であり、人類が言語を生み出したのではない、ということを述べているが、これもHN第7章(p 144以下)で展開されている議論である。

次の区切りでは、オーギュスト・コントの言葉「生きている者は、常にまた次第に、死者によって支配されていく」を引用し、文化がどんどん退廃していくことを暗示しているようである。つまり、生命世界 biosphère から派生的に創発した理性的世界 noosphère は、自律性をもって独自の進化を遂げるのだが、そこで、イスラム教、カトリック、マルクス主義など、ドグマティックないくつかの宗教の存在が、理性的世界を弱体化させていると批判している (EC p 164)。

次に引用されるのは、デカルトの『方法序説』の書き換え、「常識というのは世界中に広まっているが、私はその使い方しか知らない」というものである。しかし、この引用文の原文のパラグラフはかなり長い文章であり、「常識はみんながもっているが、正しく使えばみんなが正しい判断ができる」と述べているので、デカルトが書いていた意味とは異なる。モノーは、思想も進化し、その結果として、理性的世界において創発した最も強力なものが客観的知識 connaissance objective であり、それは論理と実験の対立 confrontation の中から生まれる (EC p 164)、と述べている。これがデカルトの言う常識 le bon sens であるらしい。また、論理と実験の対立から新たな知識が生まれるというのは、弁証法の考え方そのものである。モノーが表面上否定している弁証法を、随所で活用していることも見逃せない。続いて述べられていることは、次のようになる。

客観的知識そのものは、人類の歴史の中で、古くからあったものであり、ギリシア時代に遡る。この思想は、単純で、見かけ上無味乾燥なものだったため、他の価値観に負けていた。しかし今やこの思想には選択する価値がある。つまり、現実に人間生活を豊かにしているからである。この思想が現代社会をつくってきたが、人間の苦悩 angoisse やパスカル流の絶望の淵 abîmes pascaliens が深刻な問題となっている。(EC p 164 抄訳)

そこで、モノーは、ヴェルレーヌの詩の一節「知ってはならない血のしたたる果実を、厳重に警備されたブドウの木から、食いしん坊の科学が盗もうとしているのを、やめさせよう」という、科学に対するナイーブな恐怖心を表す言葉を、科学に対する現代人の疎外感の表れとして引用している（EC p 165）。ここでは、疎外の原因として、いくつかのことが挙げられている。(1)科学的知識は直感的にわかりにくいので、人間は馬鹿にされている感じをもつ。(2)科学は非常に強力で、使い方を誤ると原爆などを生み出す。ここで、モノー自身であるマクレガーの引用として、「科学が勝利を収めるたびに、それは不条理の勝利となるのである」と書かれている。さらに列挙は続き、(3)カントが言ったように、人間は宇宙の中で自分のいる場所を失い、異邦人になっている（本当にこれがカントの考えとは思いがたい）。人間が現れた（創発した）のは偶然による、という科学の結論は受け入れがたいものである（EC p 166）。(4)科学では確率でものをいうようになっていて、人間も偶然事象の産物とされ、つまり、きちんとそこに存在することが計算で出てくるような存在ではなくなってしまった。しかし、偶然で文化は生まれるのか、という疑問が残る。そこで再びマクレガーの引用が挿入される。「世界には騒音しか満ちあふれていない。人間は、そこから音をうまく選択して、自分のイメージで、うっとりするような音楽を生み出す」。

この意味を考えると、進化も、突然変異というランダムな騒音から音を選び出して作曲することに似ているということになる。しかし、すばらしい文学作品などは、偶然の集積でできるはずがない。同様に、宇宙がこのようになっているのも確率としてはきわめて低いが、この宇宙は厳然として存在している。人間は絶望すべきなのか、などという問題が生ずる。そこで、パスカルの引用が入る。「外的な事物の科学は、私が苦悩におちいっても、道徳的な無知を慰めてはくれまい。しかし、道徳科学は外的な科学に関する無知を慰めてくれるだろう」（EC p 167）。つまり、科学は人間の内面の救いになるのかという問題である。

そこで、科学が既存の価値観を破壊したいま、哲学は、新たな価値体系をつくることができるのかが問題となる。科学者は、みずから科学の価値体系を選択した *choisi*（過去分詞がイタリックで強調されている）のである。科学研究をするということは、知識の倫理という価値体系を必然的に含んでいるのである。（EC p 167 抄訳）

ここで、「必然」という言葉を使っていることは注目に値する。つまり、進化の結果として知識の倫理を採用することは、人間の必然であるというのである。これは、目的論を排するモノーの表現としては、本来、おかしいはずだが、科学的に考えてこうしかならない、という形で、人類進化の道筋を示している。また、知識の倫理を選択するというのは、サルトルのアンガジュマン engagement（社会参加などとも訳される）とも通ずる。結局のところ、人間存在の疎外の中で、科学を選択することによって未来に進むという社会参加の選択が述べられている。また、ほとんど同じことが、LRでも述べられている。

しかし、客観的知識を追求するということ自体が、倫理的な一つの態度であり、ある特定の価値体系を最初に選択したことに基づいているので、それを私は「知識の倫理」と呼びたい。この価値体系の下では、客観的知識自体が最終的な目的、つまり価値基準である。ある人が科学者になるという決心をしたときには、意識するか否かにかかわらず、この体系を採用しているのであり、この選択は、明らかに、知識判断から論理的に導き出されるものではなく、価値基準を慎重に公理的に

選択した結果なのである。(LR p 15)

これは、科学者になること自体が一つの実存的選択/アンガジュマンであることを明確に述べている文章である。

これらを読むと、HNでいう必然も、知識の倫理を指していることが明らかである。これまでのHNに関する誤解のもとは、すべてここにあったことになる。ファンティーニが、科学的実存主義と呼ぶ所以である。本文に戻ろう。

科学によって破壊された既存の価値観と、それとはなじみのない科学的な知識の倫理の選択との間で、人間は疎外されている。しかし、知識の倫理は、科学者の間でも十分に理解されていない。

(EC p 168 抄訳)

これについて、ニーチェが問題を厳しく指摘していたとして、引用されている。「あらゆる科学は現在、人間が古くからもつ自尊心を破壊するために働いている。(以下略)」(一章5参照。このフランス語版は、ドイツ語原文よりも、どぎつく書き換えられていることにも注目される)。

客観的知識という思想は、理性的世界noosphèreの中から生まれたものであるが、人々は、この倫理を科学的方法論と混同している。科学では、純粋研究をすると言いながら、自分の興味のあることだけに研究費を回すために権力をふるっている人々がたくさんいる。知識の倫理というのは、

目的と手段が一体化した宗教的・実用的なものではない。(EC p 168 抄訳)

以下、LI最後の部分のほぼ逐語的な訳を示す。

知識の倫理の唯一の目的 but、最高の価値、最高の善は、人類の幸福でもなく、一時的な権力や快楽でもなく、ソクラテス的な「汝自身を知れ」ということでもない。それは、客観的知識それ自体である。この倫理を、道徳的、社会的、政治的な帰結から解き放つことによって、体系化し、普及し、教育しなければならない。というのも、現代世界を創造したこの倫理だけが、現代社会と矛盾しないからである。この倫理は、知識に人間自体以上の価値を認めるので、厳しく制約のある倫理であることを隠してはいけない。これは、ニーチェ流の征服する倫理であり、理性的世界における、力への意思である。したがって、この倫理は、暴力や一時的な征服を軽蔑することを教える。これは、個人の自由や政治的自由の倫理である、というのも、反対すること、批判すること、いつも疑ってかかることが、権利であるばかりか、義務でもあるからである。また、社会的な倫理 éthique sociale でもある。なぜなら、共同体全体でその倫理を認めることによってのみ、客観的知識として確立されうるからである。

現代人に提案しうる、現代人自身を乗り越えていくような理想 idéal は、人類が自ら発見した無 néant を知識によって再征服 reconquête すること以外にあるだろうか。(EC p 169)

このように勇ましく終わるLIの文章であるが、何か空しい。自分自身を乗り越えていくのはニーチェの超人の思想、無というのはサルトルの概念であるし、再征服はドイツ占領からフランスを解放したときに使われた言葉である。その前の社会的な倫理というのは、HNの最後における社会主義の夢grand rêve socialiste（p 192）、社会主義の理想idéal socialiste（HN p 193）という言葉に似ている。これだけ雑多な概念をごちゃまぜにして、いったい何を主張したかったのだろうか。いろいろな言葉が使われているが、果たしてどれだけ区別を意識して使っていたのであろうか。その前段の話からすると、理性的世界における知識の倫理というのは、人間存在そのものを超越した存在であり、人間そのものをも否定しかねない厳しいものであるかのように定義されている。それが、最後のところになると、人類を救う魔法の思想のような書き方になる。これは、そのまま、HN最後の第9章に引き継がれている。

（4）デモクリトスの偽引用文に「偶然」と「必然」のヒントを探す

HN冒頭にあるデモクリトスの言葉とされる引用「宇宙に存在するものすべては、偶然と必然の果実である」*Tout ce qui existe dans l'univers est le fruit du hasard et de la nécessité.* が、『偶然と必然』という表題のもとであると言われている。ところが、ファンティーニによれば、デモクリトスにせよ、他のギリシアの哲学者にせよ、このようなことは言っていないという（Fantini 1988 EC p 43）。しかし、クリックの追悼文（Crick 1976）にも、モノーはギリシア語の素養があったと書かれているので、まったくのでたらめとも思いにくい。そこで、デモクリトスの言葉を、『初期ギリシア哲学者断片集』（山本 1965）と『初期ギリシア自然哲学者断片集』（日下部 2001）で探してみた。しかし、上の言葉にちょうど一致するものはなく、かろうじて近いものとして、シンプリキオスによるアリストテレスの『自然学』注解における解説では、デモクリトスは、宇宙の生成は偶然を、その他の事柄には必然性を使って説明したとある（日下部 2001, p126）。

古典学専門雑誌 *Phoenix* に発表された論文に、ギリシアの原子論者の偶然、必然、自由に対する考え方を扱ったものがある（Edmunds 1972）。その中では、原子論者の思想では、世の中のことすべてについて、その原因は機械論的なもので、必然的であり、偶然を説明原理として使うことはなかったと明記されている。しかし、Edmunds（1972）によれば、デモクリトスの著作は、引用の形でしか残っていないため、引用者の意図と、本来の意味を区別して理解するのが難しく、そのため、Guthrie（1965）では、誤解を受ける書き方がされていると述べられている。ガスリーの問題の文章は、VIII 章「紀元前五世紀の原子論者たち」の中の、C. 原子論 (7) 原子論における因果律—偶然と必然 Causality in atomism: necessity and chance という項目の始めにある。

> No cause or force was required to set the atoms in motion originally, for their motion is eternal. For the course which their movement takes (on which depends all that happens in the world), both necessity and chance are alleged as causes[3]. (Gathrie 1965, p 414) [3]: *ἀνάγκη* and *τύχη* or *αὐτόματον*.

原子を最初に動かすためには原因や力を仮定する必要はなかった、というのは、運動は永遠だからである。原子の運動の過程では（世界で起きるすべてのことがそれに依存しているのだが）、必然と偶然[3]の両方が原因と考えられた。

（3） アナンケーが必然、テュケーまたはアウトマトンが偶然・自発性を表す。

おそらく、このガスリーの文章から、モノーがデモクリトスの銘文をつくり上げたと考えて間違いなさそうである。しかも、この項目はまさしく「偶然と必然」というタイトルなのである。したがって、モノーの本のタイトルである『偶然と必然』は、デモクリトスではなく、ガスリーの本からとられたものと思われる。もっとも、これらの概念を表す言葉は、アリストテレスの『自然学』における引用に由来しており、ガスリーの引用の註3に書かれている偶然を表す二つのギリシア語が、果たして同じ意味なのか、どのように解釈すべきなのかは、議論のあるところである（Edmunds 1972）。ちなみに、後者のアウトマトンは、サイバネティクスで使われるオートマトンの原語である。モノーはそれにも興味を抱いたに違いないが、ギリシア語としての意味は、「自発的」、「勝手」から「偶然」と同一視されるようである。

ただ、原子論者が言う意味で、機械論的に物事が決まっていることは、本当は必然とは言えない。デモクリトスの言として引用されている例を見ると、「市場に買い物に出かけたところ、会いたいと思っていた友人にばったり出会った」というのを偶然とは考えないで、必然と考えるということが述べられている。すべてのことに機械論的な因果律が成り立てば、どんなことでも後づけで必然ということはできるが、それは、本来の必然ではない。いろいろな邪魔が入っても、それでも何か決まった結果が最終的に得られるようなものを必然と言うはずである。モノーの言う必然にはいくつかの種類があり（六章5）、その一部は、この機械論的な必然、言い換えれば、生理学的な必要性と思われる。

上のデモクリトスのものと言われる言葉を引用した箇所がLIにもあることを先に述べた（三章3参照）

が、それに先立つパラグラフの最初には、次の一文がある。

安定性と進化の間の対立は、しかし、見かけだけのものである。（中略）偶然的な事故accident fortuitが、この規範（DNAのこと）の複製の中で起きる。（中略）事故が起きると、プログラムの複製にエラーを生ずる。そのエラーは、保存され、複製され、増幅される。（EC p 156–7）（傍線はNS）

この「安定性と進化の対立」に対応する言葉が、HNと同時期にフランスで出版されたクセジュ文庫の『ソクラテス以前の哲学者たち』（Brun 1968）という本の中にある。

原子論は、エレア派とヘラクリトス派の総合であった。エレア派的な点としては、原子に代表される存在の不滅性と不変性を、ヘラクリトス派的な点としては、変化を可能にするために、感覚できる多様性や複数性に対する要求を保持していた。（p 113）

この内容を一言で言い換えると、安定性と進化の対立である。上のデモクリトスの名を冠した言葉は、変化と不変性の対立を表現する言葉として書かれたのであろう。モノーにおいて、偶然と必然という対立は、このような、変化と安定性の対立を意味するという面があった。つまり、DNAの構造を考えた時に、それを変化させる突然変異は偶然的に起きるが、細胞の増殖ごとに行われるDNAの複製においては、確実に同じ分子を複製するという安定性がある。しかし、モノーが使った偶然や必然という言葉の意味は多義的で、さらによく考える必要がある（六章）。

(5)『偶然と必然』の内容

いよいよ『偶然と必然』の本文を考える。以下に章だてと小見出しをあげて、簡単に内容を要約し、必要に応じて簡単な注釈をつけることにする。小見出しは列挙するだけにして、章ごとに要約し、必要に応じて註釈を加えた。なお、すべて、フランス語版原文の内容に即し、訳語は筆者NSによるものであり、日本語版JPの項目名や訳文とは異なることをお断りしておく。

各章の構成には特徴がある。最初に二ページ程度の導入があり、その後詳しい説明があって、最後にまた二ページ程度のまとめがあるというように、学術論文での、導入、結果、考察に相当するような書き方になっている。まとめは、単なる要約ではなく、それまでに書いた内容を踏まえて、そこから導き出される一般的帰結を述べ、さらに、次の章につながる言葉が述べられる。導入もまとめも、いずれも非常に簡潔に主張が述べられており、それだけを読んだのでは意味がわかりにくい。こうした点に注意を払いながら、読み進めていく。

冒頭の引用文

「宇宙に存在するものすべては、偶然と必然の果実である」デモクリトスこれが偽物であることはすでに指摘した（三章4）。もう一つの引用文は、カミュの『シジフォスの神話』（Camus 1942b）からのものであるが、人間の不条理を描いた話として有名なので、詳しく述べる必要はなかろう（一章4）。

（註）この二つの引用の関係は、わかりにくい。初めの文では、確かに、偶然と必然の対立によって世界がつくられると読めるし、それもこの本の内容には合っているが、むしろ、デモクリトスの考えそのものを、ここに置き換えて考えてみてはどうだろうか。デモクリトスなど原子論者の本来の考えでは、必然を基本に考える（三章4）が、水の蒸発や凝縮など、原子の間の相互作用は完全に機械論的な必然に支配されていても、最後に出てくる結果は、予測不可能なもの、たとえば、「いつどこで雨が降るか」というようなものになり、盲目的な機械論的必然から偶然が生まれるという、アリストテレスによる解釈がある（Guthrie 1965）。モノーが言いたかったことは、このつくり物のデモクリトスの銘文も、カミュの引用文も、世界の事物や人間の偶然性を述べるという点で、共通しているのではないかと思われる。

序文

生物学は、これまでは物理学などの厳密な科学の陰にあったが、今や、宇宙の中での人間の位置、つまり人間の本性を明らかにするという、中心的な立場にある。生命の理論としては、進化論が多くの現象の説明をしてきたが、遺伝の物理的な理論が欠けていたために、確実ではなかった。しかし、広義の遺伝コード（その中には、ＤＮＡの構造やそこに含まれる情報だけでなく、形態形成や生理現象におけるその情報の発現も含む）の分子的理論で代表される分子生物学ができたことで、生命現象全体の理解が進み、生命の神秘も大略解明された。(1) この『偶然と必然』では、現代生物学の概念よりも、その形式（形相）(2) を説明し、他の分野の思想との関係を解説しようとしている。

(1) これは当時のモノーの理解だが、今となっては、だいぶ違うようにも見える。ただし、広義の遺伝コード code génétique という中身には、普通の遺伝暗号だけではなく、生命現象が何でも入っているようなので、その理論は、すべての生物学の基礎になることは間違いない。この点は、日本語版JPではわかりづらい。

(2) フランス語の forme は、通常の言葉の意味は「形式」だが、哲学では「形相」(イデア)も表す。

第1章 不可思議な対象

自然のものと人工のもの、宇宙の生物を解析するプログラムの難しさ、意図を込められた対象、自己形成する機械、自己増殖する機械、生命の不可思議な性質―不変性と(目的律的な)合目的性、不変性のパラドクス、(目的律的な)合目的性と客観性原理

科学的方法の基礎となる考え方 le postulat de base de la méthode scientifique は、自然 la Nature は客観的 objective(女性形)であって、目的を付与されて projective いないということである。生物の特徴を客観的に見いだすため、宇宙探査によって生物を見つけ出す場合にどんなプログラムを使えばよいのかを考えてみた。規則性と反復が、まず考えられる。ただし、マクロな対象に限定しなければならない。結晶のように、ミクロな構造がマクロに表れている場合は、別に考慮する。蜂の巣のような、動物の本能の産物は、判断が難しい。生物の特徴は、構造的にも機能的にも、目的・意図 projet[1] をもっているように見えることである。目的・意図は一見曖昧だが、最終的には種の保存と繁殖である。これを(目的律的な)合目的性[2] téléonomie と呼び、そのために貢献する構造や機能は、目的律的であるという。無生物は外力によってつくられるが、生物は自律的に自己形成ができることが、第二の特徴である。生物のもう一つ

の特徴は、繁殖における不変性である。(目的律的な)合目的性は、それを可能にするべく細胞から細胞へと伝えられる「目的律的な情報量」[3]で特徴づけられる。結晶は、自律的形成という性質と不変性をもつが、生物に比べて、伝えられる情報量がずっと少ないことで区別される。[4]

上の三つの性質は互いに深く関係しているが、(目的律的な)合目的性と不変性が、生物の性質である一方、自律的構造形成は、生物のもつしくみであり、合目的性の実現や不変的複製に関わっている。(目的律的な)合目的性と不変性は、それぞれ、タンパク質と核酸という物質が主に担っている。三者の中で、不変性が基本的な性質である。しかし、生物の不可思議さを構成するこれらの特徴が熱力学第二法則に反することはない。細胞の進む方向性は決まっていて、二つの細胞になることである。自然界は客観的であり[5]、目的因つまり意図・目的で説明されるものではないはずである。しかし、奇跡にすら見える生物のもつ目的・意図や(目的律的な)合目的性は、確かに客観的に認められるものである。そこには、科学のもつ客観性との間の認識論的矛盾がある。

(1) projet の意味については、本書五章6参照。

(2) téléonomie の一般的訳語は目的律であるが、モノーの実際の用法は、合目的性に近い場合と、目的律に近い場合の両方があるように思われる。本書二章1と六章で詳しく検討する。

(3) モノーは、目的律的情報量が不変的複製と関連していることは述べているが、複製されるDNAの情報量とは見なしていない。おそらく、生物の体全体がもつ情報量を念頭に置いているものと考えられる。マウスとヒトの、遺伝的不変性の量はほぼ等しいが、目的律的な情報量は大きく違うと述べている(HN p 28)。

(4) モノーは、結晶と生物の本質的区別を示すことができていない。結晶は、自由エネルギーが最少になった安定な構造であるのに対し、生物は、常にエネルギーを取り込み、排出することで成り立つ定常状態にあり、常にエントロピーを増大し続ける(Kirschner *et al.* 2000、佐藤 2011a, 2012 など)。この間違いは、熱力学第二法則を論ずる第1章後半でも繰り返されている

(HN p 31)。このことが、第5章の形態形成の議論にも影響している。

(5) 実は、本書の終わりの方で主張される客観性が、すでにここで出てきていて、認識論的なギャップとして、人間のものの考え方となじまないことが指摘されている。結局、このことが、HNの全体を通じてのライトモチーフ(中心テーマ)である。HNは、かなり難解な本であるが、その理由は、後で説明される概念が、あらかじめ何の説明もなく提示されていることにある。後から読み返せば、なるほど、ここに書いてあったのか、と思うのだが、最初にすっと読んだときには、何のことだかわからずに、通り過ぎてしまう。ベートーベンの第九交響曲では、第四楽章のモチーフが実は、第一楽章からちらほらと出てきていて、その伏線の上で、合唱の旋律が盛り上がるのだそうであるが、モノーの書き方はまさしくそうしたやり方である。とはいうものの、(目的律的な)合目的性は客観性と矛盾するのかしないのか、不明確なまま、この先もずっとこの言葉を使い続けていくので、読者は注意が必要である。

第2章 生気論とアニミズム(「生命特殊論」と「生命物質同等論」[1])

不変性と(目的律的な)合目的性の優先関係―根本的なジレンマ、形而上学的生気論、科学主義的生気論、〈アニミズム的な投影〉と〈自然と人間の絆〉、科学進歩主義、弁証法的唯物論におけるアニミズム的な投影、批判的認識論の必要性、弁証法的唯物論の認識論的誤り、人間中心主義の幻想、生命世界―基本原理から演繹できない特異な事象

生物のもつ(目的律的な)合目的性を説明するために、哲学的、宗教的、あるいは科学的な思想は、不変性と(目的律的な)合目的性のどちらを、因果律的にも時間的にも[2]、先にたつものと考えるのかについて、それぞれの立場がある。現代科学の立場としては、(目的律的な)合目的性よりも不変性が、必然的に先行すると考える。その意味は、最初に不変性をもつ構造があって、そこに撹乱が加わることによっ

て、次第に目的律的な構造が進化するということである。[3] これが客観的自然の科学としての生物学の立場である。

ところが、これまでの多くの哲学体系における生命についての考え方では、（目的論的な）合目的性によって、不変性が保護され、個体発生が導かれ、進化が方向づけられている。[4] その場合、（目的論的な）合目的性の説明として、生物には無生物にはない特徴があると考える生気論（生命特殊論）とアニミズム（生命物質同等論）がある。前者には、形而上学的なもの（ベルクソンなど）[5] と科学主義的なもの（エルサッサーなど）がある。後者は、「人間と自然との古き良き絆」と「自己の、自然へのアニミズム的な投影」（自然を主観的に解釈すること）を特徴としており、それには、素朴な自然信仰と、科学進歩主義（テイヤール・ド・シャルダンなど）や弁証法的唯物論（マルクス主義）[6] がある。

これに対して、（目的律的な）合目的性は後から表れてくるものと考えると、生命の本質は不変性を維持する機械論で説明されるべきであり、したがって、現代科学の立場から考えると、上のどの立場も正しくない。その原因は、人間中心主義という幻想である。しかし、普遍的な理論をもってしても、基本原理からすべてのことを演繹することはできず、これから起こることを予見することもできない。できるのは統計的な可能性の推定と、起きたことの説明だけである。したがって、どんなことも最初に起きることの方向性が決まっているわけではなく、人間が生じたのも必然ではない。しかし、上に挙げたような、宗教や哲学、また一部の科学は、人間存在が必然的なものであってほしいという要請に応えるために努力してきた。

（1） タイトルの二つの言葉の意味は特殊な使い方をされているので、括弧書きのように普通の言葉ではない訳語をあてた方が適切ではないかと思われる。

(2) この表現 la priorité, causale et temporelle は、意味深長で、目的論的な問題ではなく、因果関係と時間的な前後関係だけで判断するという時点で、単純な機械論を表明しており、結論は明らかである。

(3) この文は、原文を少し要約してあるが、ネオ・ダーウィニズムの基本的な考え方を一言で表現したものである。同時に、これは、目的律の説明でもある。問題は、それを偶然や必然という言葉で言い換えるかどうかである。

(4) モノーの記述では、目的論 téléologie という言葉は一切使われておらず、すべてテレオノミー téléonomie であるが、他の考え方の紹介に関しては、本来、目的論的という意味であるはずの例が多い。生気論について、生物に特別な目的があって、それに向かって進化していくという考え方であると書かれており、その場合には、目的律ではなく、目的論と表現すべきである。本書では、生気論やアニミズムに関する記述においては、テレオノミー téléonomie という言葉を目的論と解釈し、合目的性にも目的律的ではなく目的論的という修飾をつけた。

(5) 実は、ベルクソンに対する批判は、目的論ということではなく、客観的な科学によらず、直観や本能を重視する点、つまり、合理性への反抗に対してである。ベルクソンの進化は方向性の決まっていない進化であるとモノーは認めており、したがって、目的が先行するという生気論の定義にあてはまっていないことに、注意すべきである。LI、SVにはなかったベルクソンについての記述が、HNで無理に挿入されたために、論理的矛盾を生じていると思われる(七章6B参照)。

(6) モノーのマルクス主義に対する考え方は、第2章以外にもいろいろ書かれているが、いまとなっては歴史的な議論や感情的な議論と思われるので、弁証法との関係に限定して、七章6Cで扱う。

(章全体への註) この章は、生物学的内容には深く立ち入ることなく、HN全体の話にあらかじめ道をつける役割を果たしていて、『偶然と必然』全体の中でも、最も重要な章である。そのため、少し長くなるが、特に説明を追加する。

第2章最後の部分にある、人間存在が偶然的なものではないということを証明してほしいというのが、宗教や哲学ばかりでなく、科学にも求められているという見解は、HNの最後の部分の内容をあらかじめ提示している。第2章を読む限りでは、人間存在の偶然性の説明は明確ではなく、物質界や生物界の現象が詳細に予測できないことの一つの面でしかない。第9章で述べられるような、人間が具体的に何を悩み、実存の苦悩と不条理に直面していることにまで、結びついていない。そのため、人間の偶然性がなぜここで問題となるのかが不明確である。HNのタイトルに含まれる「必然」が、「人間存在の必然性」を指していることが、明確に述べられている(HN p 55)にもかかわらず、この段階で、そのことの重要さに気づくことは難しいかもしれない。うっかりすると、註3をつけた文の内容が必然性だと思ってしまう。人間を話題にする以前に、生命現象を基本原理から演繹することができるかどうかも議論されているが、それも何を指しているのかがはっきりしない。

(目的律的な)合目的性を生物だけに認めるのか、無生物と生物の両方に認めるのか、ということでいろいろな説を分類するのは、非常に偏った見方とも言える。モノー自身は(目的律的な)合目的性よりも不変性を重視するので、どちらのカテゴリーにも入らないという立場であるが、他の説では不変性をそもそも議論していないとすると、モノーがこれらの説から超然としていられるのかどうか、明確ではない。モノーの説は、無生物と生物は同じ機械論で説明できるはずであるということなのでアニミズムに分類されるはずである。しかし、生物の進化の無方向性などはベルクソンから、第9章で述べられるような思想でできた理性的世界の考え方はテイヤール・ド・シャルダンから、偶然と必然の対立と発展的解消という考え方は弁証法から、それぞれ得ていると考えられるので、上に挙げられた説は、まったく間違いというつもりで引用したものではなく、それぞれによいところがあるという意味で、引用されていると思われる。

科学的生気論とされたエルサッサーの説であるが、エルサッサーはもともと物理学者であり、不変性も重視しているので、実質的にモノーの立場と変わらない。モノーが批判しているのは、胚発生の説明をするときに、あたかも最終的にできあがるもののプランが最初に与えられているような説明をするのがいけない、と言っているだけである。しかし、それに対するモノーの説明(HN第4章)では、分子会合の延長として生物の形態形成を考えており、この点はモノーにも誤りがある。

もう一点、マルクス主義の批判として、エンゲルスの「自然弁証法」を長々と引用し、詳しい議論をしていることが、ほかの説とは違った特別な扱いである。しかし、エンゲルスが熱力学第二法則を否定し、進化論を選択の部分だけに限定したという批判は、適切とは言えない。このことはすでにLIの紹介の中で説明した。

第3章 マクスウェルのデーモンたち

構造的にも機能的にも(目的律的な)合目的性をもった分子レベルの機能素子であるタンパク質、特異的触媒としてのタンパク質—酵素、共有結合と非共有結合、非共有結合による立体特異的な複合体概念、マクスウェルのデーモン

（目的律的な）合目的性とは、⑴方向性をもち、⑵首尾一貫していて、⑶建設的な活動を意味する。それぞれは、以下の意味である。⑴生物体は化学的機械であるが、方向性のある反応を進めるために酵素タンパク質が働く。⑵機能の統合・首尾一貫性は、サイバネティックなシステムにより成り立ち、そこではたくさんの制御タンパク質が働いている。⑶生物体は、自己構築機械で、それは、内部的な分子間相互作用に基づいている。生物の目的律的な機能にとって本質的なタンパク質[1]は、化学的機械を支える分子レベルの機能素子で、その機能は、その構造・形に基づく分子認識に基づく。上記三項目、つまり、酵素の代謝機能、システムとしての制御系、自己集合による複合体形成について、第3、4、5章でそれぞれ説明する。

タンパク質は二〇種類のアミノ酸が重合してできた高分子である。タンパク質には、繊維状の構造タンパク質と球状の機能的タンパク質がある。大腸菌は約二五〇〇種類のタンパク質をもっている[2]。代謝のそれぞれの反応には、別々の酵素が選択的に触媒として働く。普通の触媒と違って、酵素反応には反応特異性と基質特異性がある。酵素の立体特異的な認識は、幾何異性体も光学異性体も見分ける。その際、酵素は基質との間で、一時的に、非共有結合による立体特異的な複合体を形成する。特殊な基質を使って酵素を「だます」と、複合体の存在を実証できる。

酵素反応には、非共有結合という低い安定化エネルギーが関わる基質との結合の段階と、実際に共有結合の切断を伴う反応が起き、大きなエネルギーが変化する段階がある。反応が起きる段階では、一時的に分子を活性化する必要があり、これには活性化エネルギーが必要であるが、これが少ないほど反応が起きやすい。反応が起きれば、もっと大きなエネルギーが放出される。一般に触媒は、活性化エネルギーを下げる働きがあり、酵素はそれを特異的な対象物質に対してだけ行うことが特徴である。

酵素には、基質とぴったりと合う形をした部分 aire complémentaire があり、これにより特異的結合が「必然的に」[3] できる。酵素は立体構造の認識という情報を提供して反応の方向性を決め、反応自体は、反応物質と生成物との自由エネルギー差によって進行する。これは、一種の情報の増幅である。

分子認識がタンパク質の働きのもとになるという意味で、酵素は、マクスウェルのデーモン、つまり、ミクロな分子を一つ一つ見分けて処理をする作業者、のようなものと見なすことができる。その情報処理にはエネルギーが必要だが、酵素の秩序形成作用の場合には、反応の自由エネルギー差でまかなわれる。

(1) モノーの註釈 (HN p 60) には、ここではあえて話を単純化していることが述べられ、合目的性を担うのは、必ずしもタンパク質だけではなく、DNA(の制御配列) やリボソーム RNA なども挙げられているので、日本語版 JP なども含め、一般に、DNA=不変性、タンパク質=合目的性、と定式化しているのは、正しくない。

(2) 現在、大腸菌の実験室株 K-12 におけるゲノムから推定されるタンパク質の種類は、約四四五八個である。HN本文には、ヒトのタンパク質数として数百万との見積りが出ているが、現在では、ヒトの遺伝子数は約二万二〇〇〇個しかなく、タンパク質の種類も約一〇万個程度と見積られている。

(3) ここで使われている nécessairement (HN p 70, 10 行目) は、モノーの機械論的必然を表している。しかし、今では、酵素が必ずしも最適化されているわけではないこともわかっている。したがって、これは必然ではなく、進化による選択の結果、つまり、(目的律的な) 合目的性を表している。

(章全体への註) この章は、タンパク質が酵素として働くさいの反応のしくみを解説している。そのさい、立体特異的な認識が重要であるとされ、それが、生物のもつ (目的律的な) 合目的性の一面を担っていると結論されている。基本的な生化学の知識があれば、特に目新しいことは書かれていないので、つい、読み飛ばしてしまいがちである。しかし、酵素という分子がいかにうまくできているのかのエッセンスを要領よくまとめている。その中で、生物の (目的律的な) 合目的性をタンパク質の特異性で説明しようとしている点が、要点である。タンパク質がいかにうまくできているのかを解説することによって、(目的律的な）合目的性を理解させようとしている。

第４章　ミクロなレベルでのサイバネティクス

細胞機械の機能的なまとまり、制御タンパク質といろいろな制御の論理、アロステリック相互作用の機構、酵素合成の制御、モジュール性の概念、〈全体論〉と還元論

酵素はそれぞれが機能的には独立した機能素子である。それぞれがばらばらに機能するのではなく、互いに他の酵素の役に立つ形で連携することにより、全体として、首尾一貫した大きな系をつくっている。つまり、酵素のもつ調節機能を説明するには、ミクロなサイバネティクスで考える。反応制御には、いろいろなパターンが考えられ、フィードバック阻害、フィードバック活性化、並列活性化、前駆体による活性化、基質による活性化などがあり、それらが組み合わさっていることも多い。こうした制御には、アロステリック酵素が重要な働きをする。

アロステリック酵素は、基質結合部位とは異なる部位に制御物質（エフェクター）が結合し、それによって、酵素活性が調節されるような酵素である。エフェクターの結合というわずかなエネルギーで、代謝反応という大きなエネルギーを調節できるという意味で、電子回路のリレーの働きに似ている。アロステリック酵素は、モノマーがいくつか集まってできており、分子構造の対称性が重要である。各モノマーが協調的に構造変化することによって、酵素全体がRとTという状態の間で状態遷移（アロステリック遷移）することにより、基質濃度依存性がS字型（シグモイド）になり、非線形な（スイッチ的な）制御が可能になる。その際、基質とエフェクターは別々に結合し、それらの結合が互いの結合に影響す

るのは、RとTという状態遷移を介した間接的な効果である。

代謝には、アロステリック制御により調節されている低分子物質の代謝の他に、核酸やタンパク質などの高分子の合成もある。後者の場合、別の種類のサイバネティクスが働く。その例は、ラクトースオペロンに代表される酵素誘導系である（詳細は一章6参照）。このオペロンにコードされたラクトース利用に関わるいくつかの酵素は、ふだんはごくわずかしか合成されていないが、ラクトースなどの誘導剤を加えると速やかに一〇〇〇倍合成されるようになり、誘導剤を取り除くと、すぐにもとの合成量にもどる。リプレッサーによる抑制を誘導剤が解除するという点で、二重の否定に見えるが、この論理は弁証法的ではなく、コンピュータで使われるブール代数に似ている。しかし、酵素活性そのものと酵素の誘導のしくみとの間には、必然的な関連はなく、それらはモジュール的である。(1)

アロステリック酵素における基質と制御物質との関係も、原理的には独立であり、この場合にもモジュール性がある。(2)この組み合わせの数は膨大で、選択の幅広い自由があり、分子レベルでの進化の無限の可能性を示している。そこでは、無限の分子ネットワークが可能で、それにより、化学の法則を超越した新しい機能が生まれ得る。(3)

これまで、生物は個々の要素の機能に分解して考えられるという還元論と、生物には全体としての特別な性質があると考える有機体論（全体論）(4)の争いがあったが、これは意味がない。分析的に考えることが重要である。サイバネティクスで考えれば、個々の要素の機能と全体のシステム的な性質の両方を理解できる。生物は、物理法則を守りながら、物理法則を超越しており、自身の目的・意図を追求し実現する。(5)

(1) 本文では、恣意的 arbitraire、つながる根拠がない gratuit という言葉が使われており、これを、モジュール的と表現しておく。日本語版JPでは、無根拠性と訳されている。

(2) アロステリック酵素を、分子工学に特化した物質 un produit spécialisé d'« engineering » moléculaire とまで書いている (HN p 91)。残念ながら、日本語版JPでは、「分子《工学》の独特な産物の一つ」と、肝腎な点がわからない表現にとどまっている。

(3) この記述 (HN p 91, JP p 90) は、機械論的な枠組みを超えた内容を含んでいるように思われる。見逃されがちな点であるが、この内容は、序文に書かれていた「遺伝コードの分子的理論」の一つであり、制御ネットワークのレベルでも、偶然の組み合わせによる新奇性の創出の可能性があることを述べている。

(4) タイトルでは、ホーリズム holisme (全体論としておく) が、文中では、有機体論 organicisme が使われている。

(5) この記述は、還元論でも機械論でもなく、明らかに全体論、生気論というべきである。それにもかかわらず、モノーは、ケストラーの本 (Koestler & Smythies 1969) を挙げて、全体論と批判している。また、同じ本の中のベルタランフィによる「一般システム論」は曖昧であり、本章に述べられたように、もっと明確に分子の相互作用ネットワークを考えるべきだと主張している。

(章全体への註) この章は、当時としてはかなり斬新な内容を含み、アロステリック酵素と酵素誘導系という二種類の制御システムを紹介し、制御の一般的な理論を述べている。そのさい、制御される機能と制御するものとの関係は、一般には何でもよいはずで、化学的に必然的 (*chimiquement nécessaire*) ではない。すなわち、これは、任意性・恣意性を意味しており、これを、当時の言葉ではないが、モジュール性と言い換えた方が、内容をよく表している。また、このモジュール性のため、最近では、合成生物学という分野が誕生し、いろいろな制御系をつくり替えて、思いのままのシステムを構築しようという研究が進められている。ラクトースオペロンのモジュール性については、本書八章3でその後の発展を説明する。

サイバネティクスは、ウィーナーがこの名をもつ有名な著書 (Wiener 1961) の中で説明している。基本的には、リレーなどどんな制御素子を組み合わせても制御回路をつくることができ、ウィーナー自身も生物を理解するためにこの考え方を使おうとしていたようである。近年の分子生物学研究では、いろいろな遺伝子制御のしくみが事細かに記述されているが、制御とはこういうものだという全体的な枠組みを与えるモノーの議論は、記述的な生物学の枠を打ち破るもので、今でも清新な印象を与える。

第5章　分子が示す個体発生としての形態形成

タンパク質オリゴマーにおけるサブユニットの自発的集合、複合体粒子の自発的構造形成、ミクロな形態形成とマクロな形態形成、タンパク質の一次構造と球状構造、球状構造の形成のしかた、後成的形態形成では情報が増えるという誤ったパラドクス、目的律的な構造の究極の秘密、配列メッセージの謎解き

生物は機械であるが、外的な力によってつくられるのではなく、自発的・自律的に形態形成を行うことが特徴である。これは、タンパク質の立体特異的な認識に基づいており、さらにこの認識の秘密はタンパク質のアミノ酸配列（一次構造）に含まれている。つまり、タンパク質の構造には、自己集合による形態形成をするための情報が含まれている。これによってリボソームやT4ファージなどの自己集合が起きる。こうした集合体は、対称性をもつが、無限に続き得る結晶とは異なり、決まったサイズ以上にはならないので、「それ自身で完結した結晶」[1]と呼ぶことができる。これを分子レベルでの個体発生（形態形成）と考える。分子集合は、熱力学的にも速度論的にも、自発的に起きる。[2]形態形成に関しては、昔から「前成説」と「後成説」があったが、どちらでもなく、最初に存在するのは各成分の構造情報だけであり、それが集合体として顕在化するのである（後成的形態形成）。

これに対して、細胞の構造などマクロな形態形成を説明するには、糖質や脂質も含めたタンパク質間のネットワークの相互作用を考えることにより、多数のタンパク質の分子認識に還元する理論が考えられる。その真偽はまだわからないが、今はこうした研究の到達目標を明確にするにとどめたい。発生学では、「形態形成の場」「勾配」という考え方があり、タンパク質の特異的相互作用よりも遠距離での作

用が考えられているが、これもミクロな相互作用の積み重ねで成立していると考える可能性も残っている。一方で、静的ではなく動的な考え方[3]をする必要があるかもしれない[4]。しかし今のところ、タンパク質の立体特異的な相互作用を形態形成の基礎と考えることで満足するしかない。

第3、4、5章で述べてきたように、生物の目的律的な機能と構造は、原理的には、タンパク質の立体特異的な結合特性という観点から解析できるはずである。言い換えれば、「(目的律的な)合目的性の究極的な秘密[5]」を解くには、タンパク質の立体特異的結合特性の進化[6]のしくみを明らかにする必要がある。

タンパク質の構造では、一次構造(アミノ酸配列[7])と「ネイティブな(天然の)」立体構造を区別して考える。アミノ酸が線状に並んでできる繊維状構造は、自身で折り畳むことにより、原理的にはいろいろな立体構造をとることができるが、現実には、そのうちの一つの立体構造だけが「ネイティブな」、活性をもつ構造として存在する。タンパク質が一つの立体構造を正確にとるという後成的形態形成は、分子内の疎水的な相互作用により、水分子が排斥されて自由になることに基づいている[8]。立体構造に含まれる情報は、一次構造の情報よりもずっと多いはずだというパラドクスがあるが、実際には、タンパク質が置かれた環境の初期条件の情報が加えられていると考えれば、矛盾はない[9]。

後成的形態形成のステップは、タンパク質の構造形成、タンパク質間相互作用による細胞構造形成、細胞間相互作用による組織・器官形成があり、すべての段階で、相互作用の調和と分化が行われる。生物のもつ、すべての(目的律的な)合目的性の秘密は、タンパク質のアミノ酸配列に閉じ込められており、これが生命の秘密である。タンパク質の一次構造(アミノ酸配列)は偶然(気まぐれ hasard)によって支配されているが[10]、気まぐれにできたアミノ酸配列が複製装置に捉えられることにより、まったく同じものが複製され、「生理的に必要なもの」に変わる。こうして、生物の機能のもととなるアミノ酸配列というメッセージは、起源においては偶然でしかないことがわかる。[11] これは、われわれ人間にとっても重要なメッセージである。

(1) それ自身で完結した結晶 cristaux fermés (複数形) は、決まった組成・構造をもった分子集合体を指している。ここで与えられている説明は、「対称性を変えないと大きさを変えられない」などと、わざとわかりにくい表現をとっているが、LIではもっと単純に説明している (三章3)。

(2) 熱力学的な自発性は、自由エネルギー変化がマイナスであること、速度論的な自発性は、活性化エネルギーがきわめて少ないこと、をそれぞれ意味している。

(3) 「静的 statique ではなく、動的 cinétique」と書かれているが、後者の訳は、速度論的、動力学的などが普通である。しかし、モノーが何をイメージしてこの言葉を使ったのかがわからないため、ここでは動的としておく。

(4) モノーの形態形成の議論は、タンパク質が多量体をつくるときの自発的な構造形成だけに基づいている。細胞膜も同様に自己形成によって構造が維持されていると考えられるが、細胞のオルガネラや細胞が集まってできる多細胞体になると、同じ考え方が通用しないことが現在では明らかになっている。そもそも、タンパク質の多量体形成は、結晶の形成と同様に、自由エネルギー変化がマイナスになる、つまり、安定化する過程であるが、細胞や多細胞体の形成は、必ずしも安定化する過程とは言えず、むしろ、常にエネルギー代謝を行うことにより、動的に形成される構造というべきである (Kirschner *et al.* 2000)。この点では、シュレーディンガーの考え方のほうが適切である。モノーは、この章の後の方で、負のエントロピーということを述べている (HN p 107) が、個体発生・形態形成についてまで、適切に考えることができていなかった。それでも、この一節では、動的に考えることが必要である可能性に言及しており、モノーの思慮深さを窺い知ることができる。

(5) HN p 105 には、この二つの言葉があり、さらに、p 110 には、「生物の目的律的なすべての構造と機能の究極的な説明」*ultima ratio* という言葉も出てくるが、秘密 secret と並置されている。*ultima ratio* については、資料2で詳しく説明したが、秘密と同義と理解すればよさそうである。そして、生物の (目的律的な) 合目的性の秘密こそが、タンパク質のアミノ酸配列だというのが、モノーの理解である。現在なら、ゲノム情報がそれにあたる。

（6） 後の註10に述べる有名な一節の一般的な理解では、遺伝子の突然変異だけですべてを説明しようとするきわめて機械論的なネオ・ダーウィニズムが想定されているが、この部分の言葉には、進化を機能的な面から捉える考え方、つまり、表現型の進化という、ダーウィン本来の考え方に近い面が感じられる。

（7） この点は、一般的な生命科学、生化学の教科書に詳しいので、ここでは、簡単に記述しておく。

（8） この考えは基本的に今でも正しい。この他に、静電的、イオン的相互作用などが加わる。

（9） 情報量の議論はかなり専門的になるが、Dewey（1997）の論文では、タンパク質の情報量の詳細な計算が行われた。環境を決めてしまうと、ポリペプチド鎖がとれる自由度は現実にはあまり大きくないため、立体構造のもつ情報量は、あまり大きくない。モノーの表現でも間違いではない。

（10） モノーの議論の中には、一九九個のアミノ酸配列が与えられても二〇〇番目を推定することができないことが書かれているが、これは正確ではない。タンパク質配列のもつ情報量は、完全にランダムな配列の場合、一残基あたり四・二ビットのはずであるが、現実には、二・五ビット程度しかなく、それは、配列が繰り返している部分があることと、進化的に保存性が悪い配列つまり、実際には情報をもっていないアミノ酸残基も多いからである。その意味では、二〇〇番目のアミノ酸を推定することはある程度（4.2－2.5＝1.7ビット分）は可能と考えるべきである。したがって、アミノ酸配列は「気まぐれ」au hasardではない。

（11） この部分は、有名なくだりで、いろいろなところに引用され、間違った内容で一人歩きしている。これについては、六章4で改めて検討したいが、世間で思われているような意味の文章とはかなり異なる。つまり、ここで使われている nécessitéは、「必然」ではなく、生物の生理機能に必要なものという意味であり、偶然から必然が生ずるということを述べているわけではない。これは、英語版の翻訳USで特に歪曲されているが、日本語版JPでもかなりゆがめられた内容が書かれている。第5章では、突然変異のことは一切書かれておらず、この文脈では、タンパク質の配列が気まぐれであるという意味は、配列の内的規則性が見つからないという以上のことではない。「突然変異という偶然性が複製装置によってつかまえられて、固定され、それによって、必然的なものが生まれる」という解釈は正しくない。

（章全体への註） この章の内容は、専門的な内容が多く、わかりにくいかもしれない。しかも、説明が簡潔で、変に繰り返しているために、論旨がわかりにくい。いまから見れば、話は単純で、間違いは間違いとしてわかるのだが、一九七〇年当時にこれを読んだ人には、非常に難解であったに違いない。

第6章　不変性と撹乱

プラトンとヘラクリトス、解剖学的な不変性、化学的不変性、根本的に不変なDNA、遺伝暗号の翻訳、翻訳の不可逆性、ミクロな撹乱、操作的な不確実さと本質的な不確実さ、進化—顕在化ではなく絶対的な創造

プラトンは不変性[1]を、ヘラクリトスは変化を、それぞれ宇宙の究極の原理と考えた。[2]変化の中に不変関係・保存量を見つけるのが科学であり、不変なものを探すことで物質世界は理解されてきているが、生物の理解も同様である。

生物の不変性としては、各分類群で保存されている構造的特徴によって生物を分類することが行われてきて、これにより進化の理論の正当性が認められてきた。これに対し、ミクロなレベルで考えると、どんな生物でも、細胞を構成する物質としてタンパク質とDNAが存在することと、基本的に同一の代謝経路をもつことという二つの共通性をもっている。生物の多様性と共通性との矛盾は、アルファベットは共通でも異なる文章が書けることで理解できる。なかでも、生物の基本的な不変性を表すものはDNAである。DNAからDNAをつくるのが「複製」、DNAからポリペプチドをつくるのが「翻訳」、ポリペプチドを折り畳んで機能的なタンパク質をつくるのが「発現」である。[3]種の不変性を保証するのはDNAの配列の複製であるが、それはDNAを構成する二本の繊維状物質の相補性によって可能になっている。DNAは繊維状結晶ということができるが、「非周期性結晶」である。[4]DNAの塩基配列はまったく自由に決められ、構造的な制約があるわけではない。DNAを複製する酵素（DNAポリメラーゼ）は、どんな配列でも同じように複製するので、非常に正確であるが、それでも間違いが起きる。

翻訳反応は、さらに複雑なしくみによって行われる。DNAの塩基配列とタンパク質のアミノ酸配列を対応づける遺伝暗号は、本質的には任意のはずだが、全生物で共通である。最終的にポリペプチドが折り畳まれて、立体構造をもつタンパク質になって初めて機能が生まれる。生物は、遺伝情報の後成的発現によって成り立っているということができる。ここで重要なことは、翻訳のしくみは不可逆的で、タンパク質からDNAに情報が流れることはないことである[5]。生物は精密な機械であり、弁証法的なものではない。

DNAに起きる突然変異とそのことによって起きるタンパク質の機能的変化とは独立で、直接の関連はない。突然変異（置換、欠失、挿入、転座など）は、気まぐれに au hasard 起き、不変性をかき乱す要因となっているが、生命世界における新奇性・創造の唯一の源泉でもある[6]。偶然性には、実際上のもの・操作的なもの（ルーレットのように、厳密に弾道が計算できれば答えがわかるはずのもの）と、本質的なもの（それぞれ独立な因果関係系列がたまたま同じ時と場所で交差するもの）があるが、突然変異と最終的な表現型とは独立なので（特定の表現型を生み出すべく突然変異が起きるわけではないので）、突然変異は本質的な偶然性に支配されているといってよい[7]。別の理由としては、ミクロな分子に起きる変化は、不確定性原理によって支配されているためである[8]。

進化のルーツに偶然があるという考え方は、これまでの人間中心主義にダメージを与えるので、生気論やアニミズムからは厄介払いを受ける。なぜなら、ベルクソンの言うように、進化には目的や意図はなく、どこに向かって進むのかはわからないからであり、この本質的な不確実さにより、進化という創発は、隠れた究極目的の顕在化ではなく、創造と見なすことができる。一方で、（前章に述べたように）タンパク質の複合体形成や個体発生などという創発は、配列の中に隠されていた目的・意図が顕在化したものと見なせるので、創造とは言えない。ただ、ベルクソンとは違い、現代生物学では、進化を生物の基本的性質と見なすことはない。分子レベルでの不変性が生物の基本的しくみであり、保存の不完全性に進化の原因がある。複製機構をもたない無生物ならば系を破壊するような撹乱が、生命世界では、偶然を保存する複製系をもつことにより、創造的自由を生み出す。[9]

(1) 正四面体など対称性により分類される基本図形が、万物の基本にある不変なものと考えられた。

(2) 『偶然と必然』の最初のところで、デモクリトスの言葉として偶然性と必然性の対立を挙げていることは、偽物の引用であるが、ギリシア時代に、不変性と変化の対立があったことは正しい指摘である(三章4)。この場合、モノーが考える偶然性と必然性は、それぞれ、変化と不変性に対応する。

(3) この部分は、クリックのいわゆる「セントラルドグマ」を説明したところであるが、クリックと違い、mRNAを省略している。また、タンパク質が立体構造をとるところを重視して、それに「発現」という言葉をあてている。現在の使い方では、「発現」は、遺伝情報がタンパク質として表れてくる過程の全体を指す。

(4) この言葉は、シュレーディンガーが『生命とは何か』の中で使った言葉である。その当時(一九四三年)は、まだ、DNAが遺伝物質であることはわかっていなかったが、シュレーディンガーは、非常に先見性をもって、染色体が非周期的結晶であると述べていた。実際、DNAの塩基配列は単純な規則性をもたないため、まさしくこの言葉にあてはまる。

(5) ルイセンコ論争を踏まえた説明と考えられる。獲得形質は遺伝しないということを言っている。現在から見るとほとんど理解不能な次の文章の「弁証法的でない」ということも、ルイセンコを否定している言葉である。しかし、現在では、獲得形質に準じたものが遺伝する場合が考えられる。エピジェネティクス(後成説とは別の概念)といって、ヒストンのメチル化(ヒストンコードなどとも呼ばれ、これも遺伝することがわかってきた)などにより、DNAの遺伝子発現が抑制されることがあるが、DNAの情報そのものを書き換えなくても、このようなしくみによって、表現型を変化させることができる。もしも、この変化した形質が不適切なものでなければ、その後に、その遺伝子の突然変異や欠失などが引き続いて起きることが、許容されることになる。エピジェネティクスがどのようなしくみで調節されているのかすべてがわかっているわけではないが、このような方法によって、「仮に」表現型を変化させ、その後で、遺伝子型を変化させることができるとすると、獲得形質が遺伝するという形になることもあり得ると考えられる。詳しくは生命科学の教科書などを参照。

(6) この部分の本文には、これが仮説でしかないこと、しかし、他の考え方がいまのところないこと、などが述べられ、かなり慎重な言い方になっている。

(7) 偶然性に関するこれらの例は、すでにポアンカレ『科学と方法』(Poincaré 1908)に出ている。ここでは、二つの独立な因果関係系列の交差の問題が、本質的な偶然性であると説明されているが、それを受け入れたとしても、突然変異とタンパク質の表現型の独立性がなぜ突然変異の本質的偶然性につながるのか、明確ではない。註5に述べたように、獲得形質の遺伝を否定しようとしていることはわかる。本文には書かれていないが、紫外線などによってDNAが損傷を受けて突然変異が起きるようなことを考えていて、DNAの複製と紫外線の照射という二つの独立な系列の事象がたまたま交差するという、本質的な偶然性を考えているのではないかと思われる。しかし、現在の知識では、次にも述べるように、DNAの損傷そのものと突然変異という現象との間は直結していなくて、そこには修復系の働きが介在し、その場合には、修復系という機械論的必然性をもった装置のエラーは、操作的な偶然性に分類されるべきではないかと思われる。

(8) 不確定性原理は、量子論の世界で成り立つ問題であり、DNAの塩基が変化するような反応に関して成り立つことではない。また、当時は知られていなかったが、現在では、DNAの複製のさいには、DNAポリメラーゼに、校正と呼ばれる、間違いを修正する機能があること、その後からでも、正しく対をつくっていない塩基や壊れた塩基を交換する修復機構が何通りも存在することなどがわかっている。つまり、突然変異は、複製のエラーによるのではなく、修復のさいにやむを得ず生ずるものであると考えられる。さらに、実際に突然変異が生物集団の中で固定される(大多数のメンバーに共有される)ようになるには、世代を経て残っていくことが必要で、よほど不利な変異はすぐに駆逐されるとしても、それ以外の場合は、固定は偶然によると考えられている。したがって、突然変異が偶然性に支配されるということは、間違いとは言えないにしても、それについての説明は、全面的に書き換えられる必要がある。

(9) このくだりも不可解で、ベルクソンを否定しているようなことを書きながら、結局は、生命世界は特別で、その(目的律的な)合目的性が偶然性からもたらされることを結論している。不変性を基礎に置けば、生気論やアニミズムではないというモノーの定義であるが(第2章)、これは、生気論としか思えない。

(章全体への註) この章には分子生物学の基礎も書かれているが、中身の説明よりも、そこから得られる解釈が中心であり、この章以降は、一般的な分子生物学の説明を大幅に拡張して、モノーが述べたいと思っていた生物哲学の基本的な部分をまとめている。

第7章　進化

偶然と必然、偶然という源泉の豊かさ、種の安定性というパラドクス、進化の不可逆性と熱力学第二法則、抗体の起源、選択圧を方向づけるものとしての行動、言語と人類の進化、言語の最初の修得、脳の（後成的）発達における予めプログラムされた言語習得

突然変異は、生命に偶然をもち込む源泉である。ＤＮＡに起きたミクロな事象は、最初は純粋な偶然性の領域にあるが、複製・翻訳されることにより、そこから取り出されて、容赦ない確実性、つまり必然性の働くマクロな領域に入ることになり、この厳格さが要求される領域において、偶然性の産物に対して選択が働く(1)。進化は「生存競争」によるのではなく、ネオ・ダーウィニズム論者たちの正しい理解によれば、進化を繁殖率の差として理解することができる。つまり、新たな形質は、すでにもっているたくさんの、生存に必要な目的律的な機能との適合性によってテストされる(2)。これによって、進化が、ある「目的・意図」、つまり、増殖するという祖先の「夢」を実現するように見えることになる。突然変異の確率は非常に低いが、細胞や生物の数は多いので、新たな突然変異はたくさん生じ、突然変異が生ずること自体は、例外ではなく法則である。それでも、太古の昔からほとんど進化していない生物も存在していて、これらは不変性の表れである。

個々の変異は可逆的であるが、たくさんの変異を蓄積し、交配において組換えが起きることにより、変化は不可逆的になる。進化は必然的に不可逆なもので、熱力学第二法則同様、時間の方向を定義して

いる。多様な変異の中から優れたものを選び出すことは、エントロピーを減少させ、時間を逆戻しすることに相当するが、それはごくわずかなことなので、全体としては、熱力学第二法則に従っている。[3] このよい例が抗体である。抗体は予め多様なものを準備しておいてから、後で、必要なものを選び出して使うのであり、抗原が抗体の構造を決めるのではない。[4] 進化もこれと同様、予め突然変異によって多数の可能なものがつくり出されていて、後から選択される。

進化において働く選択には、外部環境や他の生物によるものの他に、生物自身が自ら「選んだ」とでもいうべき、それらとの相互作用のしかたも関わっている。目的律的機能が選択を方向づける程度は、組織化の階層が上がるにつれて増加する。特に、新しい行動の仕方は、その行動をより完全にできるような形態を発達させるという方向に、その種を拘束し、[5] 行動と形態はともに進化する。鳥の美しい羽は、それが選択されるような条件を、性的本能が準備したのである。[6] ラマルクが唱えた定向進化も、こうして選択によって説明できる。[7]

人類の進化を方向づけたのは、象徴言語の誕生で、それにより、文化・思想・知識という新たな世界règneを創造する新たな進化への道が拓けた。[8] それによって、さらに言語やそれを司る大脳皮質の発達が進んだ。しかし、言語を習得するしくみは、予め発達プログラムに従ってつくられていて、認知機能の発達とも不可分の関係にある。言語は、文化の進化ばかりでなく、脳の進化も引き起こした。こうしたしくみの存在は奇跡にも見えるが、言語を使用し始めたという偶然的事象の結果として、そうした可能性が高まったのである。[9]

（1）この部分は、『偶然と必然』の中で、最も明確に、偶然性と必然性の関係を述べた部分であるが、それでも、必然性の内容は曖昧で、ここに傍線で示した三つの言葉（確実性 certitude、必然性 nécessité、要求 exigences）が同じ意味で使われている。つまり、ここでいう必然性というのは、第5章最後で述べられた「生理的必要性」つまり機械的な厳密性と同じ意味で述べられており、物事が必ずそうなるという運命的な意味の必然性を指しているのではない（六章参照）。

（2）これは、現在の進化論における適応度 fitness（英語）の概念に相当する。

（3）これに対応する本文では、本当はエントロピーが減少することを、エントロピーの坂を上ると表現するなど、かなり混乱している。筆者の解釈を示すと、つくり出される変異の総数は非常に多く、エントロピーは全体としては増加するが、選択の結果だけを見ると、少数のものが選ばれたように見えるということである（佐藤 2012）。

（4）一九七〇年当時、まだ、利根川進らの業績となる、遺伝子組換えによる抗体の多様性生成機構は発見されていなかった。ここでは、その基礎となったクローン選択説に基づく考え方を述べている。細胞内での突然変異と、抗原による抗体産生細胞の選択、ということが、進化のミニチュアに相当するという趣旨である。

（5）このあたりの記述には、傍線で示した、選ぶ choisir、拘束する engager など、実存主義において、自分自身の未来を選び取り choisir、社会参加する engager という時に用いられる語彙が連続している。これまでは、進化は盲目的（第5・6章）などと書きながらも、このあたりからは、進化を自由の表現、自己実現と見なす考え方が表れてくる。

（6）この考え方は、無理に目的律的に述べられているが、やはり、目的論とも言える。生物が行動様式を自ら選ぶということなど、高等生物の話になると、モノーの話は、機械論からだんだんそれてくるように思われる。

（7）フランス人は、愛国心が強く、自国の先達をけなすことはあまりない。ここでも、ラマルクを再評価していると考えられる。しかし、形態と行動が共進化するというのが、純粋な選択で説明できるようには思われない。進化と発生を結びつけて考える現在の進化論（Evo-Devo）の考え方では、発生の可塑性が十分に準備されていて、その中で、再パターン化が起きることにより、大きな形態的変化が起きると考えられている。方向性をもつように見える進化は、複数の形質の間での coadaptation（共適応）、co-option（共選択…もともともっていた機能のほかに、別の機能を獲得すること。多くの場合、もとの機能は残る）、exaptation（外適応…始め他の目的に使われていた酵素や器官が、新たに別の機能を獲得すること）などの概念により、説明されている（Carroll 2005, Arthur 2011）。

（8）原文は le langage symbolique, ..., ouvrait la voie à une autre évolution, créatrice d'un nouveau règne,（HN p 144）. 傍線の部分は、ベルクソンの創造的進化 évolution créatrice を彷彿とさせる。

（9）このあたりの人類進化論は、エンゲルスなどの直立歩行による人類進化論を否定するために書かれているが、言語能力の発達と脳の生理学的・解剖学的特徴との関係は、未だに不明であり、モノーの主張の真偽ははっきりしない。言語だけが先に現れることは、理解に苦しむ。

（章全体への註）この章は、偶然性が進化の源泉であることを、多様性からの選択により説明している。ちょっとしたきっかけがもとになって、進化が自発的に方向づけられることを述べ、同様にして、人類の進化が言語の獲得によって方向づけられたことを結論しようとしている。これまでの章が、生物学の知識に基づいて地道に書かれていたのとは対照的に、人類学や言語学の知識を使って、正しいこともはっきりしないことも混ざった話が述べられている。

第8章 研究の最前線

現代生物学知識の最前線、生物の起源の問題、遺伝暗号の起源の謎、もう一つの研究最前線―中枢神経系、中枢神経系の機能、感覚的印象の分析、生得説と経験説、シミュレーション能力、脳と精神の二元論という幻想と精神の存在

多様な生物の姿を見たときに、進化が本当に偶然の産物であるのか疑いたくなる。しかし、今すぐに完全な説明はできないにしても、進化の理解に原理的な間違いはない。その意味では、奇跡は説明されたのである。(1) 進化について本質的な点はすでに解決済みであるので、残る問題は進化の両端にある。つまり、一つは、最初の生命システムの起源であり、もう一つは、中枢神経系の機能の理解である。(2)

原始生物の誕生には、三段階が考えられる。生体構成成分の生成、複製可能な高分子化合物の生成、原始細胞の形成である。第一の段階については、すでに核酸や糖などの成分が自然に合成され、高分子化合物になることが証明されている。あとの二段階は難問である。目的律的な装置なしに複製が起きる

のは難しそうだが、ある種の核酸では相補鎖がつくられることがわかっているので、非常に低い効率ででも、自己複製する系はできたのであろう。原始細胞は、現存するどんな単純な細胞よりも原始的であったに違いないが、それでも、目的律的なシステムができる段階の解明は、非常に難しい。

代謝系や細胞膜の形成も難問だが、最大の問題は、遺伝暗号の誕生である。遺伝暗号の普遍性を説明するには、遺伝暗号とアミノ酸との間に化学的意味づけがあるのか、その対応関係はまったく任意なのかが問題となるが、おそらく後者であろう。[3] 遺伝暗号が任意的なものだったとして、その普遍性を説明することは難しく、いろいろ可能性が考えられるが、結論はない。生命誕生以前には、生命の誕生確率は、非常に低かったと考えられる。遺伝暗号やその他の生命システムのしくみの普遍性を考えると、生命が一度だけ生じたことを示すように見える。同様に、宇宙も人間も、一度だけ生じたために必然的に見えるが、もともと生ずるべくして生じたわけではなく、非常にまれなあたりくじを引いたようなものである。[4]

脳が自分の構造を理解することは原理的に無理だという考え方もあるが、それはさておき、ニューロン（$10^{12\text{–}13}$程度）やシナプス（$10^{14\text{–}15}$程度）の数が非常に多いので、それらのしくみの解明が困難であることは事実である。ただし、ニューロンが電子回路の情報統合素子のようなものであることまではわかっている。[5]

中枢神経系の五つの機能を区別して考える。それらは、(1)感覚受容と運動神経の協調、(2)本能的動作プログラム、(3)受容した感覚情報の、その動物に適した形での統合、(4)記憶と連想、および経験による生得的プログラムの拡充、(5)想像力・シミュレーションである。はじめの三つは、昆虫など特に高等ではない動物にもある。四番目はタコなどの高等無脊椎動物やすべての脊椎動物にある。五番目の「投射的」projectif とも言える作用は、高等脊椎動物だけにある。(1)〜(3)は協調的・表象的だが、(4)、(5)は認知的で、(5)だけが主観的経験を生み出す。

感覚受容でもよく調べると、ただ情報が入ってくるのではなく、主観的に知覚を再構築するしくみがある。たとえば、色覚や幾何学図形の認識などは、生の視覚情報を加工して得られる。その意味では、デカルトやカントなどの機械論に基づく生得説が正しく、極端な経験説は正しくない[6]。すなわち、もともと種ごとに決まった遺伝的プログラムに支配された認識の枠組みがあり、どんな経験もこれに依存している。前章で扱った言語習得も同じである。

生得説と経験説の対立は、遺伝学における遺伝子型と表現型との認識の問題にも似ている。直接感覚できる表現型のうらにプラトンのイデア forme idéale のような隠れた遺伝子型を見つけるのが科学である。しかし一方で、経験も重要で、現在の生物がもっている生得的な認識の枠組みは、祖先が積み上げてきた偶然的経験が選択された結果である。

さらに、シミュレーション機能は、動物にもあるが、人間では、意識を独立させることができ、架空の経験をイメージすることができる。言語もこの機能に基づいているが、シミュレーション機能は、言語の裏に隠れて、認識されないことが多い。しかし、失語症の患者の研究からも、言語とシミュレーション機能が別だということがわかる。後者は、右脳が主に担っているらしい[7]。今あるシミュレーション機能自体は生得的であって、祖先が積み重ねた具体的な経験によって効果が実証され、選択されることにより、現在人間がもつようなものにまで進化してきたが[8]、その機能のしくみの解明はまだ難しい。脳という実体とは別に、精神というものの存在は疑い得ないものである。昔の二元論のように、魂の中に非物質的実体を仮定する幻想をなくした上で、人間存在を構成する精神と肉体の一体性を、遺伝的遺産と文化的遺産[9]の深い豊かさとして位置づけることができる。

(1) Morange (2003)『生命は説明されたか?』は、これを受けた題名だろうか。

(2) 一九七〇年当時の状況で、「進化についてはもうわかった、だから、残っているのは、生命の起源と脳科学である」というのは、ずいぶんと大胆な考えであった。生物・医学の問題としては、発生・分化、細胞周期など、がんに関連する問題がこの後大きな展開を見せた。また、進化についても、木村資生の中立説が出てきたばかりで、その後、ダーウィン進化説との間で論争が起きた。生命の起源についても、この後、RNAワールドなどの概念が生まれ、大きく展開を見せる。また、分子進化の考え方が、実際にコンピュータを用いた分子系統樹の作成へと発展し、その中で、古細菌の概念が生まれ、生物の進化を分子レベルで検討することができるようになった。他方、脳科学の発展は、ごく最近のイメージング技術によるところが大きいが、まだ、記憶の実体も、思考のしくみもはっきりわからない。しかし、神経回路にヒントを得たニューラルネットワークという人工知能アルゴリズムが生まれ、実際に使われている。このような経過はあるものの、ここで指摘されている二つの問題が依然として現在も未解決である以上、モノーのこの言葉は、むしろ四〇年後になって、重みを増している。

(3) 遺伝暗号の任意性もまた、『偶然と必然』における偶然性の一つである(六章2)。この問題については、現在盛んに実験的研究が行われており、アミノ酸の種類を一九種類にしたり、二一種類にしたりすることが可能になっている。ほ乳類のミトコンドリアでは、終止コドンのTGAがトリプトファンをコードしている。つまりトリプトファンのコドンは、TGGとTGAの二つある。さらにまた実際に、多くの生物のギ酸脱水素酵素などでは、セレノシステインという二一番目のアミノ酸が使われている。これは、通常なら終止コドンであるTGAが、特殊な配列文脈で、このアミノ酸を指定するのに使われている。生命科学の教科書(巻末文献参照)で遺伝暗号表を詳しく見ると、二文字目がTの場合、疎水性アミノ酸が多く、Aの場合、親水性アミノ酸が多いなど、コドンとアミノ酸の性質との間には、ある程度の規則性が見られる。その意味では、遺伝暗号はただ単に任意であるとばかりは言えず、深い意味があるのかもしれない。

(4) ここの議論がおかしいことは、多くの人に指摘されている。ただ一度起きたことであるからといって、そのことが起きる確率がどうであるかについては、まったく判断できない。Pavé (2007)、Morange (2003) など参照(五章1、八章4)。

(5) このような情報統合作用について、モノーは、弁証法の第一法則(対立物の統一)であると断言している(HN p 164)。なぜ、ここで弁証法を認めるのか、意図がはっきりしない。
(6) 生得説と経験説という言葉については、資料2参照。
(7) ここで引用されているスペリーの論文は、実は学会の要旨に過ぎず、短い文章をほぼそのまま転載している。モノーはよほど内容が重要と思ったのかもしれないが、読者から見ると、ずさんな引用である。
(8) これもまた、明確な選択のしくみを曖昧にしたままで、ラマルクの定向進化を思わせる記述である。
(9) わかりにくい内容だが、遺伝的が生得的なものを、文化的が経験的なものに対応し、過去の人類の進化の歴史の中で築きあげられた生得的なものに、個人的経験・学習を加えることで、個人の存在の一体性が説明できると考えたようである。

第9章　理性が支配する王国といつまでも解決しない混迷の状態

人類の進化におけるさまざまな選択圧、現代社会における遺伝的品質低下の危険、さまざまな思想からの選択、説明を求める要求、神話や形而上学の発生、古き良きアニミズム世界から隔絶した現代人の魂の病、いろいろな価値観と唯一の科学的知識、客観的知識に基づく倫理観、客観的知識に基づく倫理による社会全体の理想的な発展

人間は、主観的経験や個人的なシミュレーションの内容を他の人に伝えることにより、思想という新たな領域(王国)を生み出し、文化の進化という新たな進化が可能になった。人類の進化では、思想と身体の進化(これを共生と表現している)が平行して行われ、選択圧は、言語とシミュレーション能力の発達を促し、脳容量の増加も促進された。一方で、自然による選択はなくなったが、厳しい種内競争により、ジェノサイド(大量殺戮)なども起きた。人類では、文化がゲノムに選択圧をかけることにより進化するはずであるが、両者にはずれがある。

人類の進化では、自然の選択圧がなくなるために、遺伝的な衰退の恐れがあるが、これは、生物学で解決できる問題ではない(1)。一方で、現代の深刻な問題は魂の病、つまり、人間が常に自分の生きる意味を問うことに関わる問題である。自然は客観的なものであり、西洋ではギリシア時代から二五〇〇年かかって、客観性に基づく知識が進歩してきた。思想は、遺伝子と同様、融合、組換え、分配することにより、進化する(2)。思想は、精神自体においても、また、ヒトの行動に影響を及ぼすような機能・能力においても選択される。そのため、強い団結力・侵略力を可能にする思想をもった集団が選択された。そのさい、人間の存在理由を説明するという要求にいかに応えられるかが問われた。思想の進化が、脳の生得的カテゴリー、つまり遺伝子も変化させた(3)。なぜなら、動物には本能によらない社会性は見られないからである。

昔は、自然と人間を一体と見なすアニミズム(古き良き絆)(4)により、人間の存在意味と必然性が説明されていた。神話、宗教、哲学、弁証法的唯物論などがそれである。現代の社会ではアニミズムが倫理の基本として残っていながら、科学の実用面での効用を通じて、客観性の考え方が三〇〇年来、科学的知識を構成してきた。人間存在の意味を教える古き良き絆が絶たれた一方で、実用に役立つ客観的な科学的知識は、人間存在の意味を与えてくれないというこの断絶が、人類を行先の見えない混迷状態の淵に追いやっている。これが現代人の魂の病、つまり疎外である。方向性のない進化の末に、たまたま出現し、宇宙の中で孤立しているという人類の徹底的な「異邦人性(5)」を正しく認識するべきである。この疎外の一つの理由は、キリスト教では聖と俗が分離していたことが挙げられる。これまでのアニミズム的な価値観は外から押しつけられたものであり、価値観と知識は分離していた。ところが、本来、行動するためには、価値観と知識の両方が必要であり、そのためには、自ら価値観を選択しなければならない(6)。

客観的な科学的知識を価値観として採用するということは、倫理的選択であり、これが「正しい知識に基づく価値観」である。これは、すでに『方法序説』（Descartes 1637）において、デカルトが行った選択でもある。[7] 人間はこれだけでは満足できずに、それを超越し、個人を超えた理想として、社会主義の夢をいだく。[8] これは、人間自らが選択する価値観であり、真のヒューマニズムである。[6その2] 人間は生命世界 biosphère と思想の世界 royaume des idées に同時に所属するという二重性 dualisme をもち、不条理 absurde ではないが、異邦人的 étrange である。[5その2] この点で、人間は動物とは異なる。知識の倫理は、社会生物学的[9]な根拠に基づいて、勇気や利他行為などを、理想実現のための超越的な価値として認める。こうした考え方によって、新たな本当の社会主義[10]を構築するのが、混迷から抜け出て、人間らしい思想が導く「超越的な王国」（人間独自の王国[11]）に残る方法である。最後の一節はこう結ばれている。

> これはユートピアかもしれない。しかし、ちぐはぐな夢ではない。これは、論理的一貫性という力によってのみ課せられた思想である。これは、本物の思想を求めることにより、必然的に導き出される結論である。古き良き絆は断絶した。人間は、自分がそこから偶然に出現してきたものの自分には無関心な広大な宇宙の中に、たった一人でいることにようやく気づいた。人間の運命や人間の為すべきことは、どこにも書いてないのである。王国か混迷かを選ぶのは、人間の手にかかっている。（HN p 194–5 NS訳）

（1）知能の高い夫婦は子供が少ないとか、障害のある子供も大人になるというようなことが書かれており、そのまま読むと、社会生物学における遺伝学的決定論（佐倉 1997）と同じになるが、モノー自身はヒューマニストとして、生物学が人類の遺伝子を操作する可能性を否定している。モノーは、遺伝子操作の可能性はあり得ないと考えたようだが、現実には、一九七〇年代前半には、最初の遺伝子操作が報告された。

（2） 思想の進化という考え方は、その後、誰にも支持されていないと、モランジュは述べているが（Morange 2003, 2010）、必ずしもそうではない（七章3）。

（3） ここでは、思想がゲノムの変化を起こすと書かれており、これは、第8章以来何度も出てくる、定向進化に類した考え方の表れである。しかし、思想が遺伝子の変化を通じて脳のしくみを本当に変化させるのか、今もってわからない。

（4） この言葉 l'ancienne alliance については、資料2で詳しく検討する。Prigogine & Stengers（1979）『新たな絆』La nouvelle alliance（日本語版タイトルは、『混沌からの秩序』）は、これを受けて書かれた本である（四章1）。モノーは、自然と人間の間に新たな関係を築くことはできないと考えたようだが、プリゴジーンは、できると考えたようである。

（5） ここで使われている言葉は étrangeté radicale であり、カミュの小説『異邦人』L'étranger（Camus 1942a）に対応する。日本語版では、「根元的な異様さ」（JP p 203）となっているが、単に異様だということではない。絆のないことが異邦人性である。そもそも、第1章のタイトルにも同じ言葉があり、初めから伏線が張ってあったようである。資料2を参照のこと。

（6） 行動するために選択をするのは、サルトルの実存主義そのものである。また、サルトルは実存主義をヒューマニズムと主張している（Sartre 1946/1970）。

（7） モノーは、一貫して、デカルトの態度をお手本と考えている。それは、科学的説明における機械論でも、客観性を基本に据える態度でも同じである。

（8） ここで社会主義の夢が出てくる理由は明確でないが、個人のレベルを超えた社会全体の幸福を求めるというモノーの立場を表しているように思われる。モノーは、しばしば機械論的なダーウィニズム論者として、註1に挙げた社会生物学や、利己的遺伝子を唱えたドーキンスなどと同列に扱われることがあるが、この点で、立場は大きく異なる。

（9） 社会生物学は、動物行動学の基盤に立って、人間の心理・行動を理解しようとする立場で、一九六四年ハミルトンにより定式化され、一九七五年ウィルソンにより発展されたが、遺伝学的決定論として、一九七〇年代から八〇年代に、英米圏で大論争を巻き起こした学説である。フランスではあまり流行らなかったようである（佐倉 1997）が、モノーはすでにこれに注目していたことがわかる。

(10) véritable socialisme. モノーは、この後では、真の社会主義 socialisme authentique、真に科学的な社会主義的ヒューマニズム humanisme socialiste réellement *scientifique*、ユートピア utopie なども書いていて、思い入れが非常に強いことがわかる。科学的社会主義は、マルクス主義者も使う言葉だが、モノーは自然弁証法の誤りを第2章で指摘し、自分が正しい科学的な社会主義をつくるのだという信念を示したようである。しかし、ここでいう社会主義の中身は明確ではない。

(11) この王国の意味は、資料2に詳しく説明したが、王様がいる国という意味ではなく、テイヤール・ド・シャルダンのいう理性的世界 noosphère を意味していることが、モノーの他の著作SVには明言されている（本書三章2）。その後、ニュアンスを変えているようだが、指している内容は同じである（Barthélemy-Madaule 1972）。もう一つの意味は、カミュの短編集『追放と王国』（Camus 1957）にも対応している可能性がある。この「追放」がモノーの「混迷の状態」にほぼ対応するように思われる。カミュの「王国」は、異邦人性を脱し、自分の存在意義を見つけた状態を指すので、モノーの王国の別の側面とも言える。

付録　タンパク質とアミノ酸の構造式、核酸の構造、遺伝暗号、熱力学第二法則

これらは、専門的な内容を解説しただけのものなので、ここでは詳しく述べない。

（6）『偶然と必然』全体の要約

全体の要旨をまとめると、以下のようになる。

生物には、繁殖という目的・意図があり、それを実現するため、（目的律的な）合目的性、自己形成、保存的複製という特徴がある。(目的律的な)合目的性は、遺伝コードの分子的理論、すなわち、デカルト的機械論によって理解できる。それには、生命の基本装置であるタンパク質の立体特異的構造による分子認識が基礎となり、酵素反応のしくみや分子複合体や細胞の自律的な構造形成もこれによって理解される。さらに、制御ネットワークの無限の可能性を支えるのは、制御されるものと制御するものとのモジュール性に基づく分子レベルのサイバネティクスである。しかし、保存的複製がこれらすべての基本にある。タンパク質の情報を保持するDNAは、基本的には不変に保たれるが、偶然にできた配列は自然選択の対象となり、気まぐれな突然変異がシステムとの整合性に基づいて選択され、進化の契機となる。生命の進化には、進むべき方向性が始めから決まっているわけではなく、置かれた状況によって選択圧は変化する。人類の進化を促進したのは言語であり、これにより、生命世界から理性的世界が生まれた。思想のレベルでの進化は、現在の人類の不幸を招いている。生命の起源は、非常に低い確率で起きた偶然でしかなく、人間存在も偶然的なものなので、その存在の必然性の根拠を科学的知識の中に見いだすことができない。そのため、人間は実存的苦悩にさいなまれる。その解決には、科学的客観的知識を価値観として自ら選択するという、新たな倫理の確立が必要である。

モノーの立場は、実は、アニミズムや生気論とも通じる面がある。物質に根ざした生命の理解を目指す点は、アニミズムと呼んでいるものと共通しているが、情報に基づく分子認識という生命独特のしくみが(目的律的な)合目的性を与えるという認識では、生気論と呼んでいるものと共通している。一般に思われている内容とは異なり、モノーは、自身が批判しているベルクソン、テイヤール・ド・シャルダン、マルクス主義の思想から鍵になる多くの概念を引き出している。

第四章

『偶然と必然』に対する批評の検討

『偶然と必然』に対する四〇年後の評価のためには、その本だけを見ているのではなく、『偶然と必然』という本が、社会にどのように受け取られたのか、つまり、この四〇年間に多くの人々が、この本について行った批評を検討することが有効である。

（1） フランス語で読んだ人の批評

（A） 生物学者や関連学者の批評

スコフェニル Ernest Schoffeniels

エルネスト・スコフェニルは、動物の比較生化学、代謝学を研究したベルギーの生物学者であるが、自身の研究成果に基づき、一九七三年に『反偶然』を出版した。これは、英語版も出版され、その訳として日本語版も出版された。さらに、フランス語版は改訂版も出た。それぞれで章立てなど、内容に差異があるが、中心となる主張は変わらない。ここでは、フランス語版初版 Schoffeniels (1973) に基づき、内容を紹介する。

最初にラプラスとラマルクの引用があり、最初から、偶然は無知によるものでしかないという立場が強調されている。

序文

いくつか引用をしてみたい。

生物学には偶然はない。進化は歴史的現象ではなく、再現不可能なものでもない。そして生物システムは最終目的をもつしくみではない。（p XII）

モノーは、詳しいことを知らない読者に、生物学の根本的な問題はみな、科学的客観性と矛盾しない形で解決したような印象を与える。その一方で、偶然と必然という本書のテーマについては、深く掘り下げられておらず、混乱と曖昧さが残る。読み終わったときに、結局、生物はいくつかの因果関係の糸が偶然に出会って生まれたのか、それとも、もっと根源的な偶然の概念（ボーアが言うような）があるのかがわからない。著者の述べている内容のうちで、生物学的な部分は、現代科学の中で確立したものであるが、哲学的な部分は、私（スコフェニル）の信念とは相容れない。書かれていることの多くは、学者の間でも意見が分かれていることがらで、科学的方法論の適用で何でも解決するような希望をもたせるべきではない。（p XVIII）

政治的な問題そのものには触れないものの、生物学者が人間のことに関心が高いのは当然で、科学的知識に根づいた倫理によってしか、われわれの社会の未来はないという、モノーの意見に賛成する。（p XIX）

生物は必然的にマクロ的であり、ミクロな偶然性は消えてしまうので、モノーが言うような形で、種の進化が突然変異と自然選択で起きるというように、偶然を考えるのは古い考え方で、生物学者の大部分を満足させることはできない。自然に起きる突然変異のしくみはまだわかっておらず、偶

然であるかどうかもわからない。(p XX)

スコフェニルは、モノーとは、生物学者として生物を見るときの観点や態度といった主観的モチベーションが大きく異なる。スコフェニルは、目的論は絶対反対、すべてのことは合理的に説明できるはずであるとの信念をもち、生命現象を機械論や複雑系理論によって説明可能であるということをもって、決定論的であると主張している。しかし、これは決定論といっても、確率的あるいは、事象が起きることの確率がわかるだけで、進化などの筋道がわかるわけではない。

以下に、各章の概略を記す。

第一章　目的と結果

目的論は擬人主義が原因である。いかに目的論を避けるかが重要である。

第二章　偶然の確率

アミノ酸の混合物がある場合、ポリペプチドは、どんなアミノ酸でもランダムに au hasard 結合してできるのではない。分子構造の相補性や不適合性によって、どれを選ぶかが直接に影響される。(p 19)

これは、ポリペプチドを人工的に重合する時の話であるので、問題が違う。また、宇宙で人間が生じたのは偶然だというモノーの考えに対し、「生命の起源や進化は、地球の物理的諸条件が決まれば起きる必然である」(p22)と述べている。

第三章　熱力学と生命秩序

開放系では、システムを通過するエネルギーの移動が、システムの組織化の原因となる。非平衡状態への定着が、サイクル形成などを生む。組織化は一般的で生物特有ではない。プリゴジーンの散逸構造や、アイゲンのハイパーサイクルを考えればわかるという。

この章では、散逸構造や自己組織化による構造形成を紹介し、それがゆらぎの増幅によって生ずることを説明している。その上で、個々のゆらぎは偶然かもしれないが、全体として起きる現象は、よく似たものが再現性よくできるので、マクロな現象としては、偶然的なものとは言えないという考え方である。しかし、ゆらぎ自体は再現できないはずなので、ゆらぎを増幅するシステムが再現可能なだけである。このことから、人類の誕生が果たして必然と言えるのか、少なくとも、この時代に結論できたとは思えない。その意味では、この議論は、モノーの議論と大きな違いはないように思われる。

第四章　理論生物学の基礎

この章では、細胞の基本的属性を一四の命題としてまとめ、それらを数学の定理のようなものと考えている。一三番目の命題では、進化の理論が扱われ、ダーウィンの説では、種の変化が起きることが説明できないと批判している。スコフェニルは、自然突然変異では、不利な変異が淘汰されるだけなので、人間などの形質が安定なのは当然であると指摘し、可逆的な点突然変異ではなく、不可逆的な変異の蓄積によって、新たな形質が生まれると考えた。電気を発生する魚は、魚の進化の中で七回も独立に生じたことを挙げ、進化を生み出す変異が偶然的な変異によるとは思えないこと、結局、進化を引き起こす遺伝的変異のことはまだよくわからないと述べている。これは、分子レベルで何でもわかるはずだというモノーの確信に対する反論であるが、この時点では、特にどちらが正しいということもできなかったはずである。ただ、逆転写酵素の一般性を過大に考えるなど、この章には勘違いと思われる記述が多い。

第五章　進化における大いなる発明

ラマルク以来、環境適応としての進化が知られている。例として、ヘモグロビンの酸素分圧への適応などが、挙げられている。

結論として、さまざまな湧き出しと吸い込みの間での化学的エネルギーの流れによって、あらゆる細胞に見いだされるさまざまな代謝反応経路の起源が説明できると考えることができる。これは、システムが平衡から遠く離れて安定な散逸構造を形成するにいたる時に見られるゆらぎの増幅の結果、生ずると説明できる。（p.68）

この章では、代謝的な適応の例を出し、ミトコンドリアの代謝系などは、酵素が自己集合することによって形成されるとの考えから、代謝系を構成する酵素が代謝反応それ自体の結果として、自己組織化によって代謝経路を形成するというように書かれている。当時はまだ、ミトコンドリアが細胞内共生起源であることも知られておらず、細胞質で合成されたミトコンドリアのタンパク質を、ミトコンドリアに輸送するしくみなども知られていなかった。現在では、代謝系が自分自身で形成され、環境に適応するように変化していくということは考えにくい。

第六章　本能の分子的基礎

動物行動には本能に基づく合理的なものが多いが、それらも、分子的な基盤がわかれば、化学物質による情報伝達として理解できると述べて、フェロモンなどを例に説明している。

第二版のみの第七章　言葉と意識

この章は、後からつけ加えられたものだが、全体の論旨に大きな影響はない。

意識とは、情況を制御するとともに、認知して主体者としてのわれわれ自身をわれわれに認知させるものであり、それによっていろいろな考えを操って、ある目的へ向かって反応する可能性を与えるのである。（日本語版 p 123）

人間に自己の存在と人格を知覚させるものは、大脳構造と関連をもつ言葉である。（日本語版 p 129）

第七章　サイバネティクスと生物学

サイバネティクスは、モノーのHNの中でも詳しく述べられている自己制御回路にまつわる理論である。「サイバネティックな系としての生物体」について、高分子から生態系にいたるさまざまな組織化の段階の間に存在する階層性を考えると、対象となる組織化段階が何であれ、サイバネティックなネットワークを考えなければならないという結論に導かれる。それは、相互に影響を及ぼし合う対象物の集合体を意味する。（p 92）

この章では、モデルとシミュレーターの区別なども説明されていて、対象とそっくりなものがモデルとされている。さらに、生物では、分子による情報伝達と電気による情報伝達があり、それらによってサイバネティクスを考えることができることが説明されている。

第八章　偶然の構造

この章では、シャノンの情報理論を紹介し、シュレーディンガー、ブリルアン、プリゴジーンなどを引用して、デュボア Daniel M. Dubois の協力のもと、情報量とエントロピーに関する理論的な考察を行っている。「偶然と必然は対立するのではなく、協力している」という、プリゴジーンの言葉を引用しているが、スコフェニルの考えとは少し違う。

いろいろな生物学的システムは非線形なので、それまでに受けた変化を積分したものを、遺伝情報の中に記憶として保存している。いろいろな生物学的システムの進化は、それらが外界に対して及ぼした撹乱と対応しているはずなので、遺伝情報は本質的にこれらの撹乱の積分であると考えることができる。こうして、進化は、外界の変化に対して生物学的システムが行う漸進的適応と見なすことができる。（p 124）

このように、適応進化を、開放系における情報のやりとりの解析の結果として、説明している。さらに、続けて以下のように述べている。

環境との情報交換を可能にするいろいろな（生物学的）システムが発展するのは、明らかに遺伝情報という基盤の上においてである。これこそが生物と環境のフィードバック関係という一般化できる重要な事柄であり、それによって、進化する環境の中では、生物は進化するほかないことが説明できる。（p 125）

おそらくスコフェニルが言いたいことは、進化が、偶然的要素だけで受動的に起きるのではなく、外部環境の変化に適応する形で能動的に起きることであると思われる。これは必ずしも、モノーの述べていることと矛盾するわけではない。しかもその能動的に見える変化が、開放系の熱力学や情報理論によって、必然的に成り立つと考えている。しかし、どう考えてもおかしいことも書かれている。

呼吸鎖の出現という大きな発明は、酸素が豊富にある大気の中で初めて実現可能になったのである。（p 126）

この点は根本的な事実誤認がある。現在では、呼吸鎖の出現は真核生物誕生以前、つまり二〇億年以上前にバクテリアにおいて起こったと考えられている。また、いくら酸素があるからといって、それによって呼吸系が生まれるとは考えにくい。呼吸鎖がつくられるという代謝系の多様化が先になければ、酸素濃度が高まってきたときに、それを有利に活かして生き残ることは難しい。モノーがラクトースオペロンの例で示した重要なことは、生物が環境適応するためには、すでにそのしくみをもっていなければならないことである。この点の理解が、スコフェニルとモノーでは、まったく違っている。

第九章　愚かな賭け

ベナール対流と同じようにミラーの（化学進化の）実験も再現可能である。つまり、組織化現象は歴史的なものではなく、再現可能な必然的結果である。（p 129）

こうした信念に基づいて、進化も必然であるというのが、スコフェニルの考え方である。

地球上で生命誕生に導く決定的な出来事が、たった一度しか起こらなかったとしても、そのことによって、その確率が最初からほとんどゼロに近いと、なぜ推論しなければならないのだろうか。むしろ、それが必然的であったことの証明ではないだろうか。（p 129）

これらの事実は、まだ現在はごくわずかなものであるにしても、生物システムの出現と進化に関して、ジャック・モノーの偶然性が放つ光とは異なる光を投げかけている。そしてそれは、モノーが言うところの必然的、不可避的で、いつも秩序だったものでありたいというわれわれの意思とは無関係なものである。（p 131）

ている矛盾を指摘したものである。

この批判は、モノーが偶然や必然を語りながら、生物進化に人間を生み出す方向性や意思があると考え

*

スコフェニルは、博学で物理や情報の理解もあるが、肝心なところで勘違いをしている点が多々あるために、偶然は存在せず、必然だけであるという強硬な決定論を主張しているように思われる。生物も熱力学に従うということなど、モノーと同じ見解も多い。(目的律的な)合目的性の否定もモノーの考えである。ただ、そこに偶然性がどう関係するのかの解釈が異なるだけのように思われる。

偶然性を否定する根拠の大部分は、比較生化学から得られた、生物に共通のしくみが少しずつ種ごとに多様化していることや、情報伝達物質による行動の誘導に基づいている。しかし、おそらく代謝的な多様性は、生物多様性の結果であり、原因ではない。生理活性物質の働きも、受容体や細胞内情報伝達系の進化に依存しており、当時は詳しいことがわかっていなかったために、あたかも、活性物質ですべてが支配されているように見えたに違いない。また、代謝系のデータから、細胞、個体、生態、進化をすべて説明するのは、飛躍がありすぎる。

少なくとも、各階層ごとに起きていることを、それぞれ必然性で説明することができるのか、検討する必要がある。たとえば、真核生物の誕生や、多細胞生物は必然なのか。まして、人類の誕生は必然なのか。生命というもの自体の誕生が必然というのは、現在ではほぼ間違いのないところであるが、実際の生物の進化のそれぞれについて、必然性を説明することは難しい。まして、環境が進化を主導するという適応進化は、(目的律的な)合目的性を暗黙のうちに前提としているようにも思われる。それは、「**偶然の構造**」と題する章において、環境と生物の進化の間の定常状態を考えていることの中に含まれてい

るのではないかと思われる。おそらく進化は定常状態にはないので、その中で適応的な進化が起きることの説明は、この段階ではまだ難しかったのであろう。スコフェニルが書いていることとは裏腹に、内容的には、(目的律的な)合目的性を適応という言葉の中に隠しているように読める点の矛盾が気になる。

いずれにしても、このスコフェニルの本では、生物進化を機械的なものと考えるか、方向づけられたものと考えるか、そのさいに、目的のようなものがあるのか、すべて環境の変化に適応する形で受動的に起きるのか、などなど、いろいろな問題点が指摘されていて、多少の考え違いのようなものはあるものの、モノーの考え方を補完する材料が豊富である。

ショエー Jean Choay

ジャン・ショエーは、フランスの生物学者・遺伝学者であるが、*La Quinzaine Littéraire* という雑誌に、モノーの本の書評を書いた (Choay 1970)。これは、「現代思想」(1973) にも翻訳されて掲載されている。翻訳は、パリ大学で生物学を学んだというフランス文学者の與謝野文子の手になるもので、まだ氏の仕事のごく初期のものと思われるが、非常にわかりやすい文章にまとめられている。

ショエーは、内容を比較的よく理解した批評なので、ほとんど批判的な内容はない。分子生物学の原理を述べた上で、二大根本原理として、「生物における諸現象は物理化学の法則に還元されうる」ことと、「それらの現象は、偶然によって造りあげられた以上、物理化学の法則から演繹することは不可能である」が挙げられている(以下訳文は、特に断らない限り、「現代思想」所収の與謝野によるもの)。

偶然によって造りだされたいかなる体系も、機能を果たすには物理化学的に成立していなければな

らないからだ。「必然」の方の復権がここに表れている。(「現代思想」p 117 下段)

そのあと、進化の理論が、分子生物学とダーウィンの進化論を融合したものであることが述べられ、思想の歴史にまで淘汰の法則を応用することを紹介している。そして、モノーの理論の意義を次のように述べている。

ジャック・モノーが提案する理論には、知識を綜合する力と説得力があるので、生化学の知識がまだ十分に得られていない遺伝物質に関する学問領域では特に、実証したり反証したりするための実験を生み出すまさしく原動力である。(p 118 下段、ここの訳はNS)

しかし、誤解があってはならない。もう後へ引き下がることは無理である。今度の新しい体系によって、数世紀もの間、生物学の理論の上に射していた種々の影は追い払われてしまった。(p 119 上段)

人間は世界の中心でなくなったばかりか、[彼の存在を演繹的に導き出すことができる決定論的ネットワークに組み込まれていない。人間は]無用なばかりか、さらに重大なことに、人間は単なる事故[にすぎない]。しかし、この事故は、物理化学的な法則に反していない。この革命は、宇宙の最終の目標を人間と人間の精神だとするような、[あえて人間目的論的 anthropotélique とでも言うべき根源的な思い違いを根絶することを想定している]。(p 119 下段~p 120 上段、角括弧内はNS)

［宇宙の中における人間に関する哲学的・自然的概念を新たに構想するために、ジャック・モノーは、客観性に基づく知識の倫理］をわれわれに提案している。この倫理を以ってしてのみ、思想の王国に入ることが許されるわけである。（p 120 上段～下段、角括弧内はNS）

ジャック・モノーのなしとげた［まさにこの］成功を留保なしに賞め讃えなければならないのだ。（p 120 下段、角括弧内はNS）

そして最後に、一言、疑問を投げかけて終わっている。

科学のための科学という彼の提示するものは、何らかの自然哲学から演繹したり帰納したりできるものだろうか。著者はこの問に対しては答えを与えないままである。『偶然と必然』という本の題が、ソクラテス以前すなわち最も基礎的なことが論じられた世界から採られていることは、偶然ではなく必然的である。（引用者註　つまり、他の哲学によって証明されるようなものではなく、始めから考え直さなければならないような思想だということ）（p 120–121、ここの訳はNS）

この指摘は的を射ているようだが、しかし、モノーの考えは、科学的価値観を自ら選択するという実存的行為そのものが、必然的だと言っているのではないだろうか。

プリゴジーン Ilya Prigogine

イリヤ・プリゴジーンは、非平衡の熱力学を発展させ、散逸構造の概念を確立したノーベル賞学者である。ロシア人であるがベルギーで活躍し、ブリュッセル学派を確立し、さらにアメリカに渡って研究を続けた。彼は、モノーの本の出版直後から関心を示し、一九七二年には、次のような解説を述べている。

システムを熱力学的平衡状態に近い状態から引き離すゆらぎは、偶然的要素であり、偶然性という役割を意味している。これに対し、環境には不安定性があって、このゆらぎを増幅するということは、必然性を意味している。偶然性と必然性は、対立するのではなく、協力して働く。(中略) 散逸構造が導入されると、それが連続的に不安定性を引き起こすということに基づいて、散逸構造が本質にあるならば、生命を「基本原理」から導き出すことができるということを、私たちは期待することができる。(Prigogine 1972)

その後、一九七九年には、プリゴジーンはスタンジェ Stengers と共著で、『新たな絆』という科学哲学書を出版した (Prigogine & Stengers 1979) が、そこでは、モノーの提出した「古き良き絆 l'ancienne alliance の断絶」に答える形で、新しい科学の誕生を謳っている。実際、この本は、モノーに答えるために書かれたような本であった。残念ながら、それはフランス語版だけの話で、後に出版された英語版では大幅に書き換えられている。プリゴジーンの論調は一貫して、モノーに対しては共感的である。

このさまざまな問題をより正確に考えるため、分子生物学の理論的発展に基づいて得られたという教訓に基づいて、尊敬すべき明晰さでジャック・モノーが少し前に断言した言葉を思い起こすことにした。つまり、「古き良き絆は断絶し、人間は、自分がそこから偶然に出現してきたものの自分には無関心な広大な宇宙の中に、たった一人でいることにようやく気づいた」というのである。後に私たちが示すように、モノーがこの結論を述べたときには、現代生物学のいくつかの結果の可能な解釈について述べただけでなく、もっと広く私たちが「古典的」科学と呼ぶ理論体系について述べたのである。この科学は、それができてから三世紀にわたり、科学が描く世界の中では、人間は異邦人であることをずっと結論し続けてきたのである。ところが、そこにパラドクスがあり、モノーの場合もそうである。モノーの話は、輝かしい科学的成功のことを述べているのだが、行き着く先は、悲劇的ともとれる警鐘である。分子生物学は、誰にとっても生命の神秘であった遺伝暗号を解読し、こうして、科学的研究にわれわれが与えることのできる最も深い意義をもつとして成功を博した。それは、自然と会話する試みの意義であり、つまり、自然との接触により、私たち自身が何者であって、どのような資格で進化に加わっているのかを知ることとの意義である。ところがそこで、豊かな交流が、私たちを世界の中で孤立したもの、宇宙の片隅にいるジプシー、にしてしまうのである。(p 30)

人類の歴史には、さらに別の特異点、「状況をめぐる競合」があって、そこから不可逆的な進化が起きるのだが、それをモノーは選択と呼んだ。選択する以前には、それはあたかも、必然性のない方向づけであるが、ひとたび選択してしまえば、世界に大きな変革をもたらす。新石器時代革命と呼ばれるものは、こうした選択の一つであったように思われる。（中略）変革の始まりと発展には、偶然と必然が混ざり合っていて、それが歴史的な意味を与える。（p 33）

つまり、プリゴジーンとスタンジェは、ニュートン力学で代表されるような時間的に可逆な科学を古典的科学と呼び、それに対して、熱力学で代表されるような時間的に不可逆な科学がもう一つ別にあると考えた。一見対立する両者を統合した新しい科学を建設するというのが、彼らの目的であった。その新しい科学においては、生物進化も物体の落下も同じように理解されるという。時間的に不可逆な科学においては、エントロピーの散逸により、自己組織化が起きることが理解される。生命もそうした自己組織化の一種と考えた。それに対して、機械仕掛けの生命を考える機械論は、古典的な科学に属し、その考え方をする限り、人間は宇宙の中で孤立してしまうと考えた。

細胞機能を成り立たせているしくみの発見や、その論理の記述、それらを生じさせた進化的な過程についての仮説、こうしたものを古典的科学の枠組みの中に置いたとたん、モノーは、自分とは無関係に存在する世界の中に人間が孤独で存在しているという考え方に導かれてしまった。（p 37）

その意味では、モノーは間違っていたと指摘しているが、その間違いというのは、偶然や必然という概念の中身ではなく、ものの考え方をデカルト流の機械論に置いていた点だというのが、プリゴジーンとスタンジェの考えである。彼らは、時間の考え方について、ベルクソンの持続 durée 概念が、発明 invention を意味し、形の創造つまりまったく新奇なものの継続的な創成を意味すると考え、それによって古典的な時間概念の限界を打ち破ったと評価している。

この本は、まさに、モノーの『偶然と必然』に答える書であり、モノーについて、第一部の途中六三ページで触れた後、第二部の最後、第六章「ゆらぎによる秩序」の四節「偶然と必然」において、七ページにわたって詳しく述べられており、さらに、最後の結論の章の結びでも、モノーとの対比で締めくくられている。もう少し、モノーに関する言及を紹介する。

モノーは、生物の進化や、ひいては、この進化から生じた人間も、偶然と必然から生まれたものであると結論づけた。ここで、偶然は突然変異を表し、必然は物理法則や自然選択という統計的法則を表す。こうして彼はダーウィンの主要な発見を再び取り上げた。（p 261）

この解釈は、どうもモノーの言っていることの一面のみを取り上げている。自然選択についてのモノーの記述はごく曖昧でしかないが、それを統計的法則とまでふくらませているところも、プリゴジーンらが自分の考えに合わせようとしたものである。この少し先では、次のように書いている。

遺伝暗号が出現し、都合のよい突然変異が連続して起きたという統計学的には奇跡としか思えないこの偶然は、自然の法則性には反するものである。この偶然は、自然界にある無生物の秩序から生物を引き離すことにより、生物を宇宙の中で恣意的で特異でしかない存在にし、つまり、宇宙の片隅に置かれて死ぬのを待つだけの存在にしている。（p 261）

ここでは、プリゴジーンらは、モノーの言う偶然が、古典的科学の枠内では考えられないものを意味していることを指摘している。そのために、古典的科学の範囲内では、生物を正しく理解できないというのである。

モノーの偶然と必然は、古典的物理学の文脈の中にある生物学という状況においてなされた指摘として読むことができる。この文脈の中では、初期条件がもつ特異な性質と、進化の法則がもつ決定論的普遍性が対立しており、予見しうる再現可能なマクロな進化の唯一の法則は、平衡に向かう進化、つまり、地球上のすべての活動が消滅するというものである。(p 261)

つまり、古典的科学の立場に立てば、生物など成り立つはずがない、というのである。モノーが述べていた人間の置かれた断絶という状況の原因を、プリゴジーンらは科学認識の仕方にあるとし、考え方を変えれば、すべては理解できるというのである。おもしろいことに、プリゴジーンらは、決して、モノーをそのまま否定することはしない。

生物は平衡から遠く離れたところで機能している。(中略)エントロピーを生産する過程、つまりエネルギーを散逸する過程は、建設的な役割を果たし、秩序の源となる。(中略)特異な初期条件のもつ偶然性と、それが決定する進化の予見可能な普遍性との間の対立は、分岐の領域と安定な領域の共存、つまり、制御不能なゆらぎと平均を扱う決定論的な法則との弁証法によって理解できるようになる。(p 263)

これは、非平衡の熱力学を使えば、生物を理解できるというプリゴジーンらの信念の表れである。自己組織化などが起こる非平衡系では、初期条件のちょっとした差が、最後の状態への分岐に影響することもあり、また、かなり異なる初期条件でも、すべて同じ最終状態になることもある。生物進化はその境目にあることを述べていて、近頃使われる言葉では、「カオスのへりにある」という内容である。

モノーは、こうしたことを知っていたに違いないが、ゆらぎと決定論との問題をこのような枠組みで考えることはしておらず、自己発展する系についてはデカルト的な機械論や単純なダーウィン進化としてしか説明することができなかった。この点が、決定論的機械論というレッテルを貼られる原因となったわけだが、プリゴジーンらは、こうして、モノーに助け船を出したことになる。

結論の章の最後の最後では、以下のように結んでいる。

モノーの言ったことは正しく、アニミズム的な古き良き自然との絆はなくなり、(中略)目的論的、静的で、調和がとれていた世界は、コペルニクス革命によって破壊された。(中略)モノーが予告したように、今や人類が行っている冒険のリスクの責任を引き受けるべき時代がきた。それが可能であるとするならば、それは、そうした文化と自然の生成に今後参加しようとするのが私たちのやり方だからであり、私たちが耳を傾けたときに自然が発する教訓がそうしたものだからである。科学的知識は、自然を超えたひらめきによって得られる空想力(古典的科学を指す)から導き出されたが、今日では、それは同時に、自然の詩的なささやきに耳を傾けることであり、自然において自然に起きる過程、つまり開放的で生産的で創造的な過程(非平衡系における自己組織化を指す)でもあることがわかった。人類の歴史や社会や知識と、自然を開拓しようという冒険との間を結びつける絆は、常に結ばれていながら長いこと知られないままにとどまっていたが、今やこの新たな絆を結びなおす時代がきたのである。（p 392）

モノーを引き合いに出しながら、受け継いでいる中身は、現代の人類が直面する危機というテーマだけである。とはいうものの、『偶然と必然』でモノーが最後に述べようとしたことが、人類を新たな時代に導く「客観的知識に基づく倫理」であることを考えると、プリゴジーンらは、その具体的なイメージを提示したとも言えるのではないだろうか。

パヴェ　Alain Pavé

アラン・パヴェは進化生態学の教科書を最近いくつか出版している。Pavé (2007) のタイトル『偶然の必然性』は、いかにもモノーの本を念頭に置いた書物であることが窺える。中身は、基本的にモノーの考え方を踏襲し、変異という偶然に、生理的制約と環境による選択という二重の必然が作用することによって、進化が起きると説明している。しかし、この後、中立説を説明し、さらに生態系、生物多様性へと話を進めている。

（序文）

本文の冒頭にあたって、本書を執筆した目的を述べるならば、ダーウィンやその後の学者、特にジャック・モノーによって提出された考え方を再度擁護することであった。偶然というのは、とかくその重要性を過小評価しがちだが、生物の進化において本質的なものである。さらに考えてみると、偶然というのは、進化に必須の原理であって、自然選択などを含む必然性とともに、進化の悲喜劇を織りなしている。したがって、偶然は、今日、生物多様性といっているもの、つまり、多様化、絶滅、地球上の生物系の維持などのダイナミックなしくみを考える上で、最重要とまでは言わないにせよ、支配的な要因であると言えよう。さらに進んで考えると、これらのシステムに特有の諸過程が偶然を生み出し、自発的に出現し、時間とともに選択されていくと考えるのは、妥当に思われる。

したがって、私たちは、課せられた偶然、つまり、生命の世界を外からゆり動かしている外力のようなものに厳密に左右されているという考え方を変え、この世界に撹乱を引き起こしている環境の偶然的要因と、生物や生態系のしくみによって生み出され進化によって選択される内的な偶然を、はっきりと区別する考え方へと変えることになる。この後者のタイプの偶然が、私たちの議論の中心であり、生物の多様化と分散の本質的な要因である。（p7）

（第二章　二・一偶然と必然）

モノーは、偶然と必然という一対の概念の生物学者による総合を行い、そこから、生物哲学の壮大なビジョンを引き出した。生物は、突然変異や遺伝的な変化という偶然にさらされている。生物は同時に、二重の必然性に応答している。一つは、内的なもので、生物体が機能し続けるということ（その生理的変数が限定した範囲で変化すること。ヒトの血糖や体温のように、それが制御されていること）と、もう一つは、外的なもので、生物物理学的な環境から課された選択圧に耐えていかなければならないということである（先行者、競争者、環境の化学的物理的変数など）。同じことは、子孫にもあてはまる。ほとんど確率はゼロに近いが、地球上に生命が出現したことにより、突然変異をめぐって偶然が介入することに表されるような、物理化学的な決定論的現象が引き続いて起こった（原注　生命の出現は、モノーが考えていたほどにまれなことではなくなった）。その結果として、宇宙に生命が存在するのはきわめてまれなことで、進化は、たくさんの負けを生み出す絶え間ないルーレットの賭けに従っているが（多くの突然変異は生存不能で、選択過程により除去される）、中には勝ちもある。私たち自身を含め、地球上のすべての生物システムは、こうした成功と失敗の結果ということができるであろう。（p 32）

このように、だいぶ話を現代風にアレンジしながらも、基本的な考え方を踏襲して、パヴェ自身の話の中に融合させようとしていることがわかる。特に注目されるのは、必然性の中身を二つに分けていて、前者は実際には「必要なこと」「生理的必要性」であり、後者は自然選択という必然性としている点である（六章参照）。モノーの書いたことをかなり忠実に再録してはいるが、本当に述べていることは同じではないようである。

（B）　哲学者などの批評

セール Michel Serres

ミシェル・セールはフランスの（科学）哲学者で、バシュラールの弟子である。セールは、HNについての書評的論文を、*Critique* という書評専門誌に発表している（Serres 1970）。まだ文筆活動を始めて間もないころの文章であるが、書評というよりは、独自の作品のようでもあり、独自の見方を提供している。書評の第一部では、ジャコブの『生物の論理』（Jacob 1970）について書き、第二部ではモノーの『偶然と必然』を扱っている。セールによれば、ジャコブは階層性に基づいて、生物の世界を統合できると考えていて、そこでは、ロシアの入れ子になった人形（マトリョーシカ）がモデルとして言及されている。セールは、ジャコブが生物を組み合わせとトポロジーで理解しており、ライプニッツ主義者であると述べている。

まず、「情報の理論」Théorie de l'information という項目では、自然哲学は物理学であり、モノーが述べたいのは、生化学ではなく、物理学であることが宣言される（p 579 訳文ではなく原文のページを示す）。それに続いて「大事なのは物理学」Le point, c'est la physique という項目では、モノーは、デカルト、カント、ヘーゲルなども引用しているが、本当に活用している道具は、ウィーナー、ブリジマン、シュレーディンガーやブリルアンから得られたものであることが述べられる。生化学は化学であり、それは物理学に基づく。物理学の哲学は、情報理論である。つまり、モノーは、情報理論を適用していることになるという（p 580）。そこでまず、セールは二つの点を指摘する。第一に、一九世紀になると、生命の原理 principe vital が熱と関係することがわかったが、どちらも機械論的な説明ができないものであった。第二に、ブリルアンの情報理論には認識論が含まれる（p 580–581）。以後、すべて物理学的な解釈を試みている。

第一章のタイトルである、「不可思議な対象」という言葉の説明がなされる。なお、JPの訳者でもある村上は、セールの翻訳では、同じ言葉を「ふしぎなもの」と訳している。ここでは、すべて引用者NSの訳を示すことにする。セールに言わせると、étrange という言葉の意味は、bizarre ではなく、insolite, improbable, miracle である。「要するに、不可思議とは、不可能あるいは滅多にないことで、それが起きる奇跡の確率の計算をすると、ほとんどゼロに近い値になることである。(p 582)」不可思議は偶然を表し、対象は必然性を表しているのだという。

次に、生物は化学的機械であるとされ、不変性が(目的律的な)合目的性に先んずるのは、遺伝子型が表現型に先んずることの生物学的表現だという。DNAとタンパク質の問題は化学の説明だが、物理学の説明では、DNAというプログラムの存在が、熱力学第二法則によってシステムが崩壊するのを防いでいる。

さらにセールの解釈は続く。厳密な意味で、個体発生は第二法則と矛盾しないことが可能である。ブリジマンによって指摘された問題は、現実の世界のものについて、実際のエントロピーの値を求めることは不可能だということである。なぜなら、すべてのデータをとることはできないためである。生物のシステムは開放系なのでさらに難しい。ブリルアンやウィーナーによって指摘された別の問題は、単純から複雑へという進化が第二法則に反するように見えることで、これはベルクソンの創造的進化でも問題となったことである。モノーは、この二つの問題を一挙に解決 faire de nécessité vertu (災いを転じて福となす、この部分の「現代思想」の訳は正しくない) しようとした。ゲノムは閉鎖系であるので、情報量を決定でき、進化は自然選択で説明できる。

ブリルアンがマクスウェルのデーモンを悪魔払いしたように、モノーは各階層において熱力学の収支を確定することにより悪魔払いをする。(p 586)

システムや生命システムは、多数のものが関係を保つという中にある不変性と（目的律的な）合目的性なのだが、それこそが今見つけなければならないものである。つまりメッセージとそれがつくる回路である。〈生命〉はコミュニケーションであり、計算するコミュニケーションである。（p 587）

次に、モノーの考えが「実証主義」Positivisme であるのか、「観念論」Idéalisme であるのか、「デカルト主義」Cartésianisme であるのかなどが議論され（これらを大文字にしているのは、それぞれが項目名であるため）、セール流の解釈によれば、それぞれの形容があてはまるという。デカルト主義の議論の中で、次のようなことが述べられている。ＤＮＡの長い鎖を全部数え上げるのは無理に思えるが、いくら数え上げても全体をつくることはできない。配列そのものよりも、タンパク質の立体構造こそ、説明できない複雑なものである。そして、モノーとジャコブの違いとして、モノーは分析的な過程を強調し、ジャコブは異なる組織化階層の違いを問題にすることが指摘されている（p 593）。つまり、階層は分析的に説明できるというのが、モノーの考えだという。

さらに、デカルト主義は、分析的な要請の他、秩序の哲学という面がある。モノーの（目的律的な）合目的性は、ライプニッツの論理である。つまり、循環的なシステム（タンパク質―表現型）は、ライプニッツ流論理で、不可逆性（ＤＮＡ―遺伝子型）は、デカルト流論理だというのである。セールの著作には、ライプニッツ、オーギュスト・コントなどについてのものがあり、これらの議論は、自身の得意な分野から、モノーを考えたものである。

「普遍的なもの」De l'universel という項目では、熱力学第二法則が普遍的な法則として述べられている。

エントロピーの増大に対して、それと対立するものとして、生命の（そして命に関わる）、と特に呼んだ勢いを対抗させたことは、ベルクソンの功績である。また、彼が、系が発展したり縮小したりするカノニカルな条件を、他の分野にも置き換えたことも功績である。（p 595）

セールは、モノーのベルクソン批判を否定とは受け取っていないようである。第二法則の一般性に関して、モノーは隅から隅まで成り立つとする（科学的価値の選択を除いて）が、プリゴジーンとアイゲンは、局所的だとすることにより自己組織化を考えた、と指摘している（p 596）。続いて、二つの歴史が進化にはあると言い、一つは偶然で、そのままでは致命的だが、もう一つは、偶然的な選択で、遺伝コードを指しているとする。結局は一つの歴史であり、それは、ネオ・ダーウィニズムと第二法則の併存によっている。不変性を最初にする理由は、自身の翻訳産物によって翻訳が起きるというパラドクスのためだと、セールは説明する（p 598）。

最後の「偶然性」Hasardという項目では、偶然性を雲nuageと表現し（p 600）、セールなりの、遺伝子の不変的伝達のイメージが展開される。

そこからモノーの一般化定理が生まれる――このように、配列を決められて構成され、目印をつけることもできるようにうまく調整された形（形相）や組み合わせ模様が、それと似た形のもの、すなわちはっきりと異なる要素からなる同様の偶然的な雲を生み出すときには、変化せずに運ばれて繰り返すかのように、すべてのことが進められる。（p 601）

ついには、偶然＝無知＝多数という図式が提示されるが、どうやらセールは、多数のものがあってももやしている雲のようなものをもって偶然のモデルと考えている。

モノーにとっては、未来が関心事である。一方で、哲学にとっても、未来だけが関心事である。ただし、現在の知と実践を総合して、今わかり、なすことばかりでなく、これから知るべきことやなすべきことを予見することというように哲学を定義するならば。（p 605）

最後に、HN第9章の内容についても一言だけ触れられている。

科学に耳を傾ける哲学者は、現在、技術的な情報に混じって、死の会話を聞く。それは、われわれの世界や人類の死を意味する。…問題は、情け容赦なく増え続ける人口問題を生き延びることである。（p 606）

これは、おそらく、第二法則による死をイメージしているらしいが、その意味では、モノーの考えとはまったくずれているようである。

まとめると、セールは、モノーが述べたかった論旨をきわめてよく理解し、論点を明確にしている。しかし、おそらく一つには、セールの立場が還元論ではなく、全体論あるいは生気論の要素があるため、また、モノーの著作の内容の多様性・多義性のため、必ずしもすべてを網羅することはできておらず、第二法則で代表される物理学という面に限って、筋をたどっている。特に、分子のもつ（目的律的な）合目的性、DNAやアミノ酸配列のもつ偶然性と（目的律的な）合目的性と進化の関係は、あまり明確ではない。ここで扱われている哲学の問題は、科学哲学だけに限定されており、社会的問題や哲学的問題については簡単に触れているだけである。一方で、他の批評家たちのように、弁証法や従来の哲学者に対する攻撃に関しては、まったく触れていないことも特徴的である。あくまでも、セール独自の観点から、まとまった話を展開しているようである。

バルテルミ－マドール Madeleine Barthélemy-Madaule

マドレーヌ・バルテルミ－マドールは、生物関係の哲学者で、当時すでにベルクソンやテイヤール・ド・シャルダンに関する著書があった専門家である。日本でもいくつか翻訳が出ている。彼女は、生物学的な内容については、特に何もコメントしていないが、哲学的な部分について詳しく論じている。そのため、モノーがベルクソンやテイヤール・ド・シャルダンを一見批判しているように見えても、実はそれらの思想に大きく影響されていることを正当にも指摘している。進化の無目的性はベルクソンから取り入れ、理性の王国はテイヤール・ド・シャルダンの理性的世界noosphèreの言い換えである。これはLIで、著者自身により、すでに明言されていたことである。また、ベルクソンについては、HNの中でも、大筋で認めているようにも見える。

以下、『偶然と必然のイデオロギー』（Barthélemy-Madaule 1972）の内容を簡単に紹介する。議論は、以下の三点に絞られている。つまり、偶然や必然などの概念がおかしいという問題、いろいろな哲学者について書かれていることの妥当性、モノーの客観性の道徳に関する問題である。

第一部　似つかわしくない概念 D'étranges concepts

これは、「不可思議な対象」D'étranges objets というHN第1章のタイトルをもじったもので、概念が適切に使われていないことを指している。

1. モノーの議論の仕方と言葉使い

もともと必要のない二者択一の選択を迫ることで、奇妙な論理に持ち込んでいる。神は存在しないか、それとも、知識が人間のすべての側面を支配するか、など。(p 33)

2. 偶然から必然性へ

モノーが言う客観性のたぐいは、実は観念論つまり主観性にあふれたものであって、そのことは、合目的性 finalisme を拒絶することで、逆説的にも、あらゆる目的・意図 projet を排除するという目的を打ち立ててしまうことなどに表れている。(p 52)

3. 必然性から(目的律的な)合目的性へ

モノーの議論の確実性はいつも限定的なのに、すぐに一般化してしまおうとしている。(目的律的な)合目的性があるように見えるということと、偶然と必然に発する真実との間に認識論的矛盾が

あって、それは全体的なものである。(p 71)

4. 偶然から自由へ

自分は、モノーが提示した事実に反論するつもりはなく、それを説明する概念を見つける必要性があることも認める。自分が言いたいのは、これらの事実を説明するときに、自由という概念がよく吟味して使われていないということで、それは、専門家向けにも、一般人向けにも同じことである。(p 81)

第一部の結論
バルテルミーマドールは、HNにおける進化に関する内容を以下のようにきわめて上手にまとめている。

生物は自律的な集合体として、不変性の法則によって表されるような目的・意図 projet を実現するものである。この目的は、子孫には一つの全体として伝達されるが、この繁殖において、突然変異という撹乱が介入してきて、その全体とうまく適合する場合には、これが新しい種の源として必然性の中に統合される。これらの撹乱は偶然的にやってくる。したがって、偶然という名の盲目的な自由は進化の源泉である。この限りにおいては、それぞれの概念が適切に使われ、不可欠なものである。無駄がなく、欠けているものもない。(p 85–86)

しかし、これは本質的な偶然が存在することの証明なのだろうか。こうした質問に対する答えは、モノーが扱わなかった点に関わってくる。それは、主観と客観の関係である。(p 86)

この部分では、さらに、モノーの使った偶然、必然、目的・意図、(目的律的な) 合目的性などが、結局は同じことを表しているのではないか、という疑問も表明されている。

第二部　問題とされた諸イデオロギー

ここでは、モノーがいろいろな学者の説を手短に取り上げて、簡単に判断しているのが問題であるとされる。

1. アニミズム、生気論、機械論

たくさんの二項対立が出てくる中で、弁証法を拒絶したモノーの議論には限界がある。そもそも、生命という言葉の定義がないのも問題であると、バルテルミ-マドールは指摘する。

2. 「論理を欠き、詩的なだけの哲学」と言われたベルクソニズム

モノーがベルクソンを賞賛していることは明らかなのにもかかわらず、形而上学的生気論という簡単な言葉で片づけていることがわからない。ベルクソンは、創造的進化の中で、機械論と目的論 finalisme について議論しており、ベルクソンの立場は、後者ではないと、バルテルミ-マドールは指摘する。

HN第6章（p 130）で述べていること（進化には目的がないこと）は、結局、モノーの考えとベルクソンの考えが同じであることを示している。ベルクソンの思想の偉大さに敬意を払わないのは残念である。（p 125）

3. テイヤール・ド・シャルダンの生物哲学

モノーが自身の著書の中で多用している、創発 émergence、生命世界 biosphère、理性的世界 noosphère、（目的律的な）合目的性 téléonomie はどれも、テイヤール・ド・シャルダンの概念に基づいていることを、いみじくもバルテルミ＝マドールは指摘する（本書三章）。

おそらくモノーはテイヤールの思想には興味がなく、ただ単に、その影響力をまねしようとしたのではないか（p 135）。いずれにしても、かなり影響を受けていたのではないか、というのがアルチュセールの考えである。（p 146）

4. 「最も強力な科学主義」イデオロギーであるマルクス主義

アルチュセールの分析によれば、モノーがマルクス主義を扱った箇所が主に三カ所ある。一番目は、ヘーゲルからマルクスへの転換、二番目は、詳しくマルクス主義の論理を再構築しているが、その中身は正確でなく、副次的なことばかりである、というのがアルチュセールの分析であり、科学的でも客観的でもない（p 148）。三番目は、認識論的危機を扱ったところで、ルイセンコを批判している。

第二部の結論

（モノーによれば）だれでも不変性を初めに置く人は、客観性や科学的知識の基準を尊重する人である。だれでも（目的律的な）合目的性を初めに置く人は、生物分野の概念に関わる場合には、生気論者であり、宇宙全体に関わる場合には、アニミズム信奉者である。（p 161）

それぞれの説をその時代の中において評価しないため、軽蔑に満ちた表現になっている。また、それぞれの思想の原典を具体的に引用しないで、世間で流布している評判だけで即断していることも問題である。HNに書かれている批判はもう一度吟味し直さなければならない。（p 163）

第三部　知識と道徳

バルテルミ＝マドールは新しい道徳 nouvelle morale という考え方をもっている。

これが一番肝心な点で、新しい倫理を提案できているのだろうか。（p 167）

そもそも、道徳は破壊されるどころか、まだできてもいない。これからつくるものである。（p 168）

バルテルミ＝マドールが、倫理という言葉を避け、道徳という言葉を使っている点に注意が必要である。

1. 客観的知識の倫理

なんでも偶然と必然から説明しようとする傾向と、人間の悲劇と希望を見いだそうとする傾向が矛盾している。この原因は、偶然を無理に一般化しようとして、二つの内容を結びつけてしまったためである。論理は破綻しており、偶然と必然のイデオロギーは、誤った反動でしかない。社会主義に関する考え方の中に、そのことの幻想が読み取れる。(p 184)

2. 道徳的な要請

確かに、マルクス、ニーチェ、フロイトは道徳主義者であった。(p 185)

哲学は何かに付随するものではなく、人が望む限り存在するものである。(p189)

客観的知識の道徳というのは、私には、非人間的な技術社会の一つの表れに思える。しかし、道徳的議論をするためには、この社会は昇華され、理想化されたものでなければならない。そこから、二通りの言葉使いが交錯するようになる。つまり、一つは、選択や権力であり、もう一つは、高貴で超越的できわめて人間的な理想である。これらの考え方を分離して、それぞれの正しい分野で使うことが大事で、それらがごちゃまぜになって社会の形をとっているというのではいけない。知識の道徳においては、生物学主義というものがあるに違いなく、それが、理想主義を隠しているとい

うのが本当のところである。（p 198）

3\. 倫理と政治学　「真の社会主義」

自分はこの偶然と必然の最後の部分に関しては何も議論しないと決めているが、それは、科学的な内容の章と「真の社会主義」などという不正確なイメージとの間のギャップに当惑したからである。（p 202）

第三部のまとめとしては、私たちは、客観的知識の倫理に対して、価値観と創造的実践の倫理を対峙させたい。前者のような、引き下がって知識に権力を引き渡す価値付与行為ではなく、知識と価値観の間での往来という弁証法を永続的な価値付与行為とすることにする。おそらく、この行ったり来たりが、ついには、価値観と知識との合一に向かうのかもしれない。しかし、まだそこまで哲学は進んでいない。道徳哲学は、なおのこと、そのために実践的に成し遂げていくばかりである。（p 209）

全体の結論

偶然と必然の理論と、偶然と必然のイデオロギーは別物である。前者は、細胞生化学や遺伝学の実践を支配するものであるが、後者はもっと広く、生物学全体に広がる領域をもち、もはや科学的ア

プローチのレベルを越えたところにあり、もっと深刻なものである。(p 213)

必然と言っているものは、変化しないものであり、不変性というのも、そこにあるという事実でしかない。スピノザやライプニッツでは、必然の意味が異なる。ここでいう必然は、その反対が存在し得ないような論理的な必然性ではなく、必然という単なる事実 une donnée brute を指しているだけである。(p 213)

まとめ

バルテルミ＝マドールの指摘は、主に、偶然と必然という概念の解析と、知識による倫理の批判に向けられている。彼女の議論には、タンパク質の構造の特異性とそれを支える情報に関する議論がまったくなく、これを単なる機械論で片づけてしまうことはできないが、非専門家には無理な注文かもしれない。

これらの問題は、そもそもモノーがすべてを機械論に押し込めてしまっていることに原因があり、批評家はその限界を超えることができていない。テキスト批評というのは、そこに書かれた内容を完全に消化して、新たに批評家の視点から独自の議論を構築することで初めて意味をもつはずである。その点で、バルテルミ＝マドールは、自身が得意とするベルクソンやテイヤール・ド・シャルダンなどの思想の分析については、独自の見解を示すことができているが、生物学の中身に関しては無力のように見える。また、最後の倫理の問題に関しては、独自の考え方をもっていることはわかるが、モノーの考え方をただ否定するばかりで、議論としてかみ合っていない。

モランジュ　Michel Morange

ミシェル・モランジュはフランスの生物哲学者で、多数の著作で知られる。また、二〇一〇年にパスツール研究所が出版したオペロン説四〇周年記念号でも、モノーについて書いている (Morange 2010)。モノーが思想の分野でダーウィニズムを展開したことについては、『生命は説明されたか』(Morange 2003) という本の中で、簡単に扱っている。

ダーウィニズムを本来あてはまる領域の外に拡張しようとすることが、ある程度の成功はしたものの失敗に終わったことは、忘れてはならない。たとえば、変異と選択のしくみを思想や理論の領域に適用することが、モノーからドーキンスにいたる多くの生物学者によって試みられてきたが、思想の歴史になにももたらすものはなかった。(p 199)

このように、モノーが偶然と必然の最終章で描いた思想の進化が、まったく意味のないものであったと断言している。

もちろん、モノーの生物学的な業績については、分子生物学の創始者の一人と評している (Morange 2010)。特に、生物学に物理学をもち込んだ点、アロステリック酵素の構造変化のモデルなど、説明的なモデルを導入したことは、現在の生物学においてすら滅多にない、先駆的なことであったという。また、現在盛んになっている合成生物学などは、まさしくモノーが目指したものであった。

一方で、哲学的な話についてては、モランジュはあまり高い評価をしていない。酵素の誘導適合説、つまり、基質が結合すると酵素の構造が変わって、ちょうどうまく結合するようになるという考え方に対しては、モノーなどがラマルキズムと批判したのだという。そのモノー自身が、それとそっくりの話であるアロステリック酵素では、変化できる構造が予めいくつも準備されているという説明をした。これはダーウィニズム的な説明ではあるが、都合のよい前提を置くだけで、ラマルキズムを越えるものではなく、Morange (2003) は、ダーウィニズムといっても、結局どのような説明でもできるものだと批評している。この点は、モランジュがこの二つの現象の本質的違いを理解していないことを示している。

このようにかなり批判的なモランジュではあるが、その著『生命は説明されたか』は、不思議なほど、HNの内容と対応している。文章としては、モランジュの方がずっと平易な文章である。特に対応すると思われる点は、最後にモランジュがあげる生命の三つの特徴、(1) 複雑な分子構造をもつこと、(2) 外界から取り入れたエネルギーを使って効率的かつ特異性をもって化学反応を行うこと、(3) 多少の不正確さを伴いながら増殖すること、である (Morange 2003 第一五章)。これらは、モノーの言う、自発的形態形成、(目的律的な) 合目的性、不変性に対応する。ただし、こうした概念は、多くの生命科学者が考えたことなので、誰のオリジナルということもできない。しかし、モノーと異なり、モランジュは、これら三つの概念に上下関係や論理的な前後関係を考えてはいけない、三つをそのまま受け入れるべきだと述べている。ネオ・ダーウィニズムに関しては、上に述べたように、モランジュは冷ややかで、あまり説得力のある説とは考えていないが、否定しているわけでもない。

モランジュがつけ加えたことと言えば、第一四章にある、複雑系物理学に基づく生命論の紹介であるが、これに関しても、彼はあまり評価していない。理論自体は難解だが、結局出てくる結果は、自己組織化であって、それは昔からあった全体論や生気論の再来という見方のようである（注釈には、Kirschner *et al.* (2000) の言葉として、「分子レベルの生気論」が紹介されている)。モノーがHN第5章で述べている自発的な形態形成に関しても、一九七〇年当時での理解にとどまるという点のほか、モノーが機械論にこだわったために、自己組織化をあまりうまく取り込むことができていなかったとモランジュは評している。この点でも、モランジュはモノーの書いたことから大きく抜け出ることができていないように思われる。むしろ、モノーの議論をもう一度混ぜ返したままで止まっているようにも思われる。

ドゥルーズとガタリ Gilles Deleuze et Félix Guattari

ジル・ドゥルーズは、いわゆるポスト構造主義といわれる流れの哲学者の一人として、科学的な内容を取り込んだ独自の哲学を展開した。彼らがモノーを引用しているのは、『哲学とは何か』(1991/2005)という著作の中で、ごく些末な点についてであるが、それでも純粋な哲学者がモノーを引用している点は、注目に値する。

> 直接作用せずに認識や選択の機能を純粋に果たす性質が表れるところどこにでも、それを観測する者がいる。これは、分子生物学の全体にわたり、免疫学でもアロステリック酵素[12]でも、同様である。すでにマクスウェルは混合した速い分子と遅い分子、つまりエネルギーの高い分子と低い分子を識別することのできるデーモンを考えた。(p 124)

この脚注には以下のことが書かれている。

[12] J. Monod HN p 91からの引用「アロステリック相互作用は間接的で、タンパク質がとりうる二つあるいは多数の状態にあるときの立体特異的な認識が差次的であるという性質にもっぱら依存している。」分子認識の過程には、さまざまな機構、しきい値、反応部位、観測者が介在しうるが、そのことは、植物における雌雄の認識でも同様である。

ドゥルーズらは、おそらく、酵素の分子認識について書きたかったために、引用したものと思われるが、あまり適切であるとは言えない。

ピアジェ　Jean Piaget

ジャン・ピアジェはスイスの代表的な発達心理学者である。子供の認識や知能がどのようにして発達するのか、ということを、自身の子供を対象とした実験を重ねて、独自の論理体系を築いた。一番重要な考え方は、子供が発達するためには、いろいろな遊びをしながら、論理的な組み合わせをいろいろ試し、その中から知識を得るというものである（構成主義 constructivisme）。これはきわめて理知的な発達の考え方で、子供の情緒の発達などに関心がある人からはあまり好まれないが、教育の仕方を考える理論的な枠組みを与えたという功績は大きい。しかし、本当の教育でこうした試行錯誤をやらせた結果、学力が低下してしまったという反省もあるようである。

そのピアジェが、認知や言語の発達に関するモノーの議論について、批判を展開している（Piaget 1977）。ピアジェはフランス語で多くの著作を残しており、当然、モノーの本もフランス語で読んだに違いないが、この論文（Piaget 1977）はフランス語からの翻訳として英語で書かれており、引用文もすべて英語版

USからの引用となっている。ただ、引用文や内容の理解について、特に問題になる点はなさそうに思われる。

もともと、ピアジェが発言する理由は、ピアジェも共著者になっているケストラーらの『還元論を超えて』(Koestler & Smythies 1969)が、『偶然と必然』の中で、「しぶとく何度も復活する全体論／有機体論」の例としてやり玉に挙げられていたからである(HN第4章p 92)。ピアジェは、モノーの考え方を基本的には評価しているが、特に認識に関する問題を取り上げ、モノーの扱いは弁証法的だと論じている。

人類の進化における偶然と必然に関して、モノーの議論は二つの意義がある――まちがいなく独創的な解釈であるとともに、自然の弁証法に関する柔軟な考え方を提供している。(中略)この弁証法は、(中略)自己制御の必然的な役割についてのモノーの考え方に深く関わっているように思われる。(p 1)

制御タンパク質の役割が「化学シグナルの検出器」であるというように認識という観点から解釈するという彼のやり方は、私にとってたいへん明解である。(p 2)

遺伝的プログラムに基づく本能的な知識の発達過程で「論理」が果たす役割と、感覚運動系的知能を支える論理は類似の構造をもつ。(p 2)

しかし、ピアジェは、モノーがチョムスキーの言う「生得的に決まった認識中心」innate fixed nucleusを無条件に認めているのは、根拠がないと批判する。つまり、言語は感覚運動系知能 sensorimotor intelligence より後に発達してくるもので、後者は、制御の連続的かつ自己構成的な相互作用によって説明されると言う。

感覚運動系の発達においては、遺伝的にプログラムされたものではなく、一連の能動的な構成過程という一段階ごとの練り上げがあり、それによって説明ができる。つまり、生得的な言語という概念は無駄であると同時に心理学的な根拠のないものである。（p4）

人間の内的反応がもつ目的律的な性質は、「自律的形態形成」による自己構築を可能にする。この（目的律的な）合目的性は、「目的性を説明する機械論的な同等品」ではなく、「方向性をもち、整合的で、建設的な活動」というサイバネティックな経路によって説明される。（p4）

ピアジェは、モノーが、ラマルクの考えたことを変異と選択で説明できると考えたと述べ、ワディントン Waddington を引用して、環境の役割を強調する。

モノーは知識の可能な源泉として二つのことしか考えていない。つまり、生得性と経験である。（中略）彼はおそらく自己制御のしくみという第三の源泉を忘れていたようだ。（p8）

そこでは、情報が得られるのは、対象自体からではなく、その対象に対して行われた行動から、ま

た、いろいろな行動の間の全体的な連係からである。(p 9)

つまり、「予期と撤回の組み合わせシステム」が重要で、主観による対象の操作を伴う再構築が重要だと述べている。ローレンツ Lorenz は、数学と論理の獲得をすべて生得的なものに帰着させたが、モノーは、生得的なものはプログラムであって、知識自体ではないと言っていることを指摘している。ピアジェは、モノーがHN第5章で述べている分子構築による形態形成を引用して、生得性について議論している(英文の引用文には、いくつか誤字があり、正しく意味が伝わらない)。

つまり、ヒトの認識構造に関しては、次の区別が必須である――遺伝が決めているのは、可能な行動の範囲だけで、プログラムではない。(p 12)

何をもってプログラムと呼ぶかによるが、ピアジェは、能動的にトライすることが重要で、その範囲は遺伝で決まっているにしても、トライすることのプログラムは遺伝とは別であると考えたようである。

さらにピアジェは、モノーの本の全体が(目的律的な)合目的性、自己制御、自律的形態形成を中心として書かれているものの、結局、構成主義を否定しているが、それは、本人の意思とは反しているのではないか、実は各階層で自己組織化があることを認めているのではないかと指摘している(本書七章4)。モノーが自律的形態形成について述べたことと、人間の知能や言語の発達について述べたことは、必ずしも整合的ではないので、ピアジェは、確かによい点をついている。ピアジェはモノーの論法は、弁証法だとも断じている(七章6)。

生物システムの多様性には歴史的な理由があり、偶然と必然の両方によって、可塑的なシステムとして進化しており、元の形から厳密に演繹することはできない。(p 15)

もう一つ、ピアジェは、当時発見されたばかりの逆転写酵素のことを取り上げて、情報の流れが、少なくともRNAからDNAへと逆行することがあり得ることも指摘している(おそらく一九七一年の論文でも書いている)。これを受けて、『偶然と必然』の重版では、これが重大な問題ではないとの、モノーによるコメントが加えられている(HN 1989 第6章 p 140. ただし、これはもっと前の版において、モノーの生前に加えられていたはずである)。

このように、ピアジェは、モノーの不変性と選択による進化を弁証法的に捉え、知能発達過程における操作的組み合わせが果たす役割と対応させている。結局、この論文は、モノーの批判というよりも、モノーの再解釈といった方がよい。ピアジェは、重要な足跡を残した心理学者だが、現在の進化認知科学の見地から見て、上のような考え方がどの程度認められているのだろうか。認知科学が脳科学として、きわめて医学・生物物理学的になっている現在では、ピアジェのように主観の自発性を強調しすぎる考え方は少し抑制されているのではないか、もう少し、機械論的な説明が中心になっているのではないか、というように筆者は感じている。

(C) フランス語で読んだ日本人の批評

湯浅年子

湯浅は、お茶の水女子大学の前身である東京女子高等師範を卒業後、一九四〇年からフランスにわたって、研究を続けた放射線物理学者であるが、在学中から生物にも興味をもっていたようで、モノーの本を興味をもって熟読し、それについての紹介をいち早く「自然」という雑誌に、二つの号に分けて発表した(湯浅 1971)。いわば、日本に最初に『偶然と必然』を紹介した人である。とはいうものの、専門の違いからか、誤解している点が数多く見られ、最初に紹介したという以上のものにはなっていない。ごく簡単に内容を紹介しておきたい。

始めに、湯浅の学生時代に教わった生物学のことが述べられ、生命現象を合目的的に説明してはいけないとの教えについて、それ以来湯浅がもっていた疑問が述べられる。もう一つの疑問は、生物と無生物の違いで、それを湯浅は紙一重と表現し、その紙一重がわからないと述べている。次の節では、モノーの『偶然と必然』との出会いについて述べられ、それから、目次の紹介、そして、第1章と第2章の紹介がある。ここまでが第一部である。

第1章の内容はほとんど逐語訳に近く、詳しく紹介されている。宇宙人がつくる人工物と天然物判別プログラムについては、さまざまな議論が述べられているが、現在から見て、あまり意味のあることとは思われないので、本書では省略する。ただし、次に紹介する野間(1973)が指摘している、結晶のもつ規則性については、モノーがその後で繰り返し詳しく述べていることを、湯浅は適切に紹介していることを指摘しておきたい。

「合目的性をめぐって」という項目では、第2章が解説されている。そこでは、生気論と精神主源論についてのモノーの考え方が紹介されている。これらの言葉は、その後出版された日本語版JPでは、生気説と物活説となっている。モノーは不変性が合目的性に優先すると考え、これと反する考え方として上の二つの考え方を提示したことが紹介されている。続く「精神主源論の投射」という項目では、人類の祖先たちが考えた自然と人間との絆について述べられている。しかし、唯物弁証法が精神主源論の一種とするモノーの考え方に、湯浅は異論を述べている。

第一部最後の項目「唯物弁証法の場合」では、第2章後半で取り上げられているマルクス主義批判が簡単に紹介され、これまでの議論が簡単に要約されている。

第二部では、残りの章すべてが紹介されている。「合目的性の分子的因子―タンパク質」という項目では、タンパク質のもつ見かけ上の合目的性が説明されている。なお、湯浅はテレオノミーを合目的性と訳して紹介している。次の「酵素の立体的特異性」という項目の内容には、細かい誤りが見られる。酵素学の基本である反応特異性と基質特異性の区別がなされていない点、二種類の異性体を区別するという意味の choix binaire を二進法としている点、立体特異的な複合体の形成による反応の進行などについて、いくつも専門外のための誤解が見られる。一方で、次の「タンパク質の悪魔的役割」のところは、内容が物理学なので、正しく説明されている。

「サイバネティック的な能力の偉大さ」では、第4章が扱われている。この部分は、いろいろな制御回路の種類を列挙しているあたり、湯浅が得意とするところらしく、わかりやすく書かれているが、原文(HN p 82)にある基質濃度に対する反応速度の変化がS字型になることは、正しく扱われていない。さらに、「酵素の自己調節作用」の項目は、アロステリック酵素のしくみが解説される部分であるが、なぜかアロステリックという言葉もその説明も紹介されていない。酵素の単量体と多量体も適切に訳されていない。さらに、湯浅は、モノーの最大の業績である「ラクトースオペロン」についてまったく言及していない。一言、「さて、教授はさらに乳糖系の酵素の合成における調節作用を説明され、」(p 94 左) と書かれているのみである。続いて、制御の gratuité (筆者NSはモジュール性と訳すが、当時この言葉はなかった) について述べた部分も、正しく理解していないようである。モジュール性があるものの、システムをうまく働かせるためには、特定のリガンドによる制御が必要になるので、(目的律的な) 合目的性があるのだが、湯浅にはこのような論理の理解がなく、モノーが述べている根本的な概念を逃してしまっていて、非常に残念である。

「分子的構造の形成」は第5章の内容をまとめた部分である。自然の自律的な形態発生過程についての説明が述べられており、タンパク質がそれ自身の性質によって多量体を形成することについて、結晶形成との比較で述べられている。こうした構造形成を、モノーは後成的としているが、湯浅は、結局は前成的ではないかと指摘している。そこで、合目的性の説明として、「タンパク質の立体的特異性をもつ結合の形成法と、その進化について述べればよいことになる」(p 96 左上) として、まず、前者について解説している。「立体的特異性をもつ構造の形成法」という項目である。ここでのテーマは、タンパク質の一次構造から三次構造ができる説明であり、「自主的にとぐろを巻き、ほぼ球状の形態に至るまで自律的に働く」(p 96 右上) と述べ、さらに、特定の立体構造をとることについて、モノーの記述に沿って説明されている。次の「タンパク質構造に局在化された偶然と必然」という項目において、湯浅自身の考えが述べられている。

このようにして分子的段階にまで生命の神秘を局所化したことはきわめて大きな進歩であることは認めるが、（中略）そのような合目的的なものだけが現存する前に、あらゆる非合目的的な他の状態の球状タンパク質というものが、さらに初期の段階で存在しようとして否定されたのか、あるいははじめからこのきわめて多くの情報量を満たすものだけが現れたのか、という私の初期からの疑問はまだはっきりした解答を得ていない。（p 97左）

さらに、湯浅は、アミノ酸配列の偶然性について、最初から合目的的な配列があったのか、それとも、一度はいろいろなものができたが、合目的的でないものはすぐに消えたのかという議論を繰り返している。この部分は、生物学者ならば、この合目的性が生じた理由としては、進化によってだんだんと合目的的なものが選択されたのだと、すぐにわかるのだが、残念ながら、湯浅は非常に不思議な議論に終始している。また、そのあとの部分の「精巧なハイファイ（haute fidélité）の機構」（p 98左上、HN p 111）は、単に、複製が高精度で行われるということを意味している。さらに、第5章の『偶然と必然』で一番有名な一節の周辺に関しても、誤った解釈を述べていて、「暗号が解読できない」という意味の indéchiffrable を、「数的に表せない」と書いている。

「基本的な分子の保存性」の項目では、第6章の内容が紹介されている。ここは、遺伝情報が正確に複製される時に、わずかな撹乱が起き、それによって進化が起きるということが述べられた章で、ごく簡単に内容が紹介されている。突然変異が微視的な事件であるということから、不確定性原理に触れたモノーの記述についても、そのまま紹介されている。同じ項目の後半では、第7章の進化についてもごく簡単に触れられて終わっている。

「生命の起源」と題する項目では、第8章の内容が扱われている。この章のタイトルは、湯浅は、「生物学の最尖端」と適切に紹介している。ここで、生命の発生の確率についてのモノーの議論を取り上げ、それは「あまり数学的ではない」（p 100）と指摘している。この章では中枢神経系の進化も取り上げられているのだが、湯浅は特に触れていない。

「偶然と必然」の項目では、最終章の哲学的内容がごく簡単に紹介されていて、その後で、湯浅自身の考えがまとめられている。

この書を通して、私は初めにかかげた二つの疑問が今の分子生物学で、どの程度解けるかに興味があった。（中略）やはり合目的性は後成的な部分が多くあるが、やはり最初にその計画があり、その計画は〝偶然〟（または確率）からはじまると考えることが一番経験的事実にあうということで未解結（註　原文のまま）のままに終わる。しかし、私はこの〝偶然〟というのが、実はあらゆる可能性からの確率と解釈できるとし、このあらゆる可能性が〝最初の一瞬時〟に試みられ、一番エネルギーを小さくする方向へしたがって、合目的的な性能をもった現実の形へ結晶の発達のように進むと解釈する。（p 101 左）

これは、進化についての理解を含まない、いわば当時まだ言われていなかったビッグバンによる宇宙の創成にも類したイメージで、生命の合目的性の誕生を捉えた見方であり、湯浅は原子物理学者としての見方から抜け出すことができなかったことを表しているのであろう。

かなり誤解も多いようだが、湯浅がいち早くフランスの著作を日本に紹介したことは評価される。しかし、その後、日本の分子生物学者たちが、これにまったく言及していないのはなぜだろうか。

野間宏

野間はすでに確立した作家でありながら、当時社会的にも重要性を増していた分子生物学を独学で勉強し、その一環として、モノーの著作をいち早くフランスから輸入して読んだのだそうである。彼の批評（野間 1973）は、たしかに、独自な視点を提供しているが、以下に述べるように、問題も多い。

HNの序文に書かれた、生物学が社会に対して果たすべき役割に関しては、野間も賛同しているが、生命の神秘のベールがはがされているという点については、賛成していない（p 55）。モノーは、非常に核心的な部分についてわかったと述べている。つまり、どうしてもわからなかった一番重要なことが遺伝暗号であり、それがわかれば、遺伝子が何をしているのかもわかるという直感的理解をしているのだが、専門家でない野間には理解できていないようである。また、モノーが遺伝コードという言葉で意味したのは、単に遺伝暗号だけでなく、制御のモジュール性なども含んでいたはずである。

第1章の生物と無生物の違いについてのモノーの説明に対する異議が述べられている。

> 規則性ということについて、たとえばみごとに美しい鉱物の結晶は、単純なしかも正確な、また幾何学的な構造をもっており、平面の表面、直線の稜、直角、正確な対称性等をそなえているわけで、モノーの言葉を裏切るものである。（p 60）

これについて、湯浅も同じ指摘をしているると書かれているが、湯浅（1971）では、もう少しきちんと書かれていて、野間の考えはあたっていない。実際に、HN第1章のその後の記述では、結晶と人工物の区別が難しいというような問題が議論されており、この部分について間違いだというのは、文章全体をよく読んでいない証拠である。無生物が不正確な構造をもち、人工物がきれいな構造をもつ、という説明は、人間の意図が入ることによって、人工物の特徴が現れるということを言いたいための設定なので、結晶がきれいだからといって、それが無生物であることには変わりない。あまり、反論する意味のない議論である。それに続く微視的、巨視的の区別の議論も、あげ足取り以上のものには思えない。その後で、「不思議な存在」というJPの訳語の不適切さを指摘している。

次の第2章でも、「物活説」というJPの訳語の問題を指摘している(p.63)。この言葉は、マルクス主義なども含めた理論を指すために使われているが、それをアニミズム以外の言葉で訳すのは無理だという。これは当然である。続いて、野間は、モノーのマルクス批判のお粗末さも指摘しているが、この点もその通りである。アニミズムの通常訳語として、野間も精神主源論という言葉を挙げているが、確かに、マルクス主義について、この言葉をあてはめるわけにはいかない。ただし、モノーは、アニミズムという言葉を、非常に特殊な限定された意味で使っており、これについては、モノーのそれ以前の著作SV、LIなどに目を通していれば、モノーが考えるアニミズム概念の展開が理解できたはずである。残念ながら、この文章を書いた当時、野間は病床にあり、そのようなことが難しかったようである。p.66で展開されているモノーの物自体概念についての批判は、七行にもわたって、いろいろなことを書き並べていて、何を批判したいのかさっぱりわからない。

その先は、一挙に最終章に飛んでいる。野間は本当に途中も読んで理解したのだろうか。最終章に関して、野間は、モノーの近代文明批判には共感する。その方法論として、生物と思想の進化を同じように議論することを指摘し、それに関しては、賛同している。次に、野間は、「人間の文化的な支配制度は、社会的動物としての人間が支払わねばならなかった代価なのである」(p70)とモノーが述べているという。

そしてこのような恐ろしい代価として、文化の終局としての現代ヨーロッパの宗教・哲学体系のいっさいを残らず切り捨てることを、つまりこの恐ろしい代価性というところに眼をむけて廃棄せざるをえないところに来ていると叫びをあげるのである。そしてこれ以上もはやこのような代価を支払うことは許されてはいないという。なぜならば、ここにはヨーロッパ人の死の来訪が待っているからである。(p72)

野間はこうした文明批判にも一定の理解を示しながら、「モノー教授の知識の倫理という考えは、理解困難なようにみえるが、よくみればそれほどのことはない」(p73)と述べている。しかし、デカルトへの回帰に関しては、結局、弁証法的唯物論についての誤解の産物であると考えたようである。ただし、はっきりとしたことは述べられていない。付随的に、仏教についてモノーが述べたことについての批判が長々と続き、その後は、いろいろな著者に対する野間の個人的な批評となる。野間自身は、分子生物学をだいぶ勉強したようなことを書いているが、結局のところ、生物学の本質的な問題をまったく理解していないようにも思われる。

全体として、この評論は、モノーを話題にしながら、野間が思うことを述べただけの文章であり、モノーがなぜこのような本を書き、何を本当に述べたかったのかという点についての理解がまったくできていないことは、非常に残念である。野間は、翻訳が出る前にフランス語の原本をまず読んだと言いながら、その中身をよく理解できなかったという状況だったように見える。実際には、日本語版以前に出た湯浅の解説を読んだそうである。本当のところ、原文は、一見わかりやすい文章でありながら、その真意を理解すること、特に、生物学に関して述べられたことの真髄を理解すること、そして、そこからどのように人間社会のことに推論が発展したのかということ、などについての理解は、生物学についての幅広い知識を要求する。野間も「挫折した」読者の一人だったようである。

(D) まとめ

全体を通して、フランス語でモノーを読んだ(日本人以外の)人たちの感想は、中身を非常によく把握した上でのもので、スコフェニルのように、表向き全面否定のように見えても、多くの内容については同意している場合もあり、プリゴジーンらのように、その内容を新たな目で見直して、自分たちで発展させようという考え方もあり、さらに、これが最も普通なのかもしれないが、パヴェのように、基本的にモノーの書いたことは間違っていなくて、いくつか修正した上で、生物の起源と進化を考えようという意見もある。バルテルミ=マドールは、哲学者として、独自の立場からの批評を行っており、フランスの思想史の中で、モノーの考え方をどのように位置づけるか、位置づけないのか、を検討している。セールやモランジュもモノーの示した路線を補強する形で議論を展開していて、フランスの思想家全体として、モノーに対する敬意がかなり根強いものであることが感じられる。ショエーの示した根本的疑問は、実は重要な問題かもしれない。日本では、モノーを哲学的には認めない雰囲気が強いが、フランスでは上述のように哲学者が堂々と批判・批評しているばかりでなく、フランスの代表的な文庫Folio中『哲学概念』という大部の辞典中の項目、生物Le vivant (Fagot-Largeault 1995) には、ラマルク、クロード・ベルナール、マイアと並んでモノーが取り上げられ、生物の概念について論じられているなど、モノーの哲学的な地位は確固としている。

(2) 英語で読んだ人の批評

(A) 生物学者の批評

マイア Ernst Mayr

エルンスト・マイアは、その著書『新しい生物哲学にむけて』(Mayr 1988) において、モノーを引用しながら、(目的律的な) 合目的性 (テレオノミー) を否定している。その上で、次のように述べている。なお、二章3で述べたように、teleonomy の意味について、モノーはマイアとは独立に意味を考えていたようなので、マイアの批判は必ずしもあたらない。ここでは、テレオノミーという言葉で表しておく。

モノー (1971 英語版USのこと) は同様に、テレオノミーという言葉を、単に、適応と同じような意味で使った。したがって、モノーがテレオノミーを「きわめて曖昧な概念」と考えるのも不思議はない。さらに、モノーが言うには、どんな機能的適応も、「種の保存と増殖という唯一の基本的目的のいろいろな面や部分」である。彼の混同はさらにひどく、「テレオノミー的な本質的な目的は、種の特徴を示す不変性の内容を世代から世代へと受け渡すことである。本質的な目的の成功に役立つこれらすべての構造、すべての機能、すべての活性も、テレオノミー的であるということができる」という選択をしている。

モノーが「テレオノミー的」という時には、私ならば「選択価」と呼びたい。(p 48)

ここでの英語版での引用も、フランス語原文に照らすとかなり違っているが、ともかく、モノーのテレオノミーという言葉の使い方は不適切であるというのが、マイアの考え方である。テレオノミー（目的律）をマイアは次のように定義している。「あるプログラムによって制御された、特定の目的に向かう活動や行動」(p 48)。したがって、第1章でハンマーのテレオノミーを定義しているモノーの話はおかしいことになる。

生物システムにおけるテレオノミーの論理的定義は、哲学的には明らかに複雑である。テレオノミー的なシステムの議論においては、近い原因と遠い原因を注意深く分けて考える必要がある。あるシステムがテレオノミー的な過程を実行できるのは、それが、そのように機能すべくプログラムされているからである。(p 53)

モノーについての話はさらに続く。長いパラグラフだが、そのまま引用する。

最近話題となっている『偶然と必然』という本の中で、モノーは、本のタイトルにあるたった二つの可能性だけを提供している。モノーは、究極的な原因を思わせるものなど、決定論には反対だが、自然選択が創造的な過程であることをまったくわかっておらず、すべての進化を純粋な偶然に帰している。(USp 112からの引用が入る) 還元論者として、モノーは遺伝子のレベルしか見ていない、より正確には、塩基対のレベルしか見ておらず、それは「機械的に忠実に複製され翻訳される」。まれな突然変異を別にすれば、遺伝子型は完全に不変である。モノーにとって、進化は「非常に保存的なシステムである」。偶然が突然変異を決定しており、好都合な突然変異は保存され、不都合なものは拒絶される。彼にとって、進化的な変化は、すべて偶然起きる突然変異であるので、自然の調和をまったく説明することができない。(USp 138からの引用が入る) 彼は、くじ引きが第一段階の過程であり、自然選択は第二段階の過程であることをまったくわかっていない。第二段階こそが本当の選択であり、勝者を盲目的に取り出すということではまったくない。自然選択は、モノーにとってDNAの複製における不変性と選択からなるだけで、実際に選択が働く素材を生み出す過程が完全に無視されている。それは変異を生み出す遺伝子組換えである。組換えこそが、選択の究極的な対象となる表現型を生ずる遺伝子型を生み出すのであり、組換えは無限にたくさんの変異を生み出す。性をもつ集団においては、どの二個体も同一ではなく、組換え自体は偶然が支配するにせよ、組換えの結果を選択する過程は、決して偶然的過程ではない。本当の多様性を生み出すのは、減数分裂の際の組換えである。どの二人も同じではないような集団内にあって重要なのは、分子レベルでの不変性ではなく、無数にあるそれぞれに異なる集団の成分の間での選択なのである。モノーは、自身の還元論的かつ本質論的アプローチによって、偶然と必然というジレンマから抜け出せなくなってしまっている。進化においてはすべてが純粋に偶然の問題だと主張することにより、彼は、その他の面では説得力のある、究極目的論（合目的性とも訳される）finalism に対する攻撃を、実質的に弱めてしまっている。（p 243–244）

ここにはかなり事実誤認があり、HN第7章に書かれたモノーの議論では、突然変異と選択、さらに組換えなどもきちんと述べられている。マイアは、HNまたはUSの本文を詳しく読むことなく、通り一遍の世間に流布している『偶然と必然』像に基づいて、この議論を書いていたように思われる。

それはさておき、書かれている内容をたどると、マイアはモノー同様、目的論的決定論には反対だが、モノーのように還元論や本質論にはまって、すべてを偶然に帰するのでは、その論理が弱くなると批判している。マイアの組換えによる多様性の議論は、一見、正しそうだが、本質的に新しい遺伝子が生ずるしくみを述べていない。実際にこの点については、もっと最近の研究の成果を待たなければならない。一方で、マイアの話では、モノーの議論が多岐にわたり、還元論だけではない部分が多々あることは、無視されている。おそらく、『偶然と必然』の後半の部分は、まともに読んでいないのか、無視しているのではないかと思われる。

キャロル Sean B. Carroll

シーン・キャロルは、発生学と進化学を対応させるという Evo-Devo（英語の evolution と development を組み合わせた言葉）を主張する進化学者で、『無限の繰り返しが最も美しいものをつくる』（Carroll 2005）という動物進化学の本を出版した。基本的には、モノーの書いていたことを支持する考え方を表現している。

ランダム過程からどのようにして新奇性や複雑性が生まれるのかということについて、ある人々は、それは困難だと考えた。区別して考えなければならない最も重要な点は、突然変異による遺伝的変異の生成は、完全にランダム過程であるが、これらの変異のどれが残り、どれが捨てられるかを決めるのは、ランダムではない強力な選択過程だということである。（中略）非常に長い時間の間に、動物の大きな集団にこうした突然変異が生ずるのは、単なる確率の問題である。もしも突然変異が生ずれば、それが影響を及ぼす形質に対する正の選択によって、それが集団の中に時間をかけて広まっていく。

モノーは、進化におけるこのランダム過程と選択の相互関係を捉えて、実に雄弁に『偶然と必然』という画期的な本のタイトルをつけた（これは、ギリシアの哲学者デモクリトスの言葉「宇宙にあるものはみな、偶然と必然の果実である」にちなむ）。実際に、進化というのは偶然が関わる問題ではあるが、突然変異のランダムなくじ引きにおいて、ある特定の数字やその組み合わせが生態学的な必然性の要求によりよくマッチしていると、それが選択されるということが繰り返し起こるのである（p 290）。

キャロルもまた、デモクリトスの名言のわなにはまっているが、一方で、英語版の「翼を得た偶然」の誤訳については、その第8章への注釈の中で、きちんと説明している（p 322）。これについては、次のカウフマンの項を参照のこと。

また、引用した部分の前半最後のところでは、正の選択によって突然変異が集団に広まる話が書かれているが、専門家のシミュレーションによると、よほど有利な形質でも、集団全体に広まるかどうかは決まっていない。明らかに不利な形質を与える変異を除き、中立変異でも、有利な変異でも、基本的には、確率的な過程により、大部分が捨てられ、ごく少数のものが集団内に広まって固定されることがわかっている（斎藤 2007 第6章参照）。斎藤によれば、有利な変異、つまり選択の度合いを与える淘汰係数 s がプラスの場合でも、それが1よりもずっと小さい場合には、$s=0$ の中立変異の場合に比べて、固定確率は大きくなるものの、絶対的な値は依然として1よりもずっと小さく、必ず固定されるわけではない。

このように、進化学者の中にも、生き物中心で考える立場と確率過程としてのみ考える立場など、さまざまな立場があり、特に、正の選択という問題については、意見はさまざまである。

カウフマン Stuart A. Kauffman

スチュアート・カウフマンは、生物物理学に基づく自己組織化による進化の強力な提唱者で、何冊も本を出しているが、その中の一冊で、一九九五年に原著が出版された『自己組織化と進化の論理』では、モノーの書物に触れている。カウフマンのこの本の日本語訳では、モノーの引用として、「進化は翼を得た偶然である」と書かれている箇所があるが、これは言葉の意味を正しく伝えていない。これについては、Carroll (2005) も指摘しているように、第5章最後の節の原文 (HN p 112) と英語版USは、次のようになっている。

Hasard capté, conservé, reproduit par la machinerie de l'invariance et ainsi converti en ordre, règle, nécessité.（HN p 112）

不変性（を保持する装置）によって、偶然（できた配列）が捕捉され、保存され、複製されることによって、（構造の）秩序や規則性、つまり必然的な（必要な）ものに変換される。（NS）

Randomness caught on the wing, preserved, reproduced by the machinery of invariance and thus converted into order, rule, necessity.（US p 98）

不変性をもつ装置によって、偶然性がいきなりつかまえられ、貯蔵され、複製され、こうして、秩序、規則、必然へと変換される。（NS）

つまり、本来は、翼 wing は生えていないのである。おそらく、英語版USの訳者は、「偶然性をつかまえる」というのが、読者には意味がわからないと考えて、言葉を補ったものと思われる。カウフマンは、このトリックに引っかかったためか、それとも承知の上でなのか、うまく言葉の遊びをしたようである。本来、on the wing は翼が生えているという意味ではないのだが、進化が自発的に進むことを形容するために、この言葉を利用したのであろう。ひょっとすると、英語圏の研究者は、原文にあたって調べるという習慣がないのかもしれない。USの訳の問題としては、遺伝情報を保存する conserver（フランス語）という言葉は、専門用語として決まっているもので、それを英訳者が、貯蔵するという意味の preserve（英語）に置き換えてしまったのも、不適切である。
カウフマンはそれ以外にも、『秩序の起源』（1993）で、モノーのことに言及している。

モノーの本は、生物学的世界における秩序の維持に果たす選択の役割を捉えているが、さらに、進化的な自由度についても話を展開している。（p 11）

さらに、アロステリック制御について、制御する因子と制御される遺伝子の関係は自由であることを述べ、代謝ネットワークのサイバネティクスにおける自由度にも触れている。進化の偶然性について、遺伝暗号を例に挙げて、類似した多くのものの中から特定のものが選ばれている歴史的な偶然性が、進化にとって重要であることを述べている。発生プログラムの中にある秩序のどのくらいが、選択とは無関係なのかがわかるとよいとも述べている。選択はあるにしても、進化する集団は、最適ではない谷にトラップされることが多い。複雑性が増すと、選択と変異による制約はいっそう強くなる。つまり、より典型的なものを残すように働く。

複雑系に働く選択と自己組織化の性質の間の結びつきはもっと微妙である。適切な条件下では、選択が働きかける対象の種類を変えることができ、したがって、いろいろ試される系の集合を変えることができ、そうすることによって、上述の二つの制約が働かなくなる。特に、強い選択のもとで起きる適応的過程が、複雑さが増加するにつれてより低い局所解にトラップされるという傾向があるのだが、それが働かなくなる。この制約が無効になるいろいろなやり方は、複雑系が適応するた

めの一般的法則のようなものである。（p 25）

このようにして、モノーの話も出てくるが、それは遺伝子制御システムのもつ自由度の説明としてであり、進化そのものは、自己組織化が働くことで進むとカウフマンは考えている。

再び、『自己組織化と進化の論理』（邦訳）からの引用を紹介する。

ところが生物学は、偶然でその場限りのことに関する科学、という様相を示しはじめた。（中略）人間が生まれる必然性など、ありはしないというのだ。（中略）私は本書において、以上の考え方が間違っていることを議論していきたい。あとで見るように、秩序は偶然の産物などではまったくないこと、そして自発的な秩序の膨大な広がりは、すぐ手元にまでおよんでいることを、生まれつつある複雑系の科学が示し始めている。自然界の秩序の多くは、複雑さの法則により、自発的に形成されたものである。（p 24–25）

しかし、でたらめな変異に作用する自然淘汰が秩序をつくる唯一の源だとしたら、われわれは、二重の意味で呆然と立ちつくす羽目になる。一つは、秩序が非常に壮大であるという恐るべき現実であり、もう一つは、その秩序は思いもよらずまれなもので、非常に貴重なものであるという結論になってしまうことである。（中略）自然淘汰だけが作用してきたのだろうか？　私はそうは思わない。（p 200）

このようにして、カウフマンはモノーを一部利用しているが、『偶然と必然』の論議はまったく無視して、自身の論理を展開していることがわかる。

サトラー Rolf Sattler

ロルフ・サトラーは、アメリカの著名な植物形態学者で、生物哲学の著作もある。ホメオーシス homeosis という現象に注目した研究を長年行ってきた (Sattler 1988)。これは、生物の体の一部が他の一部とよく似た形をしている場合に使う言葉で、ショウジョウバエの体節構造を支配するホメオティック遺伝子は、この概念に基づく。しかし、サトラーの考え方は、生物を全体として捉えるというもので、形態の一部分だけを捉えて研究することはできないという、分子生物学などとは相容れない立場をとる (Sattler 1988)。

一九八六年に刊行された『生物哲学』では、モノーについて、総合進化説 Synthetic theory of evolution (STE) の例として紹介している。サトラーによれば、STEとは、突然変異、外的な自然選択、隔離を中心とした学説である (Sattler 1986 8.5 項)。総合説は現在の進化学の基本的な理論であるが、サトラーはそれを批判している。

モノー (1970) は、STEを、偶然と必然という二つの基本的概念の形で提示した。したがって、進化したものは、人類も含め、偶然と必然の結果である。偶然は突然変異と組換えを通じて生じ、新奇性と多様性を生み出す。必然は、これらの変異体の中から最も良く適応したものを選択することを意味する。偶然とは何か。一般的な定義によれば (ナーゲル 1961)、それは、二種類の独立な因果系列が交差するところで生ずる。

（中略）ホーとサウンダース（1979）は、一歩進んで、次のように提案した。「後成的システム自体の内的なダイナミックな構造、つまり発達する生物体全体が、環境との相互作用によって、非ランダム的変異の源泉となり、それが進化的変化を導くのである」。

（中略）生物学の学生は、教科書や原著論文に書かれたたくさんのドグマティックな記述に触れている。たとえば、進化は、適応や生存に関して、突然変異という純粋な変化の結果であるということが書かれている。この関連で言うと、偶然はふつう二つの独立な因果系列の交差として理解されている。モノー（1970）は、変化をこのように定義し、進化は盲目的であるという結論に達した。「進化の立派な建物の基礎の部分において、純粋な偶然は絶対的に自由であるが盲目的である」。私は、進化が盲目的なのではなく、モノーが盲目なのだと思う。

偶然を二つの独立な因果系列の交差と単に定義する代わりに、私は少なくとも次のような修正を提示したい。つまり、偶然は二つの因果系列の交差であるにしても、それらは、私たちがまだ知らないもっと複雑なシステムの一部のネットワークで結びついているのである。（p 192–193）

こうして、サトラーは、一見独立に見える事象も、実は大きなネットワークの一部として関連していて、その全体の変化が進化なのだという。つまり、どんな進化も偶然の産物ではなく、本当はきちんと決まっている決定論的なものであるというのである。この意見はスコフェニルの考えにも似ている。これは、モノーもHNの中で議論していたことで、偶然がわれわれの無知の反映にすぎないのか、それとも、本当に何が起きるのかわからないのか、実は誰も知らない。しかし、マイアなどがいうように、遺伝子の変異が起きるところと、その後の選択あるいは固定の段階を分けて考えるならば、最初の変異が起きるところに関しては、ほぼ完全に偶然性が支配していると考えて構わない。詳しい議論は後の七、八章にゆずるが、サトラーのこのような意見は、現在、生物学者の中でも支持は少ないと思われる。サトラー自身は、目的論を排しているが、それでも、一九世紀の生気論的な色彩の強い考え方のように思われる。

(B) 哲学者などの批評

サーカー Sahotra Sarkar

サホトラ・サーカーはインド出身のアメリカの生物哲学者で、神による創造やインテリジェント・デザイン Intelligent Design 説を批判することで知られる。一三編の論文を集めた論文集が二〇〇五年に出版されているが、その中に、モノーに関するコメントがある。必ずしも『偶然と必然』全体に対する意見ではないが、アロステリック酵素やラクトースオペロンに基づくサイバネティクスの考え方について、否定的な見方を提示している。論文集第8章に収録された一九九六年の論文では、以下のように述べている。

分子生物学におけるサイバネティクスの価値については疑わしい。(中略) モノーの『偶然と必然』

によって、この説は再びよみがえり、彼は、自身の以前の研究を解釈しなおして、タンパク質のアロステリック制御や細菌細胞の制御におけるオペロンモデルなどを、サイバネティクスのシステムの例として示した。

彼の解釈が一九七一年の時点で妥当であったのかは別として、真核生物ゲノムの予想外の複雑さにより、この考えは再び挫折した。（p 194）

ほぼ同様のことを、第9章に収録された同じ年の論文でも述べている。そこでは、『偶然と必然』の第4章の内容（US p 75–78）が紹介され、その上で、

サイバネティクスに基づく説明は純粋に物理的な説明に比べて、より説明的な価値があるというモノーの立場は説得力があるが、しかし、それは本当に説明の適切な条件を満たしているのだろうか、つまり、一般的に遺伝子制御をコード化するのに役立つのだろうか。（p 229）

次に、真核生物ではうまく説明できないことが説明され、そして、次のように結論づけている。

現状での唯一の合理的な結論は、モノーがいくら情熱を注いだにしても、サイバネティクスは分子生物学にとって、ほとんど価値がないということである。（p 231）

この解釈は確かに一九九六年の時点では妥当だったかもしれないが、二〇〇〇年以降のポストゲノム

時代におけるシステム生物学の発展を考えると、真核生物を含めてサイバネティクス的な考え方を発展させることに、価値がないということは言えない。少なくとも、この論文集が二〇〇五年に出版されていることを考えた時、その時点でも考えを変えていなかったのだとすれば、やはり、サーカーの批判は必ずしもあたっていないということになる。ただ、このことは、『偶然と必然』という本全体に関するコメントではなく、サーカーが、この本全体についてどのように考えていたのかは、明確ではない。

ブンゲ Mario Bunge

マリオ・ブンゲは、カナダの生物哲学者であり、生物哲学を公理的体系として構築しようとした。Bunge (1979) では、モノーの自己矛盾を厳しく批判している。

究極目的論（合目的性とも訳される）finalism は幻想であるにもかかわらず、著名な生物学者がプランとか目的ということを書いている。たとえば、亡くなったモノーは、生気論を馬鹿にしていたが、目的論 teleology をもち続けてそれを目的律 teleonomy と呼びかえていた。彼の考えでは、生物はプランや「プロジェクトを備えた対象」であり、この「目的律的プロジェクト」つまりプランの成就に貢献するものは何でも目的律的と呼んだ。さらに、それぞれの生物のプロジェクト（引用者註 HN に関しては、目的・意図と訳しているが、ここではプロジェクトと訳す）やプランは、建物の設計図がその建物を「含む」というのと同じような意味において、その遺伝物質の中に存在する。彼の同僚であり、ともにノーベル賞を受賞したジャコブは、同じような意味のことを書いていて、それぞれの細胞は、分裂するという「夢」をもっているとつけ加えた。この種の生気論の唯一の新奇性は、(a) それが生気論を批判しながら表れてくるということと、(b)それが、遺伝情報というような現代的な表現を使って提示されるということであるが、これは、タンパク質の合成に至る生化学的過程を正確に知らないことにつけ込んでわれわれを欺くものでしかない。(p 165)

モノーの議論には生気論が混じっていることを見抜いていることは評価できるが、分子生物学の内容について、よく理解できないことを白状しているようである。モノーの議論の重要な点には、DNAやタンパク質の働きの理解が必要であり、何を指してモノーがタンパク質について(目的律的な)合目的性を認めたのかを考えなければならない。さらに、結局のところ、これらの(目的律的な)合目的性は、突然変異という偶然性の結果であるということによって、形式的にせよ、否定されていることについても言及がない。同じ論文の中で、ブンゲは、(目的律的な)合目的性概念には矛盾があり、何でも生き物が生きていくために必要なものが目的律的というのなら、無機的な環境までも目的律的ということになってしまうと、批判している。しかし、このことは、逆に、この(目的律的な)合目的性にこだわる必要がないことを示しており、それはモノーが述べていることと矛盾しない。

もう一点注意したいのは、ブンゲがプロジェクトと言ったりプランと言ったり、別のところでは、プログラムとも言っているものが、モノーの原文では projet という一つの言葉でしかないことである。さらにこのフランス語の言葉の意味は、英語の project とは違う意味合いをもち、その点でも、ブンゲは大きく勘違いをしていたと考えられる(二章2)。ブンゲはマーナー Mahner とともに、『生物哲学の基礎』という本を一九九七年に出版したが、その中でも、(目的律的な)合目的性やプログラムについて、批判している。

10.2.2.2 プログラムは目的を与える実体か

生物が、何らかの最終的な状態や、もう少し正確に言うと、最終段階に至るまでの過程を経ることには疑いがない。(中略) ある最終的状態に到達する過程は、この最終的状態を目的と見なすには不十分である (たとえば、川の目的が海とは言えない)。このような、見かけ上、目的に導かれるような過程のことを、本当に目的に導かれる過程と区別するために、マイア (1988) は、前者を自動目的的 teleomatic 過程と呼んだ。

では、純粋に目的に向かうように見える目的律的過程は、どのように考えたらよいだろうか。生物システムは、核酸分子をもつことによって、明らかに無生物とは区別される。核酸はタンパク質、つまり酵素の合成において鋳型として使われ、そうして代謝過程に影響を与え、発生過程を決定するのにも関わる。生物過程のもつ、目的に向かうように見える性質は、遺伝的な「プログラム」の作用によると結論される。8.2.3 節においてわれわれは、遺伝的プログラム概念を否定したとはいえ、遺伝的プログラムを擁護する二人の著名な学者であるモノー (1971) とマイア (1988) の見解を簡単に検討してみよう。(以下省略) (p 373)

こうして、ブンゲらは、DNAは情報をもっているが、酵素合成を通じて代謝の原因 cause とはなっていないので、DNAをプログラムと呼ぶことはできないとしている。確かに、生化学反応が進む原動力は、自由エネルギー差 (これは、宇宙のエントロピー差、つまり一種の情報でもある。佐藤 2012 参照) であって、酵素の存在は、代謝経路に道筋をつけるにすぎない。しかし、それもまた、別の情報である。生命の駆動力と実際に生命を働かせるしくみとが、別々に与えられていても何のふしぎもない。いつまでも固定的な観念にこだわって、プログラムが原因であるかどうかという議論をしていては、生命の本質は永久に解き明かされない。

（C）まとめ

英語でモノーを読んだ人たちは、おそらく、全体をきちんと読んだわけではなく、その内容を正確には理解できていないように思われる。たくさんの引用があるが、それは、自分に都合のよい言葉を抜き書きしたものに過ぎず、モノーがその著作で何のためにそうした言葉を発したのかということとは無関係である。多くの科学者は主に進化と偶然性に関する部分について、モノーの言葉を抜き出して、賛成するなり反対するなりしているだけである。一番肝心な、生物学の進歩の結果として、人間存在の位置づけが変わったこと、そして、それを打開するためにどのように考えるのか、というモノーの思想の全体はまったく理解されていないように思われる。

（3）日本語で読んだ人の批評

（A）生物学者の批評

始めに、「現代思想」の特集号について紹介する。創刊の年（一九七三年）の六月号に「特集 モノー&

哲学の扉を叩く現代生物学」と題して、特集記事として、九編の論文・解説と伊東俊太郎（科学史）・渡辺格（分子生物学）・山本信（哲学）の三氏による鼎談記録「〈生命の科学〉と哲学」がある。しかし、フランス人による書評（Choay 1970）を除き、実際にモノーの著作について論じた記事はわずかで、どの記事も、生物学者、生化学者による生物学に対する感想にとどまっていて、とても特集としてかかげられた「哲学の扉を叩いている」ような文章は含まれていないのが残念である。

鼎談では、モノーの『偶然と必然』の内容全般が扱われている。三者三様の立場が示されているものの、三人とも、日本語版を読み、ある程度全体的に理解した上での議論になっている点は、当時の他の日本人の発言とは明確に違っている。項目だけをあげることでもそのことがわかる。

生命概念の転換、自己同一性の保持、生命の起源の問題、要素主義的な機械論か、必然・偶然・同一性保持、分子が「認識」すること、「問題というよりは全くの謎」、アロステリック効果、分子レベルで「説明」する、社会問題への感情移入、スピノザの「エチカ」、環境条件は選べるか、「知識の倫理」と価値、モノーの割り切り、知の底に根ざす問題

三者とも認める問題点としては、モノーが、分子レベルでわかったことから、個体発生や脳などの高次機能まで、いきなり議論を発展させている点である。たとえば、伊東の言葉「ぼくは生物における「レベル」の考え方、このことが少し無視されてはいないかという気がするのです」（p 155中段）や、渡辺の言葉「階層性の問題も抜けてしまったのだと思うのです」（p 156上段）などである。分子レベルの理解によって高次機能が理解できるのかという問題については、当時まったく知識がなかった状況なので、調

べればいずれわかるというモノーの信念に対して、さまざまな疑念があったことはやむを得ない。おもしろいのは、山本の批評である。偶然から必然が生まれるというモノーの考え方に対して、結局それも偶然ではないかと問いかけている（p 151 上段など）。

最も驚くのは、鼎談とは別に収録されている渡辺の文章で、その中では、彼が書いていた『偶然と必然』JPのあとがきや帯の記述（本書五章で述べる）とはまったく調子が異なることである。分子生物学には二重の性格があるとし、一つは、これまでの「狭義の分子生物学」、つまり、下降的・還元論的な分子生物学で、ボーア、シュレーディンガー、デルブリュックからワトソン・クリックへと連なる流れである。もう一つは、「広義の分子生物学」で、上方を志向し、総合的な性格をもつもの、第二期の分子生物学でもあるという。それは、合目的的な構造と機能や高次機能の説明をするためには必要なものだとされる。そして、これからは、後者の分子生物学が発展していくのだというのである。

この文章が書かれたのは、彼がモノーの本の翻訳をしてからせいぜい二年しか経っていない時であるので、筆者は意外な感じをもたざるを得ない。ひょっとすると、渡辺は、モノーの著作が完全な還元論で貫かれたものであると考え、それは自分の考えとは異なると思っていたのかもしれない。鼎談の中で、渡辺は、やはり同じようなことを述べている。しかし、伊東も指摘しているように、よく読めば、モノーの文章は、表面的な還元論の下に、渡辺の言う広義の分子生物学の要素を含んでいる。伊東の言葉を引用しておく。

しかしよく読んでみると、案外彼は全体論的なものを持っているのであって、この点をよくみないで、ただ彼の言ったスローガンだけを額面通りに受け取って、それをオウム返しにしているのもど

うかと思うのです。(p 148 中段)

分子生物学は、べつに全体性を否定したわけじゃないのであって、むしろ非常に繊細な、微視的レベルにすら微妙な全体性のあることを明らかにしたのだと思います。(p 149 上段)

実は渡辺もこれを認めている。

そこでモノーの本がちょっとわかりにくい点があるのは、還元論なり決定論を非常に強調している、にもかかわらず彼のもうひとつの、ここではっきり言っていない関心は、全体的なもの、もっと複雑なものに向けられているということに原因があるのではないですかね。(p 149 中段)

しかし、そのことが、日本語版の翻訳の際に適切に表現されていなかった、あるいは、訳者の二人がそのことをあえて無視しようとしたことに問題があったのかもしれない。実際、渡辺は次のように言っている。

私は、モノーは終わりのこと(引用者註　第9章を指す)を言いたくて本を書いたのではないかとさえ思っています。(p 158 中段)

伊東もそれを認めている。

この人生論的テーゼはしかし、分子生物学的事実とは別に関係がない、その関係がないのを関係があるように考えたのが、ぼくがさきに言ったレベルの無視あるいは事実と価値の混同によるのじゃなかろうかと考えるんです。（p 158 中段）

しかし山本は少し違う。

モノーは確かに最後の方のことを言いたかったのかもしれないが、そのためまずお得意の分子生物学のことをいって、それからレベルをだんだんと、一応は用心しながら上げてゆき、そのうちちょっと冒険もしはじめ、そこでかなり飛躍して言語の問題に移り、そして文化までいっちゃう。（p 158 下段）

これらについては、すでに本書三章で、モノーの他の著作との関係で説明したとおり、分子レベルのことも、高次なことや人間に関わることも、両方ともモノーの関心事であったというのが正しい。この三名の学者は、いずれもそれぞれの分野で高名な方々で、筆者自身も昔、いろいろな場で、直接話を聞いたことがある。しかし、いずれも、残念ながら、モノーのそれまでの著作などについて調べているようには見えない。翻訳された『偶然と必然』だけを読んでこのように発言していたのではないかと思われる。

中村桂子

中村は、もともと分子生物学の研究者であったが、その後、生命科学の普及につとめ、現在は、生命誌研究館の館長を務めている。一九九三年に筑摩書房から出版された『自己創出する生命――普遍と個の物語』では、モノーの『偶然と必然』に触れて、これが中村の生命への探求の出発点になったことが書かれている。ここでの引用は、同じ本がちくま文庫に収録されたものに基づいている。まず、冒頭の序文では、モノーの文章を少し改変して、次のように述べている。

生物学は人間の本性に迫るものであり、現代思想の形成に寄与するものである。(HN p i1)

科学者は、(中略)科学から生まれる思想によって現代文化を豊かにしなければならないからだ。(HN p i2)

このように引用して、モノーが抱いた、人間をどう考え、社会をどのようによくするのか、という視点を真っ向から受け止めて、書き始めている。

この本は二十世紀の科学のもつ哲学的意味を考える時、どうしても読まなければならない記念碑となる本であることは事実だ。(中略)
(引用者註 遺伝暗号が分かったので)だから生命現象の基本は解けたと感じたのである。

基本をすべて解いたかに見えた分子生物学を基盤にした哲学的思索の意義は大きかった。(p 15)

> ところが、その後分子生物学は、予想外の展開をした。
> モノーは、科学が常に実用性の側面だけで評価されている現状に対して、分子生物学が提出している真の問題とその意味を受けとめて欲しいと願った。現代科学では分離している知識と価値とを一致させる力が分子生物学にはあると考えたのだ。しかし、モノーはこの溝を全面的に還元論的科学にひきよせて埋めようとした、そこがモノーの議論の問題点だったのである。
> それから二十年、知識と価値の乖離はいまだに続いている。(p 18)

このように、中村は、モノーが提示した問題、特にHN第9章の人間社会の問題を、生物学が解決することを期待していたが、当時の科学ではまだそれに十分に答えるだけの知識が十分ではなかったと考えた。また、モノーの方法についても還元論であると断定し、その中に含まれる創発など、生気論やラマルキズムとも通じる考え方の萌芽に注目することはなかった。さらに、本文のかなり進んだところで、再びモノーを取り上げている。

> 偶然と必然、これをおさらいしておこう。まず基本的生命体が生れる。これがどのような現象であったかという実証はないが、化学反応の結果ある確率でこのような存在が生じることは期待できる。それが細胞という形をとれば、自己を複製していくのであり、ここでは必然が顔を出す。ところで、これまで屢々述べてきたように、複製を支えるゲノムには常に偶然の要素の入った変化が起きてい

る。その変化が細胞が細胞として機能する際の大きなマイナスになるならそれは消えざるを得ないが、そうでない限り変化は次の世代にも受け継がれることになる。ゲノム全体としての機能、細胞という構造としての機能の一部に入りこむことができれば、それは必然になるわけである。このようにして生れた個体が、環境の中でどのように続いていくか、ここにも偶然の要素はたくさんある。

このように、偶然あっての必然、必然あっての偶然という形で、さまざまなレベルでの偶然と必然が重なり合ったうえでの存在が生き物なのである。(p 173–174)(傍線は引用者)

これを読むと、HNの第5章最後の有名な一節から第7章あたりまでの内容を、中村自身の言葉でまとめたものということができる。しかし、いくつかの点について、もとの話を改変していることがわかる。まず、生命の誕生の確率について、モノーはきわめて低かったと述べていて、ある程度の確率があったということではない。つまり、モノーは生命誕生の偶然性を主張したかったのであり、滅多に起きないことがたまたま起きたといっているはずなのだが、中村の表現は、後の時代の彼女自身の考えを表したものになっている。

次に、必然の意味としては、きちんと働く細胞装置の働きのことを指しているようである。モノーはこれに関しては、(目的律的な)合目的性と考え、それを必要性と言い換えている。多くの読者が、それを必然として理解しているが、中村もその点は同じである。しかも、中村独自の表現として、偶然と必然がもちつもたれつ、互いにかなさり合っているというようなことを述べて、結局、偶然も必然も同じことであるという見方に達している。これは、バルテルミ－マドールが奇しくも指摘していたことである。中村は、モノーについてはこの程度にして、あとは自身の理論の展開に移っており、モノーはあくまでも過去の人という立場のようである。

日本人の生命科学関係の研究者も、ときおり、モノーのことに言及しているが、中村とほぼ同様の受け止め方のようである。それは、かなりの部分、訳者の解説に誘導された影響でもある。さらに、生命科学の専門家から見たときには、科学的内容については、その後の科学の進歩の成果を知っているので、それに置き換えて考えていることがある。そのため、モノーが実際にHNの中で何を書いていようと、自分が知っている最新の知見を使って理解しなおそうとしている。その際、偶然と必然という言葉が何を表すのか、なかなかつかみにくいため、偶然＝DNAの突然変異、必然＝タンパク質、という図式に置き換えて理解しているようである。確かに第6章では、このように書かれているが、モノーが表現した偶然や必然はそれだけではない。詳しくは本書六章で検討する。

（B）哲学者などの批評

藤澤令夫

藤澤は、『ギリシア哲学と現代――世界観のあり方』（1980/2001）の中で、現代生物学思想の代表として、『偶然と必然』を取り上げ、問題設定には賛同しながら、結論には同意していない。

知識と倫理との分離や生きるための価値観の喪失――産業構造のなかに組みこまれた科学・技術のかつてない発達とからみ合った仕方で、このような様相のもとに大きなスケールで現実化されてい

るという状況は、やはり現代特有のものであるといえるだろうと思います。（p 18）

この後に、モノーからの引用（JP p 201–202）があり、知識の泉と価値の泉との分裂が現代人の魂の病であることを述べている。

指摘されている現代の状況の基本的な図柄は同じであるといってよいでしょう。モノーと私との違いは、彼が「知識の倫理」と呼ぶその提言を吟味することによって、より明確になると思われます。（p 20）

詳細は省略するが、結論としては、モノーのアプローチはよくないといっている。

物質の世界と生命の世界との乖離・分裂という問題に対する分子生物学の挑戦は、逆にかえって、問題の設定のされ方そのものに由来する原理的な困難を、いっそうよく明るみに出す結果になったと申せましょう。（p 46）

藤澤は、HNの第9章に関してしかコメントしていない。モノーがどのような論理で、第9章の内容に達したのかを、きちんとフォローできていないように思われる。やはり、当時最先端の分子生物学の内容についていけていないものと思われる。それにもかかわらず、第9章の部分は、内容を正しく伝えるような訳になっていないため、このやり方ではだめだ、という結論になったものと想像される。

武谷三男

武谷は著名な物理学者であると同時に、科学思想家でもあった。一九七五年に出版された『現代生物学と弁証法――モノー『偶然と必然』をめぐって』（野島徳吉と共著）は、武谷を中心とした勉強会の収録である。その中の議論は、主に左翼の科学者の集団の中でのモノー批判である。HNの中で、マルクス主義が最も詳しく吟味され、反駁されている以上、この人々にとっては、見過ごせないものであったに違いない。しかし、実際の記述は、きわめてていねいで、受け入れるところもあり、反論するところもあり、というかたちで進められている。全体の調子は、モノーの表現が断定的であってよくないとか、本当は内容的には弁証法なのだが、それでも弁証法を認めていないという指摘（p 82）など、的を射たものが多い。ただ、酵素の無根拠性に関しては、武谷ばかりでなく、同席した人々もよく理解できなかったようで、酵素に基質が結合すること自体は無根拠ではなく、立派な構造的根拠があるではないか、というようなことが述べられている（p 77）。

　ところでこの『客観性の公準』とはなにかということについては、何の説明もない。（p 95）

などと述べているが、この点については、モノーの別の著作LIにはかなり明確に書かれており、勉強会の出席者が不勉強であったことがわかる。突然変異の不確定性を、量子論の不確定性と並べて議論することの不当性についても、武谷は正しく指摘している（p 119）。

進化の章に関して、「突然変異」（mutation）という言葉が、碩学のはずの武谷（p 123）を混乱させている。つまり、突然をつけるかどうかを議論しているのだが、日本語では、mutation の正式の訳語が突然変異なので、突然だけを取り出しても意味がない（資料２参照）。ただし突然変異という言葉は、最近見直しが行われている。

選択と淘汰の違いについても議論があり、武谷の対談相手である野島は、進化のためには遺伝子と環境と選択が必要と述べ、その選択がここでいう淘汰にあたるとしている（p 138）。これなどは、原文にあたれば、すぐに解決する問題のはずで、原語が sélection なのであるから、淘汰も選択も同じである。

人類の進化の部分で、最初にその生き物が「ある選択をすると（le choix initial : HN p 142）」その後は、結果として（une influence à très longue portée : HN p 142）目的律的進化が起きるように書かれていることについて、武谷（p 145）は、ネオ・ラマルキズムと呼んでいるが、これも的確な指摘である。訳者解説などに惑わされずに、謙虚に読んでいることによって、この事実を認識している点は、評価される。この点を述べている批評家はなかなか見当たらない。

HN第９章で、「新たな王国、つまり、思想が支配する王国が誕生した」（NS）という部分があるが、武谷（p 166）は、新しい思想のレベルでの進化が、どうやって偶然と結びつくのかわからないと述べている。これは確かに問題で、思想の進化は、モノーの他の記述とはまったく別に考える必要があることを指摘している。

（C）まとめ

日本語版は、もとのフランス語版からの訳であるとはいえ、非常に文章が読みにくい上に、重要概念のいくつかに不適切な訳語があてられていることと、表現が断定的になっていることなどの問題があり、そうした面での批判がある。モノーの表現が気に入らないということを、武谷はその本の中で、何度も指摘しているが、実際に原文にあたってみると、訳し方の問題であることがきわめて多い。これについては、資料2で扱いたい。HNだけではわかりにくい内容も、LI、SVなど短い関連論文を参照すれば、言いたいことがかなりよくわかる。本来ならば、この二つの文章も含めて翻訳版を出版すれば、訳者にとっても、日本人読者にとっても、内容の理解が深まったのではないだろうか。

そうは言うものの、一部の学者がほぼ完全に『偶然と必然』を理解していたことは、上の鼎談の例でもわかるし、また、朝日新聞の書評（一九七二年一二月一八日）でもわかる。この書評（評者不明）では、『偶然と必然』の全体について、非常に的確な紹介が簡潔になされ、「メンデル・モーガンの遺伝学の基礎の上に、横にデカルトの機械論と縦にダーウィンの進化論とをつないだとき、この書物に説かれるような『異端の』思想が発生した」と書かれている。さらに、「『知識の倫理』という新しい超人の信条が告白される」などとも述べ、「それは一面行動の人でもあるこの碩学の現代的なせつない思想」とまとめている。非常に広い知識・見識のもち主ならば、この本をしっかりと受け止めることができたということかもしれない。

（4） ドイツ人による批評

シュテークミュラー Wolfgang Stegmüller

ドイツの哲学者ヴォルフガング・シュテークミュラーが、モノーを大きく取り上げている（Stegmüller 1975/1979）。引用文献としてはドイツ語版をあげているが、当時のドイツ人であればフランス語で読んだのかもしれない。日本ではモノーを哲学者として扱うことはないが、シュテークミュラーが、『現代哲学の主潮流』という膨大な本の中の第2巻第5章「生命の進化」の中で、モノーを、M.アイゲンやT.クーンとともに取り上げていることは、注目に値する。『偶然と必然』のドイツ語版DEには、アイゲンによる序文がつけられており、アイゲンのハイパーサイクルによる自己組織化理論と、モノーの考え方の間に関連があることが窺える。ただし、一九七七年に発表されたアイゲンの有名なハイパーサイクルの論文（Eigen & Schuster 1977）には、モノーは引用されていない。

シュテークミュラーによるモノーの取り上げ方は、もっぱら哲学の部分に限られている。それでも、科学的な部分に関してはその意義を高く評価しながら、こうした一般書では、専門的な内容について本当にきちんとしたことは書いていないので、結局は中途半端なものだと批判している。かなりよくわかって書いているようである。また、モノーの『偶然と必然』に対する批判が、マルクス主義の立場からのものが多いことに触れ、それが、弁証法の扱いに集中しているという不適切さを指摘している。モノーの論理の問題点として、二つあげられている。一つは、不可逆過程の熱力学を正しく理解しないまま、生命と熱力学第二法則の関係を論じようとした点である。もう一つは、生命の誕生は、繰り返しのできない一回性の偶然と考えたことであり、これについては、論理学的な誤りであるとしている。しかし、これは論理的な問題なのではなく、現実に、いまでは、生命が存在しうると考えられる太陽系外惑星がいくらでもあるということになると、内容的な誤りでもあることになる。ただし、シュテークミュラー自身は、そこまで考えずに書いていたようである。シュテークミュラーは、モノーの本をじつによく理解して書いていることがわかる。

このようにして、モノーが論争をしかけているこの考え方について、彼がやはり何かを救おうと試みている、つまりなるほど永久の昔から計画されているということではないけれども、歴史的一回性を、しかもけっして人間存在のそれではなくて、生命一般の歴史的一回性を救おうと試みているのは、非常に奇妙なことである。（Stegmüller 1975 邦訳４巻 172ページ、傍線は邦訳では傍点）

さらにシュテークミュラーは、HN第９章の内容に関して、未来の倫理と社会形成についても、それが実存主義と社会主義という幅広いスペクトルで書かれていることを指摘している。しかし、モノーの予見は不明確なものなので、批判するのは無理だとも述べている。さらに、必然性 Notwendigkeit（ドイツ語）を取り扱うのは、様相論理学 Modallogik（ドイツ語）という分野の学問であるが、モノーがそれを勉強したとは思えないと述べて、自然科学者が哲学を語るさいの時代遅れの思弁についても言及している。様相論理学というのは、古典的な論理学では扱わない「〜は必然的である」「〜は可能である」などの命題を扱う論理学である。しかし、この議論がやや的はずれなのは、六章で述べるように、モノーの必然が多義的であるためである。ドイツ語版DEでは、タイトルが『偶然と必然性』Zufall und Notwendigkeitとなっていて、そのために、このような批判が生まれてくるのであろう（ただし、Notwendigkeit にも必要の意味はあるが、哲学者は必然性と訳すようである）。モノーの必然は、本当の意味での必然性を扱ったものではなく、ほとんどが生理的必要性（機械論的必然性）を指している。人類の未来に関する部分だけは、本当の必然性を述べていると思われるが、その部分は、批評の対象にはなっていない。

フォルマー Gerhardt Vollmer

ゲルハルト・フォルマーは生物学者であるが、認識の理論を進化的認識論という形で提唱したことで知られる。基本的には、ローレンツの動物行動学の研究成果に基づき、心理学や生物学などの多くの成果を取り入れて、この理論をまとめた（Vollmer 1975）。その中で、モノーからの引用もかなりたくさんなされているが、直接的にコメントしているわけではない。実際の引用は、HN第8章の中からに限られ、「生得説と経験説」（ドイツ語版では「経験説と生得説」となっている）、および、「シミュレーション能力」の節から五カ所が引用されている。基本的には、フォルマーの考え方は、人間の認識能力は進化の結果であるという立場なので、モノーが書いていることを、自己の論拠として使っており、その意味では、モノーの考えに賛成ということのようである。確かに、モノーの議論もローレンツの研究に基づいているので、大きな意見の違いはなくても当然である。

このほか、アイゲン Manfred Eigen の批評については、次の五章の中で述べるが、モノーの考えをうまくまとめた上で、自身の見解もつけ加えている。

以上、ドイツ人の批評について、簡単に触れたが、フランス語で読んだ人たちの意見と同様、かなり中身をよく理解した上での、的を射た取り扱いであることがわかった。

第五章　再話された『偶然と必然』

再話という言葉はあまり知られていないかもしれない。児童文学などでは、昔話・伝説、世界の名作文学などを、子供向けにわかりやすく書き直したものを、再話文学と呼んでいる。教育分野では、子供たちが読んだ話の内容を自分の言葉で再構成させることを、教育の手法の一つとして位置づけ、これを再話と呼んでいる。大人の文学でも、ラフカディオ・ハーン（小泉八雲）が、島根の民話を集めて、改めて作品にしたようなものも、再話である（平川 1996）。つまり再話者の手によって、新たな意図のもとに、作品が作り替えられることまでも指している。

作品が伝えられ変容していく流れ…（は、）まず、外国で書かれた原作があり、それをその国になじみやすいかたちをとりつつも全体像を捉えた、紹介の役割を果たす再話が出る。そして、それをきっかけとし時には新たな原作とも目して、いくつかの再話があらわれる。一つの極は、より芸術的に優れた再話をめざした結果でてきたもので、…対極をなすのは、完全な大衆化をめざし、再話者名

も無名だったり記されないようなことが多（い）…再話群である。（佐藤宗子 1985、一部省略、括弧書きは引用者）

つまり、再話とは、外国の文学が日本語に翻訳された時に、日本ではどのように改変されて受容されるのか、また、どのように驚きの目で見られるのか、それに応じて、さらにどのように改変が行われるのか、などという問題を指した言葉である。和魂洋才の精神（平川 2006）の一つの表れとして、西洋の概念を日本流にうまく適合させて取り入れてきた、明治以来の日本の伝統もその一つと言える。

『偶然と必然』が日本に紹介されたとき、翻訳は、フランス文学が専門の村上光彦と分子生物学が専門の渡辺格によって行われた。訳者あとがきにもあるように、実際の翻訳は村上の手によるもので、気になる点を、渡辺が英語版やドイツ語版を参照しながら修正したとされる。訳者あとがきを書いた渡辺の言にもあるように、訳文はかなり堅く、あまり読みやすいものではない。この本を読むのは主に若い理系の学生と思われるので、難しい言葉を使っていることが理解の妨げになっていたに違いない。実際、いろいろなウェブサイトのブログ・読書感想などを見てみると、まったく見当違いのことが書かれていることに驚く。ひとたび翻訳されると、訳語が一人歩きして、原文とはまったく違うところで議論がなされることが大きな問題である。本来はこの日本語版JPは、再話ではなく翻訳として出版されたものであるが、以上のような成立経緯からも、日本語版を、訳者による再話の一種と見ることも可能ではないか、と考えてみたい。

同様のことは、英語版USについても言える。英語版の翻訳者は、Austryn Wainhouseというフランス文学の翻訳者で、分子生物学の知識が果たしてどのくらいあったのか、はっきりとはわからない。英語版は非常にくだけた英語で、誰にでも読みやすく、具体的なイメージがわくように書かれていて、原著とも日本語版とも非常に違った印象を受ける。英語版と日本語版に共通した点として、原著の副題としてつけられた「現代生物学に基づく自然哲学に関する試論 essai sur la philosophie naturelle de la biologie moderne」という言葉が、表紙には書かれていないことにも気づく。自然哲学という言葉のもつ古めかしさ、宗教的なイメージが販売に悪影響を及ぼすと、出版社が考えたのだろうか。「に関する試論」というのは、昔から多くの哲学者の著作に使われた言葉であり、モノーの意気込みが感じられる。「試論」essaiは、あるテーマについて著者自身の観点から論じたもので、哲学的考察の一ジャンルである。多面的に考察する「研究」とは異なるとされる。その意味では、モノーの著作はまさしく試論にあたるので、一面的、独断的な意見が書かれているとしても、当然のことということになる。

日本語版の正式な副題には、「現代生物学の思想的な問いかけ」と書かれていて、これは、若干ニュアンスが異なる。おそらく、ドイツ語版DEのタイトル「現代生物学の哲学的諸問題 Philosophische Fragen der modernen Biologie」にある Fragen「諸問題」からヒントを得たのであろうが、この言葉は複数形であり、問題はいろいろあることになる。それに比べて、思想的な問いかけというのは、非常に控えめである。科学者は客観的事実を述べるべきで、勝手な個人的意見を述べるのは適切ではない、という扱い方であろうか。どうも、哲学的な部分をできるだけ目立たなくしておこうという意図が感じられる。なお、英語版に関しては、内側に、原著の副題と対応する英語が書かれていて、特別なアレンジはない。逆にドイツ語版は、哲学を全面に出しており、また、ハイパーサイクルで有名なアイゲンによる序文がつけられていた。なお、一九八九年のフランス語版HN 1989や一九九七年のイタリア語版ITにも、解説がつけられているが、ドイツ語版の場合は、最初のハードカバー版から、このような立派な序文がついていることが大きく違う。

*

ここで、初版以降のフランス語版について、簡単に紹介しておきたい。最初の一九七〇年版は、スーユ社 Seuil から、通常のソフトカバーで出版されたが、その後、ポケット版で一九七三年に出版された。また、一九八九年には、France Loisirs からハードカバーで出版され、行動生物学者のアンリ・ラボリ Henri Laborit による序文が収録されている。その内容は、自分はモノーの考えには反対だが、この立派な本やその著者には敬意を表するという、いかにもフランス的な皮肉っぽい文章である。モノーのまっすぐで妥協しない性格がよく表れた本であると書かれている。書かれている偶然や必然の意味についても、簡単に議論している。偶然については、その後発展した複雑系物理学のカオスや散逸構造のことを挙げ、古典的な偶然性とは違ったものがあり得ることを紹介している。必然については、自然選択の原理を必然と見なすのには反対で、共生など別の要素も進化には重要ではないかと指摘している。しかし、モノーの記述からは、行動生物学についてよく知らないことがわかるという。科学的客観性についても、個人や文化の色眼鏡によって歪められることを指摘している。このように、批判的なことを書いているが、モノーの熱血漢的激しさには心を打たれるとし、以下のように結んでいる。

人から見放された絶望的な世界の中で、彼は、誇り高く気高く生き、そして死んだように見える。しかし、彼はまだずっとそこに居るのではないだろうか。（HN1989 p 15）

一般に再話というのは、同じ言語で何通りもの話がある場合のことを指すが、『偶然と必然』の場合には、いろいろな言葉への翻訳を、それぞれ再話と見なすことができそうである。

（1）日本語版紹介文の果たす役割

『偶然と必然』が再話の問題として捉えられると思う大きな理由は、多くの読者が、日本語版をただ読んでも、なかなかその意味がわからず、そのために、帯や裏表紙に書かれている紹介文を読んで、それで納得するのではないかと思われるからである。実際、日本語版の訳はかなり読みづらく、多くの重要概念を正しく伝えていないため、読んでも何を言いたいのかがわかりづらい。分子生物学の基本を説明した第3、4、5、6章は、おそらく渡辺の手が入っているものと見えて、理解に大きな問題はないが、その中に出てくる哲学的な内容を書いた文章の訳になると、かなり原文とは内容が違っていることも多い。誤訳というわけではないが、素直に読むと違ったように受け取れることが多い。詳しくは、資料2で指摘するが、それを踏まえて、まず、紹介文（みすず書房のウェブサイトでも見られる）の内容から検討していきたい。紹介文や後書きは、渡辺の手になるもののようである。

以下に紹介文を引用して、パラグラフごとに検討する。

著者はまず、古くして新しい問題、生物とは何かという問題をとり上げ、現代考えられうる最も科学的・客観的な方法でこれにアプローチしようとする。そして、コンピューターによる何重かのふるい分けの思考実験から、生物の特徴は不変の再生、合目的的な活動にあるという結論に到達する。さらに、著者も偉大な開拓者の一人である現代生物学の立場に立って考察を進め、これらの特性がそれぞれ、核酸とタンパク質に顕現されていることを、遺伝情報の複製・伝達、種々の酵素の驚嘆すべき整然たる構造・機能の説明によって示している。

うっかりするとそのまま見過ごしてしまいそうだが、微妙にいろいろな問題があるように思う。問題とされていることが、「生物とは何か」なのだろうか。生命とは何か、ではあるかもしれない。序文には「暗号の分子論の核心」を述べると書かれている。それによって、生物（とヒト）の生理、発生、進化を統一して説明しようとしているはずである。

さらに、生物の特徴として、モノーが挙げているのは、ここに挙げられた二項目だけではなく、三つである――(目的律的な)合目的性、自律的自己形成、繁殖における不変性なので、二番目が抜けていることになる。確かに、HNでは、これら三者の重要度が違うようには書かれているが、自律的な構造形成こそ、その後の生物学の最重要な課題であったはずであり、それは、四章で紹介したように、渡辺自身も第二期の分子生物学として考えていたはずである。(目的律的な)合目的性は確かにタンパク質の構造と機能の中に具現化されているものの、(目的律的な)合目的性はそれだけを指しているわけではない。オペロン説は現代生物学の一部ではあるが、(目的律的な)合目的性については、もっと広い概念である。

不変性と(目的律的な)合目的性を、核酸とタンパク質に割りあてる考え方は、確かに第1章に述べられていて、『偶然と必然』の一面を表しているが、モノー自身、第3章の注意書き(HN p 60)で、リボソームのようにRNAという核酸が合目的性を体現している例があることを指摘している。第7章によれば、偶然が複製機構によってDNAに取り込まれ、それがタンパク質として表れるには、自然選択が行われる必要がある。核酸とタンパク質という物質が、単純に不変性と（目的律的な）合目的性を体現しているわけではない。さらに、自律的自己形成もまた、タンパク質の性質である。核酸＝不変性、タンパク質＝合目的性という単純化された図式は、第1章の一部の表現をそのまま一人歩きさせただけである。

だが、機械的ともいえるような保守的な合目的的なプロセスのなかに、進化はどのようにして根を下して、新しいイノヴェイティヴなもの、創造的なものを生物圏に送りだすのであろうか。進化の要因は、不変な情報が微視的な偶然による擾乱を受けることにある。このように偶然に発した情報は、合目的的な機構により、あるいは取入れられ、あるいは拒否され、さらに忠実に再生・翻訳され、その後、巨視的な自然の選択を経て必然のものとなる。

このフレーズは、第5章最後の部分や第7章最初の部分を合わせて書き換えたもののようである。確かにモノーは生物を機械と言い、それが合目的的なしくみをもつと言うのだが、よく考えると、この二つの概念は矛盾する。合目的性は進化によって得られるはずである。「進化が根を下ろす」というのは、本文にはない表現である。「偶然に発した情報」という概念も少し違う。「擾乱《じょうらん》」は社会で起きる騒乱のことなので、撹乱 perturbation の意味とは異なる。偶然を取り入れたり拒否するのが、合目的的な機構ということではなく、細胞装置の合目的的なしくみと適合するかどうかによって、つまり生物全体の適応度によって選択が決まるのである。あらかじめ合目的的な機構が取り入れたものを、「巨視的な自然の選択」に掛けるのではない。両者は同時に働く。上の引用文では、明らかにダーウィンの自然選択を意味することになるが、モノーは、自然による選択（淘汰）はスペンサーの考えであるとし、外的な選択よりも、種内の選択を考えている（第7章）。さらにこの文では、モノーの立場をネオ・ダーウィニズムだけのように記述しているが、HN後半に書かれている内容は、ラマルク的な定向進化が当然のように援用されており、とてもそれだけとは思えない。

確かに第5章最終パラグラフには、選択の結果、必然が生まれるように書かれているが、その場合の必然は（目的律的な）合目的性・生理的必要性のことである。しかし、六章でも述べるように、モノーが何を必然と考えていたのかは、実はかなり複雑な問題である。にもかかわらず、ここでは、それを単純化して、進化の結果を必然と表現している。選択の結果生まれるのが、イノヴェイティヴなものや創造的なものとモノーは考えているはずだが、これらが果たして必然なのかというと、本当はわからない。進化には方向がないとHNには書かれているので、必然であるはずがない。だからこそ、人間存在も必然ではないといって、問題になるのである。「偶然から必然が生まれる」と理解している読者は多いようだが、この紹介文に誘導されているのではないだろうか。細かいことだが、JP訳文の本文では、「淘汰」という言葉で統一されているにもかかわらず、紹介文では、「自然の選択」と書かれていて、これの方が、原文の趣旨や現在の進化論の用語に近い。この紹介文が翻訳文とは独立であることの証のようなものである。

このような中心思想に立って、教授は生物のうちで最も特異なもの、約五十万年の昔から思考力の進化を推し進めてきた人類に関する重大な問題に、大胆な、挑戦的な試論を展開する。随所で、ギリシャ以来の多くの有名な思想、特に現代に影響力をもつヘーゲル、マルクス、ベルクソン、テイヤールなどの思想が俎上にのせられ、生気説、物活説の宣告のもとに退けられている。

これが一番問題のところで、モノーの考え方をまったく適切に伝えていない。人類に関する問題は、生物の進化の延長上に位置づけられる新たな進化の中で生ずる問題点である。ここに挙げられた四人の思想が問題になっているのは、人間の問題だけではなく、本書全体に関わる問題であるので、この捉え方では正しくない。また、ギリシャ以来という中には、最初の扉に書かれたデモクリトスの言葉が含まれると思われるが、これはモノーの考えを集約したものなので、批判されていない。また、アリストテレス、デカルト、カントなども取り上げられており、特に、モノーはデカルト的機械論を支持しているので、多くの有名な思想をすべて論破したかの書き方は、事実に反する。ヘーゲルは対等に取り上げられてはおらず、マルクス・エンゲルスの前史的な取り上げ方である。

さらに、生気説、物活説と宣告することが退けることではない。モノーの扱いはもっと慎重である。生気説や物活説であること自体が悪いと言っている訳ではないからである。ここでいう生気説や物活説は、どちらも世間の普通の使い方とは異なり、マルクスを物活説というのは一般的でなく、ベルクソンを生気説というのも留保が要る。この部分は、もう少し内容を考えて、どのような形で、これらの思想家に対して批判し、あるいは取り入れたのかがわかる表現であるべきである。

多くの読者は、日本語版JPを読んでも煙にまかれたような感じで、結局、何を否定しているのか肯定しているのかわからない。その時に、紹介文にこのように書かれていると、「ああそうか、やっぱりこうした昔の思想は間違っていたのか」というように誤解してしまう。現実には、モノーは、デカルト、ベルクソン、テイヤール・ド・シャルダン、弁証法的唯物論のそれぞれから影響を受けており、その結果が、このようにそれぞれの説の紹介になっている。モノーは、それぞれの説によいところがあるので、それぞれを簡単ながらも取り上げており、それらを自分の考えに取り込んで自説を構築したと考えるべきである。結局のところ、マルクス主義はあまりひどく排斥されていないばかりか、かなり詳しく論議されており、最後には、理想的な社会主義をつくるとまで言っている。おそらく、この点に関しては、渡辺が個人的に拒否したかったのではないかとも思われる。そうした結果として、詳しい説明のないままに、大思想家四名を切り捨てたような解説になってしまったものと思われ、大変残念である。

（2）日本語版の意図

日本語訳がなぜ出版されたのか、と考えると、フランスの著名な分子生物学者が出した話題の本であるから、ということに尽きると思われる。そこで、分子生物学の第一人者であり、科学論などにも詳しい渡辺が引き受けたものと思われる。これは渡辺の見識だと思うが、英語版からではなく、フランス語から翻訳することを選択したのは良かった。後に述べるように、英語版は、本来の内容を正確に伝えたものとなっていないからである。しかし、フランス語の専門家である村上は、当時まだ若く、かなり努力して原文に忠実に訳そうとしていたように受け取れる。残念ながらあまり良い訳とはなっておらず、日本語だけを読むと、かなり内容を誤解することになる部分も多い（資料2）。再話という問題として考えた場合にも、訳者二人のそれぞれに役割があったように思われる。

渡辺は分子生物学や生化学の部分については、正確な知識が伝わるように努力したように見受けられる。というのも、第3章や第4章の科学的内容は、特に大きな問題もなく、的確に書かれているからである。それにもかかわらず、本全体としては、上に述べたように、モノーの考えのうちで、非常に単純化されたネオ・ダーウィニズムの部分だけを取り出して、それを偶然と必然という言葉で説明しているように書かれている。訳者あとがきでは、最後の第8章と第9章については、触れられていない。しかし、後に「現代思想」の特集号(1973)に所収の鼎談の中で、渡辺は、モノーが本当に書きたかったのは、この部分であっただろうと明言している(四章3)。さらに、渡辺自身は、分子生物学には、下降的・還元論的な面と総合的な面があって、モノーは前者だけを強調していると述べている。つまり、自分はモノーとは考えが違うという立場である。おそらくこれには、やむを得ない面があり、村上による訳文を読んだだけでは、渡辺といえども、モノーの多面的な考えを読み取ることは難しかったに違いない。村上の訳文の問題は、単に専門的内容の理解の問題によるものの他に、思想的・宗教的な立場の違いなどの問題もあったに違いない。偶然という概念がきわめて反キリスト教的な概念だからである。そうした意味で、日本語版JPは、やはり訳者の考え方を反映した再話作品というように位置づけるのが、適当ではないかと思われる。

HN第2章のいろいろな思想を取り上げて批判しているように見える部分については、非常に単純化して、一方的に批判しているだけのように紹介していることも問題だが、これも訳し方に依存している可能性もある。第2章や第9章に関しては、本来なら、モノーの他の著作(コレージュ・ド・フランスの開講講義LIやノーベルシンポジウム講演SV)を読んで内容を補うことができれば、全体の筋をしっかりと追うことができたにちがいない。当時、どちらも入手可能だったはずである。訳者の努力が足りなかったのか、こうしたものを意図的に抹殺しようとしていたのか、はっきりとはわからない。ただ、訳者あとがきを読む限りは、後者のようにも思われる。モノーの政治的発言について、渡辺は十分わかっていながら、日本に紹介する必要がないと判断したのではないだろうか。

全体を通じて、日本語版JPを読んだ読者は、当時の分子生物学の神髄に感動しながら、偶然性と必然性の煙にまかれながら、ネオ・ダーウィニズムの単純化された進化の理論までを理解し、その先の思想的な話は結局よくわからずに、何か理想主義を述べているというくらいで終わったのではないだろうか。先に述べたように、この本は誰しも挫折した本でもある。多くの日本人の感想は、アロステリック酵素とラクトースオペロンに加えて、ほとんどネオ・ダーウィニズムの部分どまりである。特に、引用された思想家がどんな思想をもっていたのかがわからずに読んでも、モノーが何を批判し、何を取り入れているのかが、読み取れない。それを不明確なまま翻訳するということは、結果として、思想的な部分は理解させないという意図があったことになると思われる。

(3) まったく違う英語版紹介文

英語版は、何度か異なる出版社から出ている。一九七一年に、アメリカのAlfred A. Knopf社から出版されたのが最初のようであるが、この版は入手できなかったため、筆者は見ていない。イギリスでは、一九七二年にCollinsから出版された。内容はまったく同じであるが、カバーに書かれた紹介文は、非常に丁寧で、わかりやすい。そこでは、人間の偶然性と自然の客観性、人間を進化の目的と見なすいろいろなアニミズム論者への批判、知識の倫理などを、バランスよく手短に紹介している。

一方で、アメリカで出版されたポケット版を見て、まず驚くのが表紙である。英語版の表紙は、実は日本語版の表紙とそっくりで、日本語版は英語版のデザインを使っている（口絵参照）。これは、いかにも偶然と必然が暗黒の世界の中を二分しているような、大げさな印象を与える。これに対して、もとのフランス語版の表紙は白で、単純にタイトルが記されているだけである。そのため、英語版は一種のミステリーとして書かれたものにも見える。ただし、イギリス版の表紙は、エッシャーのリトグラフ「出会い」からのデザインになっていて、おどけた裸の男が輪をつくって進んでいる様子が描かれている。

さて、アメリカ版の紹介文は、ごく簡単に、

A philosophy for a universe without causality — by the Nobel Prize-winning French biologist

フランスのノーベル賞受賞生物学者による、宇宙には因果律などないという哲学

と書かれている。さて、そんなことをモノーが書いていただろうか、と考えて、原文を探すと、causalitéなどという言葉は見つからない。第6章の中で、本質的な意味での不確実さというのは、「本来独立である二つの因果関係の流れが、たまたま重なったもの」と説明するところで、関連語が使われているだけである。これを言い換えて、因果律のない世界と表現したのか、あるいは、他のところを言い換えたのか、いずれにしても、モノーが絶対に言わないはずのことを書いているように思われる。モノーは、細胞がデカルト流の機械であると明言している。

それ（DNAを維持するシステム）は根本的に、デカルト的であってヘーゲル的ではない。細胞はまさしく機械なのである。（HN p 125）

そこでは因果律が働いているはずである。さらに大きな生命世界についても、因果関係が働いていないとは書かれていない。個々の過程は因果律に従っているが、結果の予測ができないだけである。因果律のない世界は、キリスト教世界とは対立する世界である。そうしたセンセーショナルな紹介文で、読者に予め先入観を植えつけるという、かなり悪質な宣伝のしかたである。

筆者が入手した一九七二年発行のVintage Booksのポケット版（古本）の裏には、New York Timesの書評がついている。その書評では次のように書かれている。

傑出したフランスの生化学者でノーベル賞受賞者が、ここでは、一般の読者向けに、彼の遺伝学での画期的な研究方法とそこから得られる深い倫理的哲学的意味を解説している。

ここまでは、出版社の解説と思われる。以下が書評である。

人類はその存在の根拠を、宇宙における一種のさいころふりからしか得られないという、愉快ではない思想が、しばらく前から現れてきた。しかし、これまではそのきちんとした証明がなく、その大きな哲学的意味も曖昧のままだった。いまやその証明が得られ、その哲学的意味が、人類のものの考え方に革命を引き起こすかもしれないというのが、この難解ではあるが重要な本の中で、ジャック・モノーが述べていることである。

これはずいぶんと内容を逸脱したコメントである。モノーが対応する言葉を使っていない「革命」revolution、「証明」proofなどという言葉を使うことによって、まったく異なる話につくりかえられている。しかも、遺伝学の研究方法approachから倫理的哲学的含蓄が得られたとは言いがたい。

ここで指摘されているような、人間存在の無根拠性は、実存主義から始まっていて、ニーチェ、ハイデガー、サルトルなどによって広められたものであり、神やキリスト教の否定につながる要素をもっていた。現実主義的でかつ伝統的なカトリックの影響も強いアメリカ社会には、そうしたヨーロッパの思想が受け入れられなかったに違いない。それに対して、モノーが科学的根拠を初めて提示したという受け止め方のようである。

HNでは、実存主義の要素は、表向きあまりはっきりとは表れていない。冒頭のカミュ『シジフォスの神話』からの抜粋くらいである。ただ、実存主義は無神論や共産主義と結びつけられることにより、アメリカでは受け入れられていなかったので、アメリカ社会に紹介する際には、哲学的にではなく、科学として証明されたという表現をとったのであろう。モノーが言っている偶然は、人類存在の異邦人性だけではないはずである。また、この書評は、必然には触れていない。指摘されているような内容は、主に、第7章以降の内容のまとめになっているものの、革命を起こすというのは、モノーの主張からくるのではなく、これを読んだアメリカ社会へのインパクトの大きさを表現したものと見られる。

英語版は非常に読みやすく、一般人向けのわかりやすい文章になっている。表現としては、かなり砕けた感じを与える。また、かなり言葉を補ったり言い換えたりしているところが多い。これが読みやすさの秘訣と思うが、反面、言い換えのために使われた言葉が一人歩きして、読者がいろいろなコメントを書いていることがある。言い換えの一例を示すと、偶然性の説明のところの登場人物の名前を、アメリカ人風に変えている。

原文（HN p 128）　Dr. Dupont, le plombier Dubois
英語版（US p 114）　Dr. Brown, Jones the contractor's man
日本語版（JP p 133）　デュポン博士、鉛職人のデュボワ
ドイツ語版（DE p 143）　Dr. Müller, der Klempner Krause
イタリア語版（IT p 106）　il dott. Dupont, lo stagnino Dubois

日本人はこのような仮名書きの名前でも受け入れてしまうが、アメリカ人やドイツ人には我慢できないのであろう。イタリア人は、違和感がないのかもしれない。この他にも、もっと本質的な誤解を生んだのが第5章最後の有名な部分（翼の生える話）である。これについては、四章2のカウフマンの項目で述べた。

英語版の翻訳の趣旨を非常に素直に考えれば、フランス文学評論の一つを英語に訳したというつもりなのであろう。科学的な内容や、哲学的な内容について、そのまま忠実に伝えるというよりも、英語版はそれ独自の作品として仕上げる、という訳者の態度のように思われる。

（4） 哲学を強調したドイツ語版

ドイツ語版DEはだいぶ様子が違う。前にも述べたが、副題が「現代生物学の哲学的諸問題」となっていることでもわかるように、偶然と必然を論ずる哲学の本として位置づけている。訳者の Friedrich Griese は、いろいろなジャンルの翻訳書を手がける翻訳の専門家のようである。翻訳の仕方は非常に丁寧で、「進化」 évolution / Evolution (DE p 35) や、デカルトの『方法序説』の discours / Abhandlung = ein diskursives Denken (DE p 39) など、なぜその言葉を使って翻訳したのかという説明がつけられている。

さらに、ドイツの生物物理学者アイゲン Manfred Eigen による序文では、実に的確な批評が加えられており、モノーの書いたことをどのように受けとればよいのか、という立場が明確に示されている。日本語版は、ドイツ語版を参照しながら作成されたようなので、このアイゲンの序文を訳出していれば、日本における『偶然と必然』の読み方がずいぶんと違ったものになったのではないだろうか。短い序文なので、その要点を紹介しておきたい。

アイゲンの序文は、ヴィトゲンシュタインの『論理哲学論考』の英語版への師バートランド・ラッセルによる序文をそのまま利用した批評から始まる。曰く、

> 最後の結論を真実と認めるかどうかは別として、考察の幅広さ、深さと徹底性において、疑いもなく、哲学の世界における意義深いできごとと見なすことができる。（DE序文 p IX）

つまり、アイゲンは、ヴィトゲンシュタインとモノーには、それぞれが対象とした問題を基本的には解決してしまったという自負が共通しており、それは、客観性を基準とするという立場に基づいているというのである。しかし、人間自身も含めて進化の産物であるというとき、この理論がどれだけ客観的なものでありうるのだろうか、と疑問を呈している。そこから、われわれ自身の存在が、ミクロなレベルにおける「保存された偶然」に基づいており、必然的なものはミクロな偶然のマクロな顕れだけであるというジレンマに突きあたる。われわれ自身が自分の存在を必然的なものと信じたいという願望をもっている点の解決策としては、思想世界を、客観性を基準とした自然科学的知識に限局することになる。つまり、モノーがアニミズム的と形容する、諸理論、世界観、宗教は、説明しようとしている結論を前提としていて、その自己矛盾を避けるには、客観的知識に基づく思想だけが真理に到達する唯一の方法なのである、とアイゲンは説明している。

この文章で、アイゲンは、モノーの過激な表現はできるだけ避けて、内容を紹介していると言っているが、彼にとって最も説得力のある議論は、分子から人間にまで至る進化の自然科学的な根拠づけと、それと対照的に、人間を説明することができるようにという要求において頂点に達する思想の進化であった。このように、アイゲンは、モノーの本の重要なポイントをしっかりと把握した上で、さらに、彼自身のコメントをつけ加えていく。

こうした理論を、客観的に確実にわかることだけを積み重ねて組み立てているという態度は、テイヤール・ド・シャルダンなど他の生物哲学者にはない、際だった立場である。しかし、それはきわめて辛い仕事でもある。その意味で、モノーがいろいろな先入観と闘ったことは評価すべきであ

る。（DE序文 p XI）

アイゲンは、こうしたモノーの努力を正当に認めるべきだと述べている。以下、アイゲンの言葉の要約である。

「偶然」の概念については、さまざまな議論がある。物理学では、量子力学の基本には、不確定性がある。ただし、ミクロなレベルでの不確かさは、統計的な扱いにより、マクロなレベルでの厳密な法則になる。これには例外もあり、自己触媒的な増強が行われれば、ミクロな不確かさがマクロなレベルでの結果を引き起こすこともあり得る。同様に、遺伝子に起きるミクロなレベルでの突然変異は、選択によってマクロなレベルでの形質になり得る。したがって、生物のあらゆる形質は、偶然から生じたものと言うことができる。こうした内容は、単なる仮説としてであれば決して新しいものではないが、ミクロな基本過程に内在する増強過程の客観的観察に基づく科学的理論として出された点で価値がある。生命過程の遺伝と制御の分子的しくみに基づくモノーの説明は、科学的な貢献が明白である。こうした難しい内容を翻訳する仕事は困難なものであったに違いない。

生物の構造と過程には、二つの概念があてはまる。それは、（目的律的な）合目的性（生物の機能的性能）と不変性（目的律的な構造に根ざした情報）である。これら二つの原理は、生物を構成する代表的な高分子であるタンパク質と核酸によって表されている。[1] これらは、国家の行政と立法に相当すると考えればよい。こうした構造体が形成されることが、原始地球の上で、ある特定の化学的物理的条件に依存して起き得たと考えられる。そうした構造体が、次第に複雑な形態をもつ生物に進化していったということは、タンパク質‐核酸システムの目的律的な性能と、本来不変的な増殖の基本過程における不確実さとに依存していた。情報伝達の精度を高めようとすれば、物質の相互作用のエネルギーを大きくすればよい。つまり、最高の無秩序さを達成しようとする熱運動に抗して秩序を保つ必要がある。ところが、そうすると、分子の結合が強くなり、化学反応が遅くなり、システムは不活発なものになってしまう。そこで、ある妥協をすることになる。つまり、突然変異は避けられないが、これは、自己形成的な不変なシステムに変化を与える唯一の可能性でもある。モノーが「騒音からコンチェルトが生まれる」と表現しているとおり、個々の進化のステップは、正常な過程の攪乱なのである。

こうして、高等生物の神経系に至るまで、立法と行政の厳格な分業によって成り立っており、そこでは、DNAという情報の保管庫からRNAという情報の伝達体への、情報の不可逆な流れがある。この目的律的なしくみの不可逆性により、簡単には変化が起きないようになっている。これについてのイメージを与える比喩が、相互に無関係な因果系列の交差として示されている（職人が屋根からハンマーを落とすことと、たまたま往診に呼ばれて道を通りかかった医師がいて、その頭にハンマーがあたること、という『偶然と必然』第6章の例）。これと同じように、どんな突然変異が起きるかということと、それがどんな選択上の利益をもつのかとは、独立な事象である。

しかし、ここで、進化における偶然の役割の限界も見えてくる。選択はまったく任意に起きるので、選択の基準は、結局、何が生き残ったかという事実 die Tatsache des Überlebens でしかなくなる。つまり、ダーウィン進化原理は、トートロジー（同義反復）でしかない。こうした誤解はしばしば見られる。選択の原理は、本当は、熱力学の法則と同様のマクロな系の挙動として理解される。熱力学との唯一の違いは、最適化が完全ではないことである。これは、『偶然と必然』で説明されているような平衡系の熱力学の法則ではなく、不可逆過程の熱力学における定常状態の安定性基準によって説明される。生物システムの最大の特徴は、適切な形態のエネルギーが常に流入していて、最高の無秩序の状態である平衡にならないようにしていることである。[2] これは非平衡不可逆過程の熱力学なので、『偶然と必然』第7章で述べられている「エントロピーの坂を上ることが時間を巻き戻すことにあたる」という話は、物理学者を満足させるものとは言えない。[3]

こうして、個々の形質が生まれるのは偶然によっているものの、その選択は、偶然性を狭めるものでしかない。それは、熱力学で、個々の分子のゆらぎが集まった全体の中では、一つの必然的な法則が成り立つのと同じである。モノーの言っていることとは離れるが、上に挙げた独立な因果系列の交差の例で考えると、結果は、必ずしも医師が亡くなるとは限らないはずである。ハンマーが頭にあたった場合、どのようなことがどのくらいの確率で起きるのかという危険度の計算ができるはずである。[4]（DE序文 p XI–XIV）

(1) ここでは、アイゲンは、かなり詳しくそれぞれの物質がもつ意義を解説している。
(2) これは、シュレーディンガーの『生命とは何か』で説明されていることと同じである。
(3) 不可逆過程では、時間は前に進んでいるが、全体のエントロピー増加のもとで、局所的秩序は形成されうる。
(4) つまり、進化もこのような確率分布として考えるべきだと言っている。

つまり、アイゲンがここで主張したいのは、必然性も偶然と同じ権利をもった gleichberechtigen ものとして扱うべきであるということ、すなわち、どんな帰結にも確率分布があり、マクロな物理学のシステムと同様、大数の法則に従って記述されるべきだということである。

『偶然と必然』という書名は、明らかに、この同等の権利を表している。しかし、モノーは偶然に重きを置きすぎているようである。それは、必然性ならば誰でもすぐに受け入れやすいからであろう。しかし、このことが、内容の受けとられ方を歪めていて、それは、フランス語版[1]に書かれた「人間というのは自然が犯した事故なのだろうか?」というキャッチフレーズにも表れている[2]。

そこで、もう一度明確に述べておこう。地球上で、比較的短い時間の間に、さまざまな物理学的な制約条件のもとで、栄養を取り入れて代謝を行い、増殖し、しまいに「思考する」システムが生じたのは、最適化原理で特徴づけられる選択過程のおかげなのである。つまり、個々の形質は偶然によっているが、進化という全体過程は不可避的な必然性なのである。しかし、もはや必然性もない。物質に内在する生命力が、歴史過程を決定づけるというようなことはないからである。必然性も大事であり、偶然性だけでもない[3]。

こうして、これまで哲学や世界観 Weltanschauung[4] や宗教が重視してきた非生物と生物の境目がなくなる。生命の誕生や、高分子から微生物へ、単細胞から器官へ、さらに中枢神経系への発展などは、原子から分子ができるような、他にいくらもある階層段階と同じである。それでも、分子から単細胞への一歩が、その中でも特に畏敬をもって見られてきたのはなぜか。分子生物学が、何百年間も続いた創造の神秘主義に終止符を打つことになったからである。つまり、分子生物学は、ガリレイによって開始されたものを完成したのである。さらに、人類が、自分の思考の基盤を見つけようとするならば、人類の中枢神経系に探さなければならない。

モノーが第8章と第9章で述べていることは、この最後の点について、生気論やアニミズムによる生命の理解を再び試みるという可能性はないということである。その代わりに、われわれは、もっとたくさんのことを知る必要があるということを、客観的に認めなければならない。すでに見たように、偶然の役割は、選択によって制限されている。われわれの脳の中で行われている思想の進化は、客観的にはまだ十分に解明できていないが、より複雑な制約条件に従っているらしい。そこで、当面、すでに受容されている世界観や宗教に基づく思想とは、客観的知識の基準の助けを借りて、対決し続けなければならない。しかし、常に精神的な説明がほしいという要求を超えていく客観性の基準という独断的な考え方には、身の毛がよだつ気がする。その場合、慈悲や隣人愛が最初の犠牲になるだろう。われわれがどうするべきなのか、ブレヒトは、作品の中のガリレイにこう語らせている。「科学というのは、一度に進歩するわけではなく、少しずつゆっくりと進むものである。そこでは、一度真実と思われたことが否定され、再び真実になるというようなことも起きる。われわれはどんな前提も疑ってかかる必要があり、研究をしないでわかったように語るだけの人には慈悲は与えられない」。その意味では、ジャック・モノーは、研究をし終えた人々に属しているのである。（DE序文 p XIV–XVI）

（1） フランス語版の帯？
（2） ショエーの書評のタイトルでもある（四章1）。
（3） このあたりは、カウフマンの自己組織化の話と重なっていて、進化を自己組織化の一つと考えると、単なる偶然とはいえない、という考え方になる。
（4） 大きな哲学大系を指すドイツ語独特の言葉。

つまり、アイゲンは、客観性はいまある知識ですべてではなく、いつまでも進歩するものなので、性急に現在の知識を絶対化しないで、謙虚な気持ちをもって研究をし続けることが大切だと戒めているのである。このように、アイゲンは、モノーの考え方を要領よくまとめながら、不完全な点を補い、さらに、最終章のドグマを暴くなど、短いながらも非常に行き届いた解説をしている。

フランスとドイツは隣国で、長いことお互いの言葉を第一外国語としていた伝統があるので、よくわかり合えたのかもしれない。ドイツ語版は、このような解説をもつことによって、思想の歴史の中にモノーを位置づけ、生物哲学の一つの重要な業績として評価していることがわかる。

(5)「親切な」解説つきのイタリア語版

イタリアでは、現在でも新しいポケット版が販売されているので、念のために参照してみた。イタリア語とフランス語はきわめて似ているためか、全体にフランス語からの逐語訳となっていて、大きな内容上の違いがあるわけではない。タイトル、副題もまったく変わりない。私が参照した一九九七年の版には、最初にモノーについての解説が一〇ページほどあり、モノーの生涯(本書でも参考にした)、『偶然と必然』の概略と、一九九三年までのさまざまな批評も紹介されている。さらに、巻末には簡単な索引もつけられ、言葉や人名を検索することができるようになっていて、便利である。

このように、本のつくりとしてはなかなか優れているのだが、つけられている説明の内容には、若干の誤解があるようである。それは、まず、裏表紙の短い紹介文にも表れている。

生物は宇宙のあらゆる他の対象とは、不変性 invarianza（固有の構造的な規則性 la propria norma strutturale を世代から世代へと保存する能力）とテレオノミー teleonomia（自身の機能を調節しながら adeguando le proprie prestazioni、自身がもつ不変性の内容を子孫に伝えてゆく能力）をもつという点で、はっきりと区別される特異な「対象」として理解される。（IT裏表紙）

ここでは、不変性の内容が曖昧なことと、テレオノミーの中身で調節機能に重点が置かれていない書き方になっていて、結果として、不変性とテレオノミーの違いがわからなくなっているように思える。

解説文のうち、概略と批評について、簡単に紹介しておきたい。概略は、『偶然と必然』のほぼ全体を紹介する形で、その主目的が、科学の発展が生み出した現代の問題に対する提言であることを明言している。次に、生物の基本的性質としてのテレオノミー（ここでは、仮名書きにしておく）、形態形成、不変性が紹介される。生物に目的・意図 progetto が備わっているという性質をもって、テレオノミー teleonomia の定義としている。ほぼ、合目的性という意味であるが、これでは、昔ながらの目的論との区別がわからない。また、形態形成についての記述も、どこか力点が違っている。

しかし、テレオノミーは、生物を定義するための必要条件ではあるが、生物と生物の活動の結果つくられる人工物との間にある区別を説明するのに十分ではない。人工物の性質は、実際のところ、常に、それをつくった外部からの力の結果なのである。逆に、生物の構造が外部の力の作用によるものということは実際上なく、すべてその対象に内在する「形態形成的な」相互作用に負っているのである。生物がもつこのような内的で自律的な決定論は、外的条件に対するほぼ完全な「自由」

を意味し、生物の形態形成と増殖を保証するが、それが、モノーが自律的形態形成 *morfogenesi autonoma* と名づける機械論 meccanismo なのである。このような機械論がテレオノミーの基礎をなしており、まさに生物に根源的で独自的かつ本質的なテレオノミー的な目的・意図、つまり種の保存と繁殖、を実現することを可能にする。(IT p X)

この部分を読むと、生物には自律的な形態形成をする自発的な力があるように書かれていながら、それを一言で機械論と言い、それがテレオノミーの基礎であると断言している。確かにモノーの文章を、単純に要約していくとこのようにもなるが、これは、モノー自身がまだよくわからないがこのように考えておきたいと述べていた部分(第5章 ミクロな形態形成とマクロな形態形成 HN p 104)である。現在なら、これを自己組織化として理解した上で、複雑系的機械論を語ることもできようが、モノーの記述は単純な機械論にとどまっていた。テレオノミーの基礎となる機械論は、生物の構造や機能がうまくできていることに対応し、形態形成のしくみをテレオノミーとして説明するところまでモノーにはできていないが、引用した文章では、形態形成＝機械論＝テレオノミーとなっている。どうも解説者は、このテレオノミーと進化の関係を分けて考えているようである。モノーは、テレオノミーのパラドクスを説明するためには、タンパク質の立体構造が作られるしくみとその進化を説明する必要があると述べていた(第5章 タンパク質の一次構造と球状構造、HN p 105)。イタリア語版ITの解説では、生物の働きを説明する機械論がもつテレオノミーが、進化によって保証されているという、『偶然と必然』後半の説明が盛り込まれていない。

進化の位置づけに関しては、進化は偶然と必然の織りなすゲームの結果であると述べ、偶然は変異、必然は自然選択の法則という形で定式化している。

この基本的な性質によって特徴づけられるとしても、生物は進化する。あらかじめ不変性によって与えられた構造[1]に起きる気まぐれで偶発的な突然変異に対して自然選択が作用し、そのことによって、こうした突然変異を保存し、さらに元来の構造[2]の中に偶然を書き込むことができるようになるのである。純粋に偶然によって起きる変異という単一の事故は、ひとたび生物に刻み込まれると、「この上なく容赦ない確実性 certezze」という必然性 necessità の世界に入る[3]。進化は、こうしたしくみ meccanismi をもつというまさにその性質 natura によって、偶然と必然が互いに織りなすゲーム gioco の結果として、それぞれに独自の対象 oggetti unici[4] を生ずる。それぞれの生物は、遺伝情報の独自の組み合わせの結果であり、「四〇億年の進化における独自の出来事の鎖がつくる究極のリング」をなしている[5]。したがって、生物の進化は、偶然と必然の組み合わせによる効果 effetto combinato del caso e della necessità の結果、つまり、変異 variazioni という偶然と自然選択の法則という必然の結果である。（IT p XI）

（1）DNAを指す。
（2）DNA。
（3）括弧内は、HN第7章始め p 135 の言葉 des certitudes les plus implacables の直訳。ただし、ITの本文 p 110 では違う言葉 delle più inesorabili determinazioni に意訳されている。
（4）いろいろな生物。
（5）この言葉の由来はHNではない。

解説者は、何とか偶然と必然の弁証法にもち込みたいようであるが、モノーの述べていたこととは食い違っている。自然選択法則も必然の一部ではあるが、必然はもっと別の意味でも使われている（六章）。なお、この解説に対応する原文（HN p 135）では、必然 nécessité という言葉は一度しか使われていないが、イタリア語版（p 110）では、necessità が三回使われ、うち二回はフランス語の exigence（絶対的必要性）に対応する。もともと明確ではない必然の意味をわからせるために、翻訳でも解説でも、無理に必然を使って説明しようとしているようである。これは、日本語版JPにも共通する問題である。

解説では、この先、生命の起源の偶然性、人間の偶然性などに進み、「魂の病」に対する対応策としての知識の倫理がかなり詳しく紹介されている。内容紹介の最後は、科学的実存主義に言及し、カミュの『異邦人』（Camus 1942a）の最後の部分と『偶然と必然』の最後の部分が似ていることなどを指摘している。

解説文の最後の部分は、『偶然と必然』に対するいろいろな批判を類型化して紹介している。心理学者ピアジェやマルクス主義者による批判では、モノーの議論は偶然と必然という対立する要素の間の弁証法ではないかという点が紹介されている。また、生物のもつ自律性などについての認識に関する批判も紹介されている。モノーの議論は悲観的なものであったが、それを楽観的なものに変えるのが、プリゴジーンとスタンジェによる『新たな絆』（本書四章1）であることが紹介されている。最後に、本書一章でも引用しているファンティーニによる解説に触れ、クリックの肯定的な文章の引用で終わっている。

「モノーが示した宇宙についての見方は、一般の人たちには、奇妙で、暗く、不毛で、厳しいものに映ったかもしれない。しかしそれはむしろ驚くべきことで、そこに述べられた生命の本質的な見方

は、最も権威ある科学者たちの大多数に共有されているのである」(Crick 1976)

イタリア語版では、訳者や解説者(同じかもしれないが書かれていないので、わからない)が、「親切に」余計なことを書いていてくれていて、それによって、読者が誘導され混乱させられるように思われる。

(6) この章のまとめ

この章を通じて、『偶然と必然』が、他の国の言葉に翻訳されて紹介される際に、どのような加工を施され、原著とは独立した作品として紹介されていったのか、について、簡単に紹介した。翻訳と再話の関係は微妙で、本当に原文をそのまま翻訳するということが可能なのかすら、本当はわからない。これについては、この程度の問題提起としておきたい。

第六章　「偶然」と「必然」の意味を考える

各国語版は、原著の一種の再話となっていることがわかってきたが、それでは、もともと、モノーが書いたもとの本の趣旨はどのようなものであったのか、そして、この本に書かれていることは、今から見て意味があるのだろうか。その後の発展はどのようなものなのだろうか。項目ごとに考えてみたい。本章では、偶然と必然という言葉の意味について考える。すでに二章でも偶然や必然という言葉の辞書的な意味について述べたが、モノーが使っている言葉の意味合いは、複雑である。

（1）「偶然」のルーツ——戯曲と経済理論

（A）マリボーの戯曲

「偶然」という言葉は、フランス人であれば誰でも知っている戯曲の名前にある。それは、マリボーMarivaux の『愛と偶然との戯れ』である (Marivaux 1730)。この短い喜劇は、許嫁どうしの初めての面会をめぐる事件を描いたものである。昔は、両家の父親どうしの話で縁組みが決まっていたのだが、この話の中では、見合いをして気に入らなければ断ってもよい、と寛大な父親たちの設定がある。断ることができるからには、真剣に相手の正体を見極めようというところから、話が動き出す。そこで、見合い相手の男性に不安を抱く娘が、父親に頼んで、侍女と入れ替わることにより、相手の本性を見据えようとする。ところが、相手の男性も、同じことを考えていて、予め侍僕と役を交代した上で、娘の家に訪ねてくる。事情を知っているのは、娘の父と兄だけで、兄は、妹扮する侍女の恋人役を演ずる。知らないのは本人たち、つまり、娘と許嫁の男性、侍女と侍僕である。この設定で、それぞれのペアは意気投合してしまうが、やがて、それぞれ、一方が本当のことを打ち明け、身分の違う結婚でも受け入れてくれるかと、それぞれの愛情を確認する。最後に、すべて明らかになり、それぞれのカップルが、晴れてめでたしめでたしとなるという喜劇である。心理描写が微妙で、あり得ないことと言いながら、なかなかおもしろい戯曲である。今から三〇〇年も前の話であるが、今でも、テレビドラマにしたら、違和感はないかもしれない。

この話の中で起きることが、本当に偶然といえるのかと考えると、両者が同時に同じことを考えたことは、モノーが引用している二つの独立な因果系列の交差に相当するかもしれない。もっとも、許嫁という立場に置かれた男性と女性が、ともに同じことを考えることはあり得る。また、見合いをしても断る自由があるという前提が、話を成り立たせている。つまり、これが因果系列の独立性を保証している。昔の戯曲なので、あまり複雑な展開になどなるはずもなく、結局、おもしろさは心理描写にあり、自由を与えられた人間の悩み、自分は身分を偽っているという葛藤、さらに本人たちを追い込んでいく父親と兄の行動、それらが人間の本性を巧みに表現することになるのだろう。

この戯曲では、偶然と愛が二つの対立項となっている。偶然が演出した場面でも、適切な組み合わせで二組のカップルが誕生したことは、必然性を想起させる。つまり、この場合、愛が必然性を生み出したわけである。さらにおもしろいことは、結局、この話で得をしたのは、侍女と侍僕であるという落ちがある。もしもこんな設定がなかったならば、この二人は結婚ということにならなかったに違いない。これこそまさに偶然のなせる業《わざ》である。

この話は案外、モノーの『偶然と必然』の内容を暗示していることがわかる。偶然がつくり出した出会い（塩基配列の突然変異）を、愛（合目的性に適合するかどうかという選択）が結びつけ、最終的には、お似合いのカップル（合目的性）を生み出す。無粋だが、括弧内のように読み替えると、モノーの話になる。

フランスのキリスト教文化の中で、通常は、偶然が入り込む余地はなく、むしろ、偶然というのは神を否定する異教的考えであるという見方が普通であったはずである。しかし、すべてのことが神の思《おぼ》し召《め》しであるとはいうものの、偶然性が入り込むことで何かが起きる・生まれるという期待感が、ジョークとしてこのような戯曲になっている。モノーは、その伝統を何らかの形で下敷きとしている。

（B） 偶然と反偶然の経済理論が先鞭をつけた？

偶然という言葉にまつわるフランスの伝統はこのようなものだったとしても、もう少し直近のことが、モノーの『偶然と必然』HNに結びついているのではないかと思われる。というのは、HNが出版される少し前の一九六五年に、フランス経済の計画的発展をうたったピエール・マッセの『計画経済あるいは反偶然』"Le Plan ou l'anti-hasard"という本が出版されていた（Massé 1965）。これは、経済を自由な活動に任せるのではなく、国が積極的に主導していくという、いまではごく当たり前のことを書いた本で、戦後の復興と経済発展のために、何年間かを単位として目標を決め、経済計画をつくり、実行しようというものである。著者のマッセは、工学出身の政治家で、フランス政府の政策にも深く関わっていて、そのために、それまでに出版したいくつかの論文をまとめて、一冊の本として出版したのであった。表題の計画 plan が目的・意図 projet に、反偶然 anti-hasard が必然 nécessité に対応する。一見反対の意味のタイトルのように見えるが、内容は大いに関連している。

あまり知られていない本なので、一九六五年の出版時に書き下ろされた「第1章　計算づくの冒険」の部分について、簡単に内容を紹介しておきたい。五項目からなっている。わかりやすくするため、項目のタイトルは引用者がつけた。

I. 当時の社会状況の分析

生きる理由のない生命はない。進歩の神話のもとにある単純な楽観主義の中に、現代人はその理由を見いだすことができなくなっている。未来は根本的に曖昧だという問題が出てきて、消えることがない。しかし、この曖昧さこそが扉を開くのである。この曖昧さは、何かがわれわれ自身に依存しているという望みをもたせてくれる。混乱や苦悩の治療法は、冒険のリスクと幸運をはっきりと受け入れることである。(p 16)

この問題意識は、HNの最後の部分とほとんど同じである。

II. 現在、未来、過去の違いの分析

現在というのは、時間の流れに切れ目を入れている。過去は一つだが、未来は複数である。過去は記憶に属するが、未来は想像や意思に属する。過去は空間の第四次元目であり得たが、未来は過去と根本的に異なる未知の部分を含んでいる。このように、持続 durée は延長 étendue に還元できず、ものごとの生起は同時性に還元できない。(p 28)

もっと根本的な変化が必要である。それは、後ろ向きの考えから、前向きの考えへの変更である。前向きの考えというのは、開かれた未来に対する開かれた態度、楽観的な行動によって問題を解決していこうとして知的に身構えること、われわれ自身がどのようになっていくのかということも含む複数の可能性の間に結びつきをつくる研究、また、現在という瞬間にたった一つの決断をすることでもある。未来志向は前を向いている。（p 32）

このあたりの未来を見据えた考え方は、実存主義とも関連していることが、実際に本文に述べられているが、それは、HNの最終章のトーンともそっくりである。

III. 市場原理の見直し

この概念的な変異 mutation は、市場による調和化が不十分だと認識させる。古典的な経済理論は、自らの満足や利益を最大化しようとして決定をする中心（主体）のそれぞれが、自らの立場、つまり、市場を支配する価格体系において、その主体が生産したり、投資したり、貯蓄したり、消費したりする量を調整することを前提としていて、この価格が、その主体の周囲の環境から発せられるシグナルと見なされる。（p 44）

ところが、ゲーム理論を導入して考えると、未来をどのように予測するかによって、現在の価格も変わり、安定しない。それを社会主義のように、唯一の決定主体である国家権力が決定するという考え方もある。しかし、戦後のように経済が大きく発展する時には、先が読めないことは同じである。そこで、第三の道があるという。それは、国家ではなく、国民による計画である。その違いは、社会主義経済では、全体の経済成長率を最適化するため、国民の所得を高める方向になるとは限らないという点である。（p 50）

つまり、最適化すべき目的関数 fonction d'objective を国民の希望にあわせて選ぶのがよいと考える。その場合、少しずつ試しながら関数をつくっていく必要があり、全体を一つにするのではなく、分節化した権力構造を使う。

この場合、計画というのは、予め決められた未来に向かう、絶対に変わることのないような *ne varietur* 線を、引くことではない。そこから外れるものを観察する手段も含まなければならない。それが重要であって不適切なものであれば、また、全体の中で相互に打ち消すことができないものであれば、そうした事象に対応できる対策も含んだ形で、当初のプログラムを変更する必要がある。つまり、事実を受け入れ、運命を拒否するのである。（p 53）

こうして、経済と社会の発展をバランスよく進めるという考え方である。なお、ここで使われている *ne varietur* という言葉は、HNでも不変性を述べる時に何度も使われた言葉である。インテリのはやり言葉だったのかもしれないが、二つの書物の間の関連性をますます疑わせる言葉でもある。

IV.　社会の発展をどうするか

発展は、豊かさに向かって進むだけではなく、さらに進んで、当然、一つの社会の建設に向かうものである。それには、避けて通れない倫理的な意味もある。われわれが敬意を払うことを了解している価値観は、われわれが追求したいと願っている目的である。(p 54)

価値観や倫理まで出てくると、本当にHNとそっくりになってくる。経済的な秩序は、倫理的な秩序と相伴っていくものだという。仕事を自分でやっているという実感が、機械化によって失われていくかもしれないが、自然とのふれあいによって、自由で利害関係のない人間関係を謳歌できるかもしれないとまで言っている。しかし、きちんと研究する必要がある、と慎重である。

V.　戦後四半世紀の米仏の経済の発展と最適化原理による経済計画

ゆるぎない *ne varietur* 行動計画の確立が重要。打ち負かすべき敵は、もはや偶然性 le hasard ではない。逆に、それはしばしば複雑性 la complexité である。(p 64)

つまり、いろいろな条件の組み合わせの複雑さを線形計画法などで解いていくという考え方である。さらに、原因と結果が一対一対応しないので、選択も重要である。適度によい結果を期待する政策を考えるという、期待値の考え方が重要で、その場合、結果として何を考えるかが問題である。また、決定の過程も重要である。そこで、効用関数 fonction d'utilité を考えるとよい。
最適化原理により、（中略）偶然的な状況に対応する最良の戦略を決定することができる。（中略）それは、概念の明確化と偶然に対する支配（制御）に向けた際立った一歩である。（p.68）

こうして、マッセは長期的な問題と短期的な問題を分けて考え、数学的に最適化することにより、適当な解を見いだすという、きわめて合理的な考え方を提示している。

＊

マッセは、将来ビジョン研究所 Centre d'Études Prospective というグループを率いており、その中には、モノーのいとこにあたるジェローム・モノーも有力なメンバーとして加わっていた。一九六九年の *Prospective* 誌一五巻のテーマは *L'homme encombré*（八方塞がりの人間）であった。そこでは、HN の9章で問題になっていることに関連したことが、詳しく述べられている。

あふれすぎるものに囲まれた暮らしは、現代社会の『病』の最たるものに他ならない。

少し前から日本でも言われている飽食の時代などと似た考えである。これは、モノーが書いている現代の病とよく似ていないだろうか。

これまで、どこにも指摘はないが、モノーがその著 HN を書こうとした直接のきっかけ、あるいは、その著書に偶然と必然という言葉を入れた一つのきっかけは、上記の本にもあるのではないだろうか。HN

のどこにもそのようなことは書かれていない。それに先立つLIにも書かれていない。しかし、フランスの当時の社会状況は、マッセらにとってかなり危機的なものであったに違いない。偶然に任せるというのが自由主義経済の常道であるとすれば、それに反して、経済を計画的に進めるという当時のフランス政府の方針は、国民ならば誰でも知っていることで、それに対して、生物は偶然に任せておいても、そこからすばらしいものが生まれるのだという主張をしたと考えることはできないのだろうか。分野も対象も異なるので、経済建設と生命が同じ原理である必要はない。しかし、モノーが最後に第9章で述べている理想的な社会主義は、むしろマッセが述べている計画経済に対応するものである。

(2) モノーが偶然と呼んだものは、具体的には何と何か

モノーが偶然と表現していたものは、実際には、偶然という力だったり、偶然性という性質だったり、偶発的な事象であったりする(本書二章1)。しかも、一つの本でありながら、HNの章ごとに、偶然の意味する内容が異なっている。副詞句としてのau hasardやpar hasardを使って、いかにも偶然性を表現している印象を与えているが、概念としてのhasardを使っているところは少ない。偶然には、実際的なものと本質的なものがあるとHN第6章には述べられているが、そこで出されたそれぞれの例、ルーレットの問題や職人が屋根からものを落として通行人を死なせる話は、どれも、モノーのオリジナルではない。すでに、ポアンカレが『科学と方法』(Poincaré 1908)の第4章で詳しく述べている。こうしたことへの註釈も本来、翻訳にはほしいところであった。モノーが本質的な偶然といっている通行人の話、つまり、

二つの独立な因果系列が交差する問題について、ポアンカレの意見は異なり、ルーレットなどの問題に比べてより重要度が低いとして、詳しく扱っていない。確率論の説明をする目的で書かれたポアンカレの文章とは、モノーの文章の目的は異なるので、このような違いになるのかもしれない。

*

さて、HNにおいて、偶然的なことととして書かれているのは、次のようなものである。物事の順序に沿って列挙する。

1. 生命が地球上に生じたということ（第8章）
2. DNAの構造（塩基配列）に偶発的なエラーが起きること（第6章）
3. タンパク質のアミノ酸配列に決まったルールがないように見えること（第5章）
4. 遺伝暗号のルールが特に根拠なく決まっているように見えること（第8章）
5. 酵素反応制御系（オペロンやアロステリック制御）において、制御するものと制御されるものとの間に関係がないこと（モジュール性）（第4章）
6. 人間が生じたこと（第7、9章）
7. 言語や文化が生じたこと（第7、8、9章）

それぞれの内容については、三章5の要約を見ていただけば、理解できるはずである。これらのうちで、人間が生じたことをどれだけ偶然的と考えるか、必然的と考えるかなどは、意見が分かれるところだが、他の惑星にも知的生物がいるという考え方が普及している以上、出現すること自体は必然だったのかもしれないが、具体的にこんな形をした人間が出てきたのは、偶然と言うべきかもしれない。しかし、『偶然と必然』の多くの読者にとって、「偶然」は、2.の意味でしか捉えられていないのではないだろうか。もともと、モノーが『偶然と必然』の序文で述べていた「遺伝コードの分子的理論」についても、遺伝暗号の意味でしか捉えられていないことが多いので、両者をあわせて、きわめて狭い意味のテーマに押し込められてしまうおそれがある。

偶然についてもう一言註釈をつけると、一部の学者は、人間が偶然と思っているものは人間の無知の表れでしかなく、本当は、宇宙の原理によってすべて支配されていて、偶然的なものは何もないという考え方を示している。サトラーやスコフェニルなどである。なお、物理学の不確定性は別問題で、観測することによって系の状態が一つに決まってしまうことを指しているので、本質的な部分で偶然性が関わっていることはない。

(3) モノーは偶然からどのようにして必然が生ずると考えたのか

まず、2.の意味と思われている偶然について、四章でも引用したが、HN第5章最後の部分の有名な一節を検討することから始めたい。

Hasard capté, conservé, reproduit par la machinerie de l'invariance et ainsi converti en ordre, règle, nécessité. (HN p 112)

不変性（を保持する装置）によって、偶然（できた配列）が捕捉され、保存され、複製されることによって、（構造の）秩序や規則性、つまり必然的な（必要な）ものに変換される。（NS）

この文章は、まわりの文章から浮き上がっていて、脈絡が明確ではない。過去分詞が並んだ分詞構文は、歯切れがよい。しかも、前半と後半の修飾語が三個ずつと、これもフランス伝統の列挙の仕方である。しかしこの対句は不完全で、前半では偶然が主語で、三つの動詞の過去分詞が並ぶが、後半では変換される対象としては、秩序と規則性が具体的なものであるのに対し、必然性はそれをまとめて抽象化したものと考えることができる。前半の動詞のうち、保存と複製は具体的な分子生物学用語であるが、捕捉は具体的にどのようなことを指すのか不明確である。後半の名詞群のうち、秩序はタンパク質の構造を、規則はアミノ酸配列を表すと考えられるが、必然性の意味するところは、これだけ読んでも不明確である。このように、意味不明の文章であるために、多くの人が、自分なりの解釈で、この言葉を使い回してきた。中でもカウフマンは圧巻で、勝手に書き換えて「進化は翼を得た偶然である」とまでいった（本書四章2）。（なお、ここでは一般的解釈に沿って「必然的なもの」と訳しておいたが、本当は、「必要なもの」を指していることを、次に詳しく述べる。）

（4） アミノ酸配列の偶然性と細胞の機能

右に挙げた引用文だけを読むと、この話はＤＮＡの問題として書かれているように思われる。しかし、この文章は、タンパク質の構造とアミノ酸配列の関係を論じた「配列メッセージの解釈」l'interprétation du message という節の中で書かれたもので、しかも、それは、「分子が示す個体発生としての形態形成」(Ontogénie moléculaire) という章の最後である。特別なアミノ酸配列をもったタンパク質が、その情報に基づいて立体構造を形成し、さらに他のタンパク質とも相互作用することによって、細胞構造がつくり上げられるということを述べた文章の一部である。この一節をもう少し前から引用してみたい。

それぞれのタンパク質の「気まぐれな」au hasard 配列が、構造の不変性を保証する高い忠実度をもつしくみによって、それぞれの生物、それぞれの細胞の中で、各世代ごとに、何千回、何百万回も実際に複製されてきたということを認めなければならない。[1]

(節の区切り)

現在では、このしくみ[2]の原理だけでなく、その大部分の構成成分もわかっている。それについては、次の章で述べることにしよう。ポリペプチドという細い繊維に含まれるアミノ酸残基の配列が構成する神秘的なメッセージの深遠な意味を理解するために、このしくみの詳細を理解することは必要ではない。ありとあらゆる可能な基準をもってしても、このメッセージは気まぐれに書かれたものにしか見えない[3]。しかし、このメッセージには隠れた意味があり、それは、一次元的な配列を三次元的なものに翻訳したことによってできる球状タンパク質構造になって初めて、分子を識別して機能を発揮するというまさしく目的律的な相互作用という形で、目に見えるものになる。一個の球状タンパク質は、その機能的な性質から見ると、分子レベルにおける正真正銘の機械であるが、今見たように、その基本構造としてのアミノ酸配列から見たときには、そうは言えない。というのも、アミノ酸配列は、目隠しをして選んだ文字を組み合わせるゲーム[4]の結果でしかないからである。しかし、このゲームでは、不変性を保持する装置により、偶然できた配列が捕捉され、保存され、複製されることによって、構造の秩序や規則性、つまり必然的なもの[5]に変換される。完全に目隠しをして行うゲームの中からは、原理的には何でも出てくることができ、視覚ですら出現するのである[6]。機能をもったタンパク質の個体発生つまり形態形成には、生命世界全体の起源と系統関係が反映しており、生物が表現したり、追求したり、実現したりしようとする目的・意図projetは、究極的には、このメッセージ、つまり、タンパク質の一次構造という、正確に書かれ、忠実に複製されるが本質的に解読不能なテキストの中から生まれ、顕在化してくるのである。ここで解読不能という意味は、生理学的に必要な機能[7]という、このメッセージが自発的に実現するはずのものが発現する前の段階では、メッセージの構造に表れているのがその配列がもともともっていた偶然性だけだからである。しかし、われわれにとっては、こうしたことが、まさしくこのメッセージの最も深い意味なのであり、それは、太古の昔からわれわれにもたらされたものなのである。(HN p 111–112)

(1) 分子生物学用語としては、複製はDNAについて使うが、ここでは、同じものがつくられるという一般的な意味でタンパク質が複製されると表現している。
(2) 遺伝子発現系。
(3) 配列の内的規則性がないことを指している。
(4) ここでは訳出していないが、前のページにそのゲームの説明がある。
(5) この言葉は、後で解釈し直す。
(6) 「完全に」はイタリックで強調され、ランダムであることが、何でも出てくる前提と考えられている。視覚の進化にまで言及しているので、この部分がマクロな進化までも考えたものであることがわかる。

(7) 傍線はNS。

なお、この文章については、資料2において、原文と対照しながら、詳しく解釈してある。ここでは、内容的な点について説明したい。まず、上の文章では、複製されるものがタンパク質になっているが、それは、一般向けの解説書であるために、DNAから転写・翻訳によりタンパク質ができることを、意図的に省略していると考えられ、誤りとは言えない。

問題は、目隠しをして数字を選ぶゲームというのが、何に対応しているのかである。これを素直に読むと、一つのタンパク質の配列をまるごと、カードを引いてつくるように思える。進化の過程で、配列が徐々に変化していくことで、異なる生物が生まれるというようには書かれていない。生物学がわかっている人は、これをそのように読み替えているが、素直に読むと、ゲームをするのはどのタイミングなのかわからない。タンパク質が誕生する最初だけなのか、進化の途中でも何度もゲームをするのか、それとも、複製をするたびなのか。

タンパク質のアミノ酸配列に関するこのHN第5章後半の話は、かなりわかりにくい。現在のわれわれとは違う何かを、モノーは考えていたように思える。少し前には、*ultima ratio* などというラテン語も出てくる(HN p 110)。この言葉は、生物の構造と機能の(目的律的な)合目的性の究極的な説明という意味で使われており、それが、ポリペプチド鎖の配列に閉じ込められていると書かれている。そして、個体発生のアナロジーを使って、この配列を「胚」とすると、そこから発達して立体構造をもつ機能的タンパク質(つまり「成体」)になるようなイメージが描かれている(資料2参照)。

次に、一九五二年、サンガーによってインスリンのアミノ酸配列が決められたことが述べられており、それが*ultima ratio*を突き止めたということだと書かれている。問題は、この当時の知識としては、タンパク質のアミノ酸配列をいくら眺めても、その中に規則性が見られなかったことで、そのことが、アミノ酸配列が解読不能なメッセージとされた原因である（本章2における3.の意味での偶然、p.215）。一九九番目のアミノ酸がわかっても、二〇〇番目のアミノ酸は予測できないという例が述べられている。しかし、これはおかしな理屈であって、隣のアミノ酸が配列の規則性から予測できるものでないからこそ、アミノ酸配列には情報が載っているのである。本書三章5の第5章の註（10）に述べたように、現実のタンパク質では、一アミノ酸残基当たりの情報量が二・五ビット程度であり（Dewey 1997）、これは、すべてのアミノ酸の出現頻度が等しいとしたときの可能な最大数四・三二ビットよりもかなり少なく、その差が、アミノ酸組成の偏りのほか、配列の冗長性や進化的に保存されていない配列の自由度を表している。その意味では限定的ではあるが、アミノ酸配列は予測可能であり、言い換えれば、「でたらめ配列」ではない。それが、進化の跡を表していることになる。

しかし、大筋においてアミノ酸配列は、何が書いてあるのかわからない文章のようなものであることには違いがない。モノーがアミノ酸配列の偶然性と呼ぶのが、このことであるとすれば、すでに機能するようになったタンパク質のアミノ酸配列は、偶然であるはずがない。つまり、最初に偶然的なものであっても、進化によって選択された後は、立体構造をつくったときに機能するようになっているはずである。それにもかかわらず、それを偶然の産物と言い続けるところに問題のすり替えがある。

モノーが（目的律的な）合目的性と呼ぶタンパク質機能は、本質的には、その解読不能なように見える配列の中に含まれているはずである。現在では、機能ドメインといって、特定の部分的アミノ酸配列が特定の機能に関わることが知られるようになり、タンパク質のアミノ酸配列が与えられれば、多くの場合、機能を推定することができるようになっている。したがって、モノーの言った通り、配列の中に機能が隠れているのである。その場合、アミノ酸配列は、完全に盲目的なカードゲームのようなものではありえない。原理的な話だけで考えると、あらゆる配列の組み合わせが最初にあれば、その中に、機能をもつものがあるのは当然であり、モノーの指摘があてはまるのは、その部分だけである。だからこそ、上の引用文の中で「完全に」が強調されていたのである。

しかし、すべての可能な組み合わせを試すだけの時間は、進化に要した時間では足りないので、「完全に」の条件はまったく満たされない。つまり、2.や3.の意味の偶然から、何か合目的的なものが生まれることは保証されないのである。それには、どこかで手抜きをする要領のよい選択方法がなければならない。モノーがアロステリック酵素について考えたように、酵素の部分構造にモジュール性があるとすれば、小さな機能モジュールが別々に進化し、それらが組み合わさって現在の酵素の原型ができたと説明することができる。それでも、いろいろなゲノムにコードされると推定されるタンパク質の中には、他の生物で類似のものが見つからない場合が多数あり、何かのきっかけで突然できるタンパク質がある可能性も残っている。最大限、モノーの考えにすり寄って考えると、このような要領のよい、それでも偶然的な組み合わせ法によって、「すべての」偶然性の可能性が試され、その中で、役に立つものが合目的的な装置を構成しているということになる。

そこで、最初の問題に戻って、本章3で引用した有名な一節で、モノーが述べていた、偶然から必然が生ずるしくみについて考える。偶然といっているのは、最初にランダムなアミノ酸配列の並び方が多数与えられたことを指している。おそらく、四章で触れた湯浅の最終的な疑問は、このランダムな配列の集合が一度に与えられたのかどうかという点に関わっていた。それが捕捉され、保存され、複製されるという意味は、もともとどのような経緯で生じたかはわからないが、とにかくランダム配列をもつアミノ酸配列があったとして、ごくまれに、それが、うまく細胞装置によって利用されるようになると、細胞自体の情報の一部として維持されるようになるということである。秩序や規則性になるというのは、その細胞自身がもつタンパク質の立体構造や一次構造を指している。

では、必然とは何か？　もとの言葉に戻って考えると、nécessitéというのは、細胞にとって必要な機能を果たすという意味でしかないのではないか。「必然」と「必要」はかなり意味が違うが、英語でもフランス語でも、どちらも同じ言葉で表される。他にも、HNの中には、必要という意味で使われているnécessaireという形容詞が多数あることを二章1で述べた。上の文章でも、最後の方に、「生理学的に必要な機能」という言葉があり、これは必然という意味ではありえない。すると、文脈から判断して、先のnécessitéは、このことを名詞で表現したものに相当する。つまり、ギリシアの原子論哲学における必然の意味（三章4）が、機械論的な因果性を指しているのとほぼ同様の意味合いである。では、「細胞機能にとって必要なこと」だけが必然の中身なのだろうか。

（5）モノーが必然と呼んだものは、具体的には何と何か

不思議なことに、モノーがHNの中でnécessitéと呼んでいるもので、必然と訳すべき内容をもつものがあるとすれば、冒頭のデモクリトスの偽引用の他にはない（三章4）。では、形容詞や副詞はどうかというと、以下のような用例がある（二章1）。括弧内は、それぞれ、HNにおけるページ数を示す。

1. 不変性は必然的に（目的律的な）合目的性に先行する（p 37）
2. 人間が最終的に宇宙の中で自身の崇高で必然的な立場を再発見する（p 45）
3. 弁証法的唯物論は、したがって必然的に誤りである（p 52）
4. 人間の思考は、宇宙スケールでの上昇の必然的な産物である（p 53）
5. （星雲のような）物体が必然的に存在すること（p 54）
6. われわれは、いつの時代にも、自分自身を必然的で、不可避なもので、秩序に合致したものと見なそうとしている（p 55）
7. （酵素・基質）複合体がなぜ必然的に立体特異的であるのか（p 70）
8. βガラクトシダーゼがβガラクトシドを加水分解するということと、その物質によって誘導されるということとの間には、化学的に必然的な関係はない（p 90）
9. 構造や反応性の化学的に必然的な関係はない（p 91）
10. （タンパク質複合体を指して）それぞれの単量体が別のものと取り替えることができるということを、必然的に示している（p 98）
11. こうしたネットワークの構造は、それを構成しているタンパク質の認識特性によって、必然的に決まっている（p 103）
12. そこから必然的に言えることとは、偶然だけがあらゆる新奇性の源泉であるということ（p 127）
13. 生命世界における進化は、必然的に不可逆な過程で（p 139）
14. この宇宙にあるすべてのものは、常に必然的である（p 161）
15. この選択は、必然的に二つのレベルで行われる（p 181）

16. こうした社会構造が必然的に前提としなければならない選択の重要さ（p 182）
17. ヘーゲルにとってもマルクスにとっても、歴史は、一つの内在的で必然的で好意的な計画に従って進む（p 184）
18. 価値観と知識は、常に必然的に行動に伴う（p 184）
19. 人間に、自然の中での必然的な地位を与える（p 185）
20. どんな行動にも、知識が必然的に前提とされる（p 189）
21. それが、正当性の研究が必然的に導く結論である（p 194）
22. メッセージの伝達には、必然的にそれが含む情報の一部の散逸を伴う（p 212）

これを見る限り、歴史的必然への言及や、科学的真理・因果性の言い換えとしての必然の他には、進化の不可逆性13、人間が自身を必然的な存在と信ずることができるかという問題2.、6.、14.、19.が、必然の中身である。さらに、知識が必然であるという言い方は18、20、21.であり、この内容は、次のLIでの文章でも同じである。

研究は必然的に価値の体系を導く、それは「知識の倫理」である。（EC p 167）

もう一つ興味深いのは、12.で、すべての新奇性の源泉は偶然性であるということ自体が必然であると言っていることである。このように、人間存在の必然性という概念と、知識の倫理が必然であるということ以外では、必然あるいは必然性という言葉には機械論的因果性・必要性の意味しかない。

（6）偶然・必然概念のまとめ

これまでのさまざまな議論を踏まえると、「偶然」の内容には、形式的に、次のような二通りの区別が考えられる。

1. ルーレットなどの操作的な偶然、つまり、正確なデータがあればわかるのだが、それがないという無知に基づく偶然。これに対して、知識に依存しない本質的な偶然がある。後者のようなものが果たして本当にあるのかはわからない。デモクリトスならこれも無知に含めてしまうかもしれない。

2. 具体的な時と場所はわからないとしても、統計的に予測できる事象と、予測できない事象。複雑系のカオスのように、二つの可能性のどちらかが起きることが予測できるが、具体的に与えられた場面で、どちらになるのかは、ゆらぎに依存しているため、予め決定できないようなものは、前者に入れる。つまり、ゆらぎの瞬間のデータがあれば、運命は決定できるのだが、それは無理なので、あくまでも無知にとどまるためである。量子的不確定性もこれに似ている。観測してしまえば、電子がどこにいるのかは決定できるが、観測するまでは、存在確率しか与えられないからである。

1.のそれぞれの項目は、2.のそれぞれの項目に対応するといってよいのではないだろうか。また、モノーが本質的偶然といって挙げていた独立因果系列の交差は、一見、右の二つのそれぞれ後者に対応しそうだが、よく考えてみると、アイゲンの指摘（五章4）のように、電話を受けて出かけるとか、ハンマーを落とすとか、落としたハンマーで命を落とすとか、どんな事象にも確率分布があるはずなので、実は、落としたハンマーで医師が亡くなる確率は、非常に低いにしても、統計的に予測可能なはずである。

そうしてみると、モノーが述べていたいろいろな偶然には、統計的に確率分布が存在するものが多い。先に（2）で挙げた七種類の偶然のうち、少なくとも、2.、3.、4.、5.、つまり、突然変異、配列不規則性、遺伝暗号の選択、制御系におけるモジュール性などは、これにあたる。生命や人間あるいは言語・文化の誕生がどれだけの確率をもつのかは、未だに難しい問題かもしれない。

宇宙の中で、たった一度しか起きない事象については、確率を議論できないと言われる。特に、生命の誕生のように、一度生ずると、新たな誕生を阻害すると考えられる場合、単純な統計は使えない。人間の誕生は、進化によるので、そうではないかもしれない。言語や文化も、一度生ずれば、それ以後、それが広まるだけで、別個に新たなものが生ずるということはなさそうである。しかし、生命の誕生の場合でも、系外惑星における生命や高等生物の存在の可能性を論じている現在、いくつもの類似条件の惑星があれば、その中でどのくらいの割合で生命が存在するのかという確率を求めることができる。確率があるものは、統計的な予測可能性があることになり、上で言う本質的な偶然ではなくなる。では、本質的な偶然というものが本当に存在するのかというと、簡単には思いあたらない。実はないのかもしれない。

もう一つ重要な点は、偶然と必然が本当に対立概念なのかということである。統計的予測可能性がある時、偶然とも必然ともいうことができる。さらに、偶然からでも、すべての場合を尽くしてしまえば、必然に到達することができる。現在のコンピュータによる計算手法の一つであるモンテカルロ法のように、ランダムに発生させた変数を使って、あらゆる場合から代表をサンプリングし、それらを尽くした計算をすると、解の最尤値（最適値）を求めることができる。その場合、偶然を使って必然を求めていることになる。コンピュータの乱数が本当にランダムなのかという問題はあるが、方法の原理としては、このように述べることができる。

計算をするわけではないが、同じことは、酵素の分子認識や形態形成などにもあてはまる。酵素分子は基本的にはあらゆる立体構造の可能性を（おそらく要領よく）試しながら、最も安定な構造に落ち着くのであり、分子認識でも同様である。アミノ酸残基間や分子間の相互作用は、ランダムに試されるが、最終的に落ち着く構造は最適解であって、必然である。

これに対し、進化はすべてを尽くしていないので、偶然に支配されていると考えるべきである。そのときどきで存在する生物は、おそらく、与えられた環境条件と祖先の遺伝子型の両方で決まる一過性の定常状態（局所的最適解）として固有の形質をもっているのであり、だからこそ、生物的あるいは非生物的環境の変化に伴って、生物の遺伝子型も表現型も変わっていく。偶然と必然は、一見明確な対立概念のように見えて、実は、複雑に関係し合っていると考えるべきである。

＊

次に、必然の内容について整理すると、次のようなものがある。

1. 複製系や酵素系などの機械論的な因果律。これは、デモクリトスの必然であり、モノーの必然・必要性でもある。

2. 途中でじゃまが入ったり、別のやり方をしても、同一の結果に到達するという必然。これは、運命と同じである。複雑系で出てくるアトラクターのロバストネスもこれである（連立偏微分方程式で表される系の状態の時間的推移を考え、渦巻きを巻くようにして、一定の収束点に到達する場合、これをアトラクターと言う）。アイゲン（五章4）などはこれを考えていたはずである。モノーが述べている定向進化（第7章における言語による人類の進化の加速など）は、正のフィードバックを前提としているので、この意味に近い。

3. 統計的な因果律が成り立っていること自体も、必然性と考えられる。進化における変異の固定確率は統計的に与えられる。

4. 選択などのしくみ自体がもつ必然性もある。進化において、適応度による選択が起きるというしくみ自体は、機械論的な因果律ではないが、それでもそうしたことが起きるということ自体は必然的である。2.との違いは、結果はわからないが、そうしたしくみが働くこと自体は必然ということである。イタリア語版IT（五章5）の解説者やパヴェ（四章1）を始め、多くの読者が、自然選択が必然性であるというように理解しているが、モノーはそれを明確には述べていない（第7章）。

5. 論理的に他にとるべき途がないという必然もある。モノーの言う「知識の倫理」はこれにあたると思われる。

こうして見ると、モノーが考えた偶然や必然の概念は、じつに多様である。多くの批評家が、モノーの述べたこととの一部を捉えて、偶然や必然の意味が違うという指摘をしていたが、このような多義性の中で、モノーの思想の広がりを位置づけて見るならば、話は単純ではないことに気づく。無理に偶然や必然の意味を一通りに決めてしまえば、それに照らして、モノーはおかしいというようなことは言えるが、中身の問題として、もっと深い問題を秘めているように思えてならない。

第七章　『偶然と必然』における主要な概念と論理

本章では、その他のいくつかの重要な概念について、すでに議論したことも含めて、まとめて検討したい。

(1)　モノーのジレンマ——(目的律的な) 合目的性、目的・意図

偶然や必然の他に出てくるキーワードとして、テレオノミー／(目的律的な) 合目的性 téléonomie、目的・意図 projet などがある。「(目的律的な) 合目的性」téléonomie または「目的律的」téléonomique は、HNの中で、合計七四カ所で使われている重要概念である。HNの文脈では、モノーは、(目的律的な) 合目的性という概念を否定するつもりで使っていたはずである。それにもかかわらず、『偶然と必然』を読んだ人には、この言葉が一番印象に残るため、言葉が一人歩きして、モノーの理論は (目的律的な) 合目的

性の理論であるということになった。そのため、ブンゲなどの批判がある。しかし、テレオノミーの用例は、第8章の生命の起源までであり、人類の進化を説明する第8章の後半や第9章にはない。HNの中で、人間に関わる話が異質であることの証明でもある。

HNの中では、テレオノミーの使い方はあまり明確ではなく、LIにおける定義（二章3、三章3）を参照する他はない。スコフェニルやサトラーそれにブンゲが指摘しており、モノー自身も注意しているように、生物の説明に合目的性をもち出すと、客観的な記述ができなくなることが懸念される。しかし、HNにおいて、モノーはあえて、テレオノミー概念を使い続ける。

ただ、テレオノミーにはジレンマがある。モノーの業績は、生物学的な適応現象を分子のネットワークという機械論で説明できたということであり、合目的性の代表的な現象である適応現象の価値を認めなければ、モノーの分子論的説明のありがたみもなくなる。それをできるだけ客観的な表現で表すならば、マイアの指摘する「適応度」fitnessまたは「選択価」selective value（どちらも英語）となる。しかし、一般の読者にとっては、結局、生物が生きている目標のようなものが明確に示されていないと、全体の理論を理解しにくいという問題がつきまとう。これは、生物学の理解そのものの問題でもある。

そこで、生物が生きている目標を表すのに使われる「目的・意図」を意味するprojetという言葉の内容を考えると、モノーの場合、独特である。この言葉の実存主義的意味、つまり、存在の根拠が明確ではなく、いわば「無」である存在者が、未来に自己を投げ出すことにより自己の存在を見つけ出す、あるいは創造するという意味を無視することはできない（二章2）。ちなみに、実存主義では、projetを投企または企投と訳すことが多いが、意味としては、投げかけることであり、目的をもったプロジェクト・意図でもある。モノーはHNの中でこそ、projetという言葉で統一しているが、LIやSVでは、さまざまな言葉が使われており、概念としてもあまり明確ではなかったと思われる。HNにおいて、人工物にも目的・意図があるというのは、こじつけである。さらに、HN第1章の宇宙人をもち出した生命の特徴の判断は、LI、SVにはない。これはHNだけに書かれている内容であるが、あまり成功しているとは言えない。結局、人間が「知識の倫理」を採用するという projet を引き出したいがために、HNのすべての説明をこの言葉で統一していると考えざるを得ない。

上に述べたモノーのジレンマは、現代の生命科学にも引き継がれている。生命科学では、タンパク質や遺伝子の機能を解明するというが、その機能という言葉の裏には、合目的性がある。機能という言葉には、生体分子の機械論的な動作のしくみの説明と、もっと高次な現象を支える説明という二つの意味がある。生命科学の業績は、前者だけでは評価されない。タンパク質のX線結晶解析の結果を報告する論文は、本来なら記載だけのはずだが、必ず、「これこれの現象の基礎となる構造」という表現が使われ、合目的的な機能を説明する構造を解明したという「価値付与」が行われる。これが、研究成果の評価や研究費獲得の基準にもなっていて、現代生命科学のもつジレンマ、つまり非客観性である。

合目的性は、生物が一種の精巧な機械として動作するさいに、現在の動作の目的とされることがらに照らして、動作がいかにうまく実現されているのかという説明であるが、これは循環論法である。つまり、生物＝機械は、自分でできることしかできない。したがって、結果としてできたことを後づけで目的・意図と考えているにすぎない。実は、生物は、その営みを世代ごとに繰り返してきており、同じようなことをする限りにおいて、動作や反応が最適化されていることに不思議はない。最適化ができていない生物は、長い時間で考えれば、生き残ることがない。

では、最適化はどのように達成できるのかというと、ランダムな突然変異や染色体再構成などによって起きる、遺伝子の入れ替えや改変、あるいは、発現のための条件や発現パターンの変更などによる多様化と選択である。選択は、何も外部からの圧力による選択がなくとも、同種の個体間の競争によって起きる。このように考えると、(目的律的な)合目的性は特に不思議なことではなく、過去に何度も何度も同じことを試しながら最適化してきたことの結果であり、それは、偶然生まれるようなものではない。六章6に述べた、偶然を汲み尽くして最適解を得るモンテカルロ法のようなものである。この繰り返し過程を無視して考えると、合目的性が不思議なことに見えるのである。それでも生物学の説明では、合目的性が前面に出続ける。

(2) 遺伝情報の不変性と進化の関係

モノーは、HN第2章で、生物の特徴のうちで、不変性が一番重要であることを述べ、さらに、第6章のベルクソンに言及したところでも、生物の特徴は、進化することではなく、不変性であると強調している。不変性の考え方はどうも不明確で、複製装置が精密にできていて、忠実な複製ができること、つまり(目的律的な)合目的性の表現であるように見える。とすれば、それは、進化の結果であって、不変性が進化よりも生命の本質を表す原理であるとは言えないはずである。モノーの議論では、不変性をプラトンの宇宙論やデカルトの機械論に結びつけており、結局のところ、生物は機械だと述べている。機械仕掛けだけでは、分子集合の説明まではできても、生命の説明にならないことは明らかで、自己形態形成、創発、進化などを機械論で理解することは難しい。不変性と進化の関係も不明確である。

しかし、一方で、不完全にせよ、不変的に複製するしくみを前提としなければ、生命の維持・継続ができず、進化そのものもあり得ない。逆に、もしも、複製の精度の不完全性が非常に大きくなると、ある世代でできていたことが次の世代でできなくなり、新しい優れた変異を探す以前にシステムが崩壊し、選択の原理自体が破綻してしまう。そうした意味で、不変的複製の適度な不完全性が進化には必要なのである（アイゲンのハイパーサイクル理論など参照。Eigen & Schuster 1977）。それがどの程度なのか、単に、点突然変異だけを考えるのではなく、染色体規模での大きな変化なども考慮して考える必要があるので、簡単には結論が出せない。突然変異は常に加わってくるので、世代が進むにつれて、集団の遺伝子組成は多様化するはずだが、単一の種として存続するためには、純化選択 purifying selection（英語）などの復元力が働くはずで、それにより、集団の遺伝的多様性は、一定の範囲に収まっている。新しい種が分岐するときには、その雲のような多様性の塊が二つに分かれて、それぞれの集団に属する個体間での交雑ができなくなっていく。こうした、多様性を適度に維持し続けるロバストなしくみが基本にあること（Badyaev 2011）が、進化の前提である。モノーが不変性という言葉で表すべきだったことは、このロバストネスであり、単純な複製の忠実性ではない。

（3）モノーは思想の進化をどう考えたのか

第9章の「さまざまな思想からの選択」において、思想も進化するということが書かれている（三章5）。抽象的な思想が支配する王国 Royaume abstrait は、世界の三段階論に基づいている。非生命世界、

生命世界、そして思想の王国である。これはもともとテイヤール・ド・シャルダンの思想に基づいている（三章2、四章1）。また、ここで超越を何の前提もなくもち出してくるのは、いささかふしぎである。このあたりは、ニーチェの思想からの影響が考えられる。生命世界が、物質的な細胞構造と情報としてのDNAから構成されるという二重性（註　これはのちに、生命記号論 biosemiotics の創始者であるホフマイヤーが、記号双対性 code duality という言葉で呼んだものでもある、Hoffmeyer 1993）をもつのに対して、それら全体としての生物体と生物体を抜け出した情報としての思想からなる二重性を考えると、同じような関係が考えられるはずである。そうした対比によって、モノーは思想の進化を考えたに違いない。

では、実際にどのようにして、思想は進化するのか。人間社会は集団をつくって行動するので、お互いに意思の疎通が重要で、集団の結束 cohésion を図るには、なぜそうするのかを説明することが必要である。勝ち残る集団は、それをうまく実現でき、思想的な進歩を遂げたものである。そうすると、生得的なものの考え方の枠組み catégories innées du cerveau humain（脳の機能としてのものの考え方の枠組み）として、そうした思想を支えることのできたもの、つまり、そうした遺伝的素質をもった集団が進化するはずだというのである。こうして、神話を共有できる遺伝的基礎をもった人々が生き残ったために、神話を使って集団の支配を行うことになり、社会をつくる掟が、人間の心に安定をもたらしたというわけである。それに対して、現代人は、自己の存在意義を求めなければならなくなっている。そして、「その苦悩が、あらゆる神話や宗教や哲学、さらに科学さえも生み出した」（HN p 183）。ここで、モノーは科学をこうした他の文化と同等のものと考えている。それが、この後で展開される科学的認識に基づく倫理へとつながる。

思想の進化は、集団を説得することができる能力の高さを基準として進められ、論理性や説得力のある理論の重要さは、こうしたことに基づいていて、一種の選択を受けた結果だというわけである。したがって、モノーの考えでは、思想は、神話、宗教、哲学を経て、科学へと進化したということになる。しかも、前三者は、ミツバチなど、本能によって社会性が維持されている動物とは異なり、人類が社会性動物として生き延びるための代償（le prix que l'homme a dû payer pour survivre. HN p 183）だったというのである。このようにモノーが述べている思想の進化であるが、Morange（2003）によれば、その後の歴史において、誰も評価していないという。

これに対し、進化的認識論というような立場（Vollmer 1975/2002 など）があり、人間の思考は進化の産物であるという考え方もある。社会生物学（HN第9章に一言だけこの言葉が出てくる）と呼ばれる分野は、人間の思想・心理などが、人間の生物学的条件に規定されているという立場に立ち、極端な言い方をすれば、考えることや行動のすべてが遺伝子によって決められているという（佐倉 1997 など）。これは、一九七〇年代から非常に大きな議論を巻き起こした考え方であるが、現在の進化認知科学は、こうした生物学的な基礎の上に構築されているように思える。たとえば、東京大学の進化認知科学センターの設置目的を見ると、「認知科学・言語学・脳科学という共時的な研究分野を進化学という通時的な視点から統合することを目指す」と書かれている。一方で、依然として「文科系の」心理学もあるのかもしれないが、現在では、人間のゲノムや生物学的機能に基づかない認知科学はあり得ない。人間の認識のしくみは大脳の構造に裏打ちされていて、人間が考えることも、人間の脳の進化と無関係ではないはずである。モノーはこうした立場を先取りしたのではないだろうか。

(4) モノーは複雑系、創発、自己組織化、散逸構造などをどう考えたのか

複雑系 systèmes complexes という言葉は第4章 (HN p 93) で使われ、モノーは、その意味を知っていたように思われるが、モノーの立場は、物がたくさん集まらなくても、一分子でも目的律は見られるとして、分子が多数集合する必要はない、との見解である。また、第4章の最後 (HN p 92–93) では、ケストラーのホロン説やベルタランフィの一般システム論を批判している。

ケストラーの本 (Koestler & Smythies 1969) の著者たちの多くは、生物・人間の高次機能に関して、分子生物学的な還元論が無力であることを述べており、モノーにとっては、これらを全体論／有機体論として排斥したかったようである。著者の中には、ピアジェやワディントン、ブルーナーなどの心理学者が含まれていて、こうした人々は、精神活動のような高次機能に関して、分子生物学が何かを解明できるとは考えなかった。しかし、ケストラーのホロン説やベルタランフィの一般システム理論が、根本的に、モノーのサイバネティクスと相容れないことを述べていたわけでもない。この当時のシステム論は概念だけで、実際に生物系の解析に使える理論ではなかったため、モノーが否定的な見方をしたのもやむを得ない (Monod 1974 p 371、Thorpe との質疑応答) が、モノーが第4章の最後に述べている言葉は、明らかに分子生物学的機械論を超えた内容である (三章5) ので、彼は、おそらく、現在のシステム生物学のようなものを期待していたに違いない。

＊

創発 émergence という言葉は、現在の生物学を考える上でも重要な概念である（Ricard 2006, Scott 2007, Malaterre 2010）。LIでは多用され、その意味は、LIに説明されている。

創発とは、きわめて複雑な秩序構造が複製されたり増殖したりする性質のことで、それは構造が次第にその複雑性を増しながら進化的な創造を行うことを可能にする。（EC p 152）

おそらく、これは当時の他の学者が使っていた創発と同じ意味と考えられる。ただ、この言葉の使い方は、LIの中でもまちまちで、DNAのことを、「創発の物理的な支持体」le support physique de l'émergence（EC p 155）と表現しているかと思うと、結晶化のことも「物理的世界における創発の例」exemple d'émergence dans le monde physique（EC p 156）として述べている。さらに「進化、つまり、より単純な形態からの複雑な構造の創発」L'évolution, l'émergence de structures complexes à partir de formes plus simples（EC p 157）などと、ネオ・ダーウィニズムとは対極の立場にある自己組織化進化論のような定義をしている。また、「多細胞生物は新たな協調ネットワークの出現によってしか創発することができない」Les organismes pluricellulaires n'ont pu émerger que grâce à l'apparition de nouveaux réseaux de coordination（EC p 161）などとも述べて、新たなネットワーク形成が高次機能創発の条件であると、Evo-Devo（Carroll 2005）のようなことを認めている。その先では、神経ネットワークの形成が新たな脳機能の発達につながるという意味で、創発という言葉を連発している。これらは、かなり現代に近い創発の用法であると思われ、こうした創発の概念は、スコフェニルの考え方（四章1）とも大きな隔たりはないように思われる。

問題は、モノーがそうした創発を、遺伝子の突然変異と自然選択の産物であると本当に考えていたのかということである。モノーの文章には、高次機能や進化のしくみの具体的な説明はなく、それは当時、こうしたことの分子的な理解ができていなかったので、当然である。果たして、こういう点について、深く考えていたのかどうかもわからない。スコフェニルがモノーを還元的ダーウィニズムと厳しく批判し、創発による進化を主張した時、現実には、両者の主張の中身に大きな隔たりはなく、建前の違いだけだったように思われる。

*

自己組織化と似て非なるものが、自発的分子集合による形態形成である。すでに述べたように、分子集合は自然に起きる過程で、結晶化とも類似した過程である。つまり、より安定な平衡状態に向かう過程として理解できる。これに対して、自己組織化は、非平衡開放系において、大量のエネルギーの不可逆的な消費を伴いながら起きる現象で、平衡状態になりエネルギーの供給が止まれば、構造は解消してしまう。その点で、まったく逆の現象である（Kirschner *et al.* 2000）。

細胞の増殖や胚発生などは、エネルギー供給がなければ起きず、細胞が非平衡開放系であることによって可能になっている。多くの生物学者は、この点を考えずに生物の自発性を主張するが、本当は、栄養や酸素に依存した非平衡開放系として、不可逆的なエネルギーの流れに依存している（佐藤 2011a, Sato 2012, 佐藤 2012）。もちろん不可逆過程であるから直ちに自己組織化であるとは言えないが、生物物理学・複雑系理論の立場からは、このように理解されているのが現在の考え方である。したがって、モノーは同じ後成的な過程として記述しているが、タンパク質分子が自発的に集合して複合体を形成する場合と、細胞や組織を形成する場合とでは、まったく異なることになる。分子集合の場合、構成している分子の情報にのみ依存しており、動的に形態形成を行う自己組織化とは異なる。

＊

散逸構造については、一九七二年にプリゴジーンが解説しており、スコフェニル（1973）も書いている。一番身近な散逸構造は、お湯を沸かすときの熱対流（ベナール対流）である。その特徴は、非平衡開放系において不可逆反応がある限度を越えて起きることにより、何らかの秩序構造が生まれるというものである。散逸構造には、空間的なパターン形成と時間的なリズム形成の二通りが知られている。発生のしくみの理解には、スコフェニルが述べているような勾配だけではなく、複雑系の要素を取り入れることが必要である。散逸構造は、それが形成されること自体は、再現性があり、必然であるが、どのようなパターンができるのかまではわからない。したがって、一九七〇年当時のモノーが散逸構造のことを知っていたにしても、散逸構造のような偶然的な構造から生命の（目的律的な）合目的性が出てくるとは考えていなかったのではないだろうか。これだけ博識なモノーのことであるから、知っていれば書かないはずはない。それでも、散逸構造を偶然的なものと見るか、必然的なものと見るか、解釈は分かれてくる。

（5）モノーは、分子生物学でわかったことがどのような哲学的意味をもつと考えたのか

ジャコブとモノーの研究業績である「ラクトースオペロンによる酵素合成の誘導」と「アロステリック調節」の二つは、どちらも、生物固有のことと思われた適応的な現象を、ごく単純な分子からなるしくみで説明してしまったことにより、当時の科学者を驚かせた。つまり、生物学者ならば誰でも考える生物の（目的律的な）合目的性は、分子レベルのしくみで説明可能であるということが、モノーを有頂天

にさせた原因である。この意味では、これまですべての生物学の研究の中で、初めて生命を物質からなる機械仕掛けに還元できる見通しを示すことができた画期的な研究である。モノーが哲学に言及することになる理由は、ここにある。生命を一種の機械として説明可能だと考えたからである。そして、それは、歴史上初めてのことであった。

これに対し、デカルトの機械論は、単にそう考えたというだけで、何かを証明して見せたわけではない。それどころか、デカルトは、近代的自我の発明者でもある。そこから、観念論の長い歴史が始まった。モノーも、デカルトをまねしたのである。科学的な部分は機械論で説明し、人間に関わる部分は、別の次元の論理をたてているからである。日本の哲学の世界では、モノーが顧みられることはないが、「生命の意味」という哲学の最重要問題に対するヒントを与えたという点は、哲学者がもっと理解すべきである。

このようなわけで、モノーの哲学の一部分、つまり、生命を物質に還元できるという部分は、科学的な根拠を得て、生命の機械論を打ち立てることになったが、残りの部分では、人間の特殊性を強調し、人間だけがもつ言語や思想に基づく別の世界を考えることになった。この部分は、哲学的にもまったく根拠がないと酷評された(四章)。確かに『偶然と必然』の読み方は難しいのだが、バルテルミ-マドールの言うように、人間に関わる部分を前半の還元論で説明しきれなかったのかどうか、人間に関わる哲学の部分は、前半の生命に関する理論とは切り離して考えるべきなのかどうか、筆者は必ずしもそうは思わない。

六章5にも述べたように、モノーは、人類の進化も、正のフィードバックを考えた定向進化で説明できると思っていたようなので、そこまでは、論理的整合性があったと考えるべきである。つまり、これも、序文に書かれた「遺伝コードの分子的理論」の延長としての（分子的とは言えないかもしれないが）サイバネティクスの一部なのである。しかし、これからどうすべきか、という現代の問題に対して、「知識の倫理」で臨むというところは、思想の進化の延長からも導き出されないアンガジュマンの問題である。SVでは、現代人の魂の病の部分だけが独立した話になっていることでもわかるように、これは別系統の話であったに違いない。LRでは、モノーは「知識の倫理」を採用することが論理的必然であることを、繰り返し主張している。しかし、この最後の部分だけは、実存主義に起源を求める他はないのではないだろうか。

（6）モノーの論理の不合理性

筆者の立場は、モノーの書いたことの中で、整合性のあることやつじつまの合わないことも明確にしようということである。この節では、モノーの論理のおかしなところをまとめておきたい。

（A）曖昧な論旨

バルテルミ‐マドール（Barthélemy-Madaule 1972）によって指摘されているように、モノーの言葉遣いは曖昧で、概念を定義しないで使っている。すでに、偶然や必然という言葉の多義性について述べた。それに加えて、モノーの議論では、しばしば、批判している相手の論理をそのまま述べていることがあり、それがあたかもモノーの意見のように見える場面がある。ルイセンコ論争など、結論が明らかと考えた話について、背景をきちんと書いていないため、後から何も知らずに読むと、何が正しいのかまったくわからない。

次のようなことはみな、同じ原理（弁証法的唯物論を指す）に基づいている。（中略）ルイセンコが遺伝学者たちに対して、弁証法的唯物論とは根本的に対立する理論を支持しているとして非難したことである。ロシアの遺伝学者たちの反論にもかかわらず、ルイセンコは完全に正しかった。[1]（HN p 52）

（1） 傍線部はNS。avoir raison は「誰々の言うことが正しい」という意味である。

これだけ読むと、少なくとも当時はルイセンコが正しかったことをモノーが認めているように読める。半過去が使われているので、今は正しくないということだが、モノーの考えでは、当時であってもルイセンコの言っていたことは間違っていたはずである。つまり、マルクス主義の原理に従えば、という条件で書かれたパラグラフなので、本来は条件法にしてもよい半過去である。このように、もとの文章でもかなり曖昧で、どのことを誰が言っているのかがはっきりしないことがあり、それは、日本語版の場合、なおさら不明瞭である。

（目的律的な）合目的性に関わる議論についても、前章ですでに議論したが、すでにHN第2章で、（目的律的な）合目的性よりも不変性が優先すると述べておきながら、モノーは、本の全体を通じて（目的律的な）合目的性という言葉を、括弧書きにもしないで、そのまま使い続けている。同じような例で、昔、パスツールが自然発生説を論駁したときには、「自然発生」とただ言わないで、「いわゆる自然発生」génération dite spontanée というように、いちいち表現していた（Pasteur 1922）。実際、モノー自身も第3章の中で、活性化エネルギーを説明するところで、このような表現のしかたを使っている。モノーの言葉遣いには注意が必要である。モノーが生物の（目的律的な）合目的性を主張していると考える批評家が多い（Bunge 1979）のは、このためであろう。よく読むと、「（目的律的な）合目的性のパラドクス」「（目的律的な）合目的性の究極的な〈秘密〉」（HN p 105）などの表現があり、（目的律的な）合目的性をあくまでも見かけ上の概念として用いていることがわかる（七章1）。

（B） 引用された諸理論の意味

すでに、四章のバルテルミ＝マドールによる批判や、五章の再話の中でも扱ったように、モノーが引用した哲学者、ベルクソン、テイヤール・ド・シャルダンなどからは、モノーはその思想の重要な概念を得ている。テイヤール・ド・シャルダンに関して、HNでは、世間が騒がなければ、あえて取り上げる必要もない学者だと言いながら、以前のSVでは、テイヤール・ド・シャルダンの理性的世界 noosphère を借用することが明言されている（三章2）。奇妙なことに、SVでもLIでも、ベルクソンへの言及はなかった。しかし、HN第6章では、進化の無方向性に関して、明確にベルクソンを支持している。

ベルクソンの形而上学と科学が示すこの見かけ上の収斂は、単なる偶然の一致なのであろうか。たぶんそうではない。ベルクソンは芸術家であり詩人でもあったが、一方で、当時の自然科学についてよく知っていて、生命世界のすばらしい豊かさ、つまり、そこで繰り広げられ、すべての束縛から解放され、限りなくぜいたくな創造性の、事実上ほとんど直接的な証人となるように見える、形態と行動の豊かな多様性についても敏感であったに違いない。(HN p 130)

このように述べて、ベルクソンが科学的知識に基づいて、創造的進化という説を出していること、そしてそれが、モノーの考える科学的な知識と合致することを明らかにしている。ただし、唯一の違いは、ベルクソンが「生命の原理」を進化そのものの中に見いだすのに対し、

現代生物学は、生物のあらゆる性質が、分子レベルでの保存性という基本的しくみに基づいていることを認識している。(傍線部は原文でイタリック、HN p 130)

ということである。この一連の記述こそ、ベルクソンの影響を一番強く示しているHNの最重要部分である。この周辺を含めて、このように強調が続く部分は、HNの中でもあまりない。

(C) 弁証法的なモノーの論理

モノーの議論の進め方は、いつも弁証法的であり、それは、武谷・野島(1975)やピアジェ(1977)も指摘した通りである。偶然と必然を対立させることからして、弁証法である。それにもかかわらず、弁証法を排斥するのは、当時の固定観念に縛られた社会主義者との論争や反発が原因と思われる。生命を不

変性から理解しようとするだけでは、変化を理解することはできない。弁証法を取り入れることにより、(目的律的な)合目的性を進化から理解できるようになるはずである。それにもかかわらず、生物は弁証法的ではないという(第6章)。つまり、弁証法は、最終到達点が決まっていて、それに向かって起きる変化を記述するものだからだというのである。弁証法的な方法論を使いながら、弁証法的唯物論を排斥すること自体は、矛盾ではないが、何でもかんでも弁証法はだめだというのは、モノーの一徹主義の表れでしかない。

(D) 科学的な客観性によって何ができるか

モノーの言葉遣いとして、客観性もわかりにくい。科学が果たして客観的なものなのか、という疑問もあり得るが、モノーが述べているのは、基本的に、科学=客観性である。「客観性の公準」について、後に次のように述べている(Monod 1974)。

> 客観性の公準 Postulate of Objectivity というのは、科学的知識を得るにあたって、明示的であるにせよないにせよ、目的論的原理に基づく理論をよりどころにすることを、体系的あるいは公理的に拒否することである。

モノーは客観性ということをきわめて強い基準として考えていたことがわかるが、その内容は必ずしも明確ではなく、客観性の公準という言葉遣いも批判を受けている(Monod 1974、本文の後にある質疑応答)。

モノーは、ポパーにならって、因果律ではなく、反証可能ということを科学的知識の基準と考えたので、ここでいう客観性もこのことを指しているものと思われる。

しかし、最終章で述べられる「知識の倫理」という概念は、ものごとの判断の基準、つまり価値観を、科学的な知識に基づいたものにしようという提案である。これは、すでに引用したマッセの経済理論（六章1）と合致する。経済発展のしくみを、合理的な判断でつくり上げていこうというものである。にもかかわらず、人間が抱える実存的問題を、科学によって解決できるなどと誰が信ずることができよう。物質的な豊かさや、ある程度の精神的な豊かさは、科学的な知識に基づいて合理的に計画すれば、達成することが可能であろう。しかし、『偶然と必然』で本当に問題とされているのは、人間存在の不条理であり、モノーが、それを科学で克服できると書いていることには、違和感が強い。

（E） モノー理論の最大の矛盾点——魂の病

モノーの書いていることの中で、どうしてもおかしいと思われる内部矛盾がある。それは、現代人の魂の病である。これは、人間存在の意味を見いだす根拠として、壊れかけた古き良き絆に頼りながら、近代科学文明の恩恵に浴しているという状況の矛盾から生ずると説かれている（第9章）。これは、客観的な科学が生まれたことによるものである。

ところが、それまでの人類の進化に関するモノーの論理では、言語を使うようになったことで、大脳が発達する進化が加速され、人間らしく進化してきたことや、集団の結束を高めるような説明原理をもつように人間は進化したことなどが述べられていて、どれも、ひとたび新たな機能が獲得されると、それを最大限活かすように進化するという理屈で説明されている。簡単に言えば、ラマルクの定向進化そのものである。

なぜか、この一番新しいところにだけ、この定向進化論が適用されていないのである。同じ理屈を適用するならば、客観的価値をひとたび生み出すと、それがもたらす物質的恩恵によって、客観性をより重視する方向に進化するはずである。ところが、ここだけは定向進化が起こらず、旧来の価値観と衝突し、人間の疎外が生まれるというのである。人間の疎外は事実としても、モノーの論理構成には、明らかに不整合があるように思われる。思想の進化が自然選択によって起きることには、モノー自身、疑義を述べているので（Monod 1974 p 373）、このあたりの論理構成は曖昧なままである。

これについては、二通りの説明ができるだろう。一つは、客観性という価値が生まれてから時間が十分に経っていないため、まだ、人類はその方向に十分に進化していないのだという説明、もう一つは、客観性は技術的な面だけにとどめて、精神的な価値は従来のものを引き続き採用することができるという説明である。現在の世界を見ると、むしろ後者が実際に近い。モノーは、前者の延長として、人為的に進化を加速するために、「知識の倫理」を採用しようと主張する。LRでは、むしろ、こうしたことの必然性を語っている。しかし、この部分は、モノーの理論の本質的な矛盾点であり、だからこそ、「知識の倫理」について、人々の理解が得られないのではないだろうか。

第八章　現代の科学的知識から見たモノーの科学と哲学

（1）分子生物学の理解の進展

その後の分子生物学の発展のうちで、モノーに関係する重要なものとしては、真核生物の遺伝子構造、遺伝子発現制御のしくみの解明が進み、特に、発生過程に関わる分子レベルでの制御のしくみがわかってきたことがある。大腸菌からゾウまで、同じ分子生物学の理論で理解ができると考えたこと（Monod & Jacob 1961）は有名だが、オペロンで説明できるのは細菌どまりで、真核生物の遺伝子発現制御には、さらに複雑なしくみであることがわかったため、一九九〇年頃には、真核生物は別だという考え方が強くなった。しかし、その後、転写因子の働きなどが詳しくわかり、さらにゲノム解読が進んでくると、再び、原核生物と真核生物を共通の言葉で理解しようとするようになってきた。ただ、こうした科学的な内容を解説することは本書の目的でないので、この間の経緯については、Jacob（1997）の解説や生命科学の教科書などを参照していただきたい。一つだけ取り上げたいのは、遺伝子操作の問題である。

現代分子遺伝学は、われわれの遺伝物質に働きかけて、新しい形質を加えたり、遺伝学的な「超人」をつくり出したりする手段をまったく提供してくれないばかりでなく、そうした希望が無駄だということを明らかにしている。なぜなら、ゲノムはミクロなレベルのものであって、そのようなミクロな操作は、当面、そしておそらく永久に不可能だからである。（HN p 180）

分子生物学の進歩に大きな貢献をしたモノーにとっても、この後すぐに、遺伝子操作が可能になることと、ヒトを始めとする多くの生物のゲノム構造が解読されていき、遺伝病の治療なども視野に入ってくることなど、想像だにできなかったに違いない。無理だと思った理由の一つは、ＤＮＡがミクロな情報分子であって、とても人為的に操作できるとは思えなかったからである。

この『偶然と必然』第9章は、人類の進化の方向性として、遺伝的には変わっていかないかもしれないが、文化的に変えていくことはでき、文化的な支配によって、社会をよくすることができるに違いないというテーマで書かれている。しかし、その前提が現代では変わっている。遺伝子操作はほとんど無限に可能であり、壊れた遺伝子を直すこともでき、病気の危険も予め知ることができ、さらに、個人個人のゲノムの情報に基づいたオーダーメイド医療も課題にのぼっている。そうなると、進化についてのモノーの考え方を裏返すならば、遺伝子の改変による身体的改良によって、高機能を備えた「超人」が生まれることも可能であり、それをもって新たな進化とすることもできる。超人の考え方は、ドイツの哲学者ニーチェによるものである。先の引用は、こうした実存思想がモノーに多大な影響を与えたことがわかる文章であるが、それ以上に、今や、人間の遺伝子治療や遺伝子組換え作物は、現実の課題となってきていることに、この四〇年間の生物学の進歩を実感せざるを得ない。

（2） 分子集合・細胞構造・個体発生の理解

モノーは、タンパク質分子の自己集合によって、細胞もつくられると考えていた。細胞膜については、一九七二年のシンガーとニコルソンによる流動モザイクモデルによって、脂質分子とタンパク質分子の自己集合がもとになって、膜が構築されるという理解が定着した。しかし、ミトコンドリアのようなオルガネラが、『偶然と必然』第5章に書かれているような単なる自己集合でできるわけではないことが、次第に明らかになった。

ミトコンドリアには独自のゲノムDNAが存在し、呼吸鎖の成分であるシトクロムなどの遺伝子を含んでいるが、哺乳類の場合、全部でたった一三種類のミトコンドリアタンパク質をコードしているに過ぎない。その他の約一〇〇〇種類とも言われるミトコンドリア局在タンパク質は、細胞核にコードされていて、細胞質で合成され、その後で、ミトコンドリアに輸送される。輸送には、タンパク質のN末端にある特別な配列（輸送配列）が使われるが、輸送後にそれは切断され、除去される。この他の細胞内のオルガネラについても、それぞれに必要なタンパク質を供給するしくみが次第に解明された。

重要なことは、ミトコンドリアは、すでにあるミトコンドリアを太らせて分裂させる以外に、新しくつくり出す手段はないという点である。このような保存的な複製が、他のオルガネラ（細胞内小器官）についても行われ、そのため、細胞は細胞からしか、オルガネラはオルガネラからしかつくれないことがはっきりした。そのため、部品の集合から細胞をつくり出すというような発想はなくなった。したがって、第5章に描かれたような、分子が集合して細胞をつくるというような認識は、間違いである。間違いの原因は、分子集合を、結晶成長のようなものとして考えたことにある（七章4）。実際の細胞は、代謝によって不可逆的に大きなエネルギーを消費して、大量に老廃物や熱を放出するエンジンのようなシステムである。その中から、自己の成長に必要な部品をつくり出し、はめ込み、分裂していくことができるのは、シュレーディンガーが述べたように、大量のエントロピーを外にはき出しているからである（Schrödinger 1944）。これについては、筆者も最近、簡単な解説を書いた（佐藤 2011a, Sato 2012, 佐藤 2012）。不可逆非平衡系としての生命システムについて、プリゴジーンやスコフェニルも述べていたが、現在でも、原理的なこと以上には、システムとしての理解は進んでいない。

個体発生つまり胚発生や形態形成については、一九九〇年代以降、莫大な研究があり、現在でも研究が進行中であるが、モノーの著作と直接関係することはほとんどないので、ここでは、「分子レベルの生気論」という論文（Kirschner *et al.* 2000）を紹介するにとどめておく。

（3） 遺伝子制御システムの理解

モノーの時代には、まだＲＮＡの機能が少しずつわかり始めたばかりで、むしろその中で、モノーらが一九六一年に提唱したオペロン説は、仮説の域を出ていなかった。プロモータが独自のＤＮＡ領域としてわかっていなかった時代のことである。リプレッサーやオペレータの構造や機能が、本当に分子レベルではっきりわかってきたのは、二〇〇〇年前後からのことである（一章6）。それでもラクトースオペロンは、一番よく理解が進んでいる遺伝子制御システムであることには変わりない。

一九九六年に書かれたサーカーの論文では、ミクロなサイバネティクスという考え方は、ずっと前からあるフィードバック概念の言い換え程度のものにとどまり、分子生物学、特に、真核生物の分子生物学の理解には貢献しなかったと書かれている（Sarker 2005 p 231）。しかし、二〇〇〇年以降のゲノム科学の時代になって、この状況は変わったと考えるべきである。現在では、システム生物学と呼ばれる研究分野が確立し、たくさんの遺伝子が相互に制御し合うネットワークを考え、その挙動をコンピュータでシミュレーションすることが盛んに行われている。さらに、ゲノム情報を活用すれば、全遺伝子の発現データが得られるので、この実験データと計算データをつきあわせて、ネットワークのモデルを評価することもできるようになった。その意味では、モノーがミクロなサイバネティクスと呼んでいたものが、今や大きく花開いているということができる。一九七〇年という時代に、すでに遺伝子制御系のモデルをいくつも考えて、その挙動に基づいて、生物の代謝や発生の制御ができると考えたことは、先見性があり、ノーベル賞が与えられたのも、その点に対してであったと考えられる。

最近、オペロンのモジュール性とその進化に関して、新しい進展があった。やや専門的になるが、重要なことなので簡単に紹介したい（Poelweik *et al.* 2011）。ラクトースオペロンの場合、*lacI* 遺伝子産物であるリプレッサー（LacI タンパク質）が、オペレータに結合することによって、転写を抑制する。リプレッサーに、ラクトースが異性化してできたアロラクトース（一般にエフェクターという）が結合すると、リプレッサーはオペレータからはずれ、オペロンの転写が起きる（本書一章6図2および生命科学の教科書参照）。この場合、オペロンに含まれる遺伝子は、原理的には何でもよいはずである。しかし、現実には、βガラクトシダーゼの遺伝子 *lacZ* など、ラクトース利用のための遺伝子が並んでいる。これによって、目的律的なミクロなサイバネティクスのシステムができているというのが、モノーの論旨であった。つまり、もともとこの制御系はどんなエフェクターと遺伝子の組み合わせでもよいのだが、それが進化の結果として、目的律的な、つまり、生理的に意味のある「必要な」システムになっている。通常の実験では、アロラクトースの代わりに、IPTGという人工物質を使う。つまり、IPTGを入れると、ラクトースオペロンの転写が起きる。

Poelweik *et al.* (2011) の論文(図3)では、オペロンとして、*lacZ* (少し改変した *lacZα*) のほか、*sacB*, *cmR* 遺伝子を並べてある。*sacB* 遺伝子が発現すると、ショ糖の存在下で糖の重合体を蓄積することにより、細胞の増殖ができなくなる。*cmR* 遺伝子が発現すると、クロラムフェニコールという抗生物質の存在下でも生存できるようになる。さて、このオペロンと *lacI* 遺伝子を含むプラスミドを含む大腸菌を使って実験を行う。この大腸菌を、IPTGとショ糖の存在下で三時間培養し、次にIPTGなしでクロラムフェニコール存在下で三時間培養する。これらの条件は、大腸菌の生育ができないはずの条件である。あらかじめ、*lacI* 遺伝子の部分について、試験管内で突然変異処理を行っておいた上で、この培養を三回繰り返すと、こうした厳しい条件でも何とか生育できる大腸菌が得られた。そこに含まれるプラスミドを取り出し、*lacI* 部分について、再度、突然変異処理を施して、再び大腸菌に入れ、上記の選択培養を行う。このようなことを全部で三サイクル行ったところ、よく育つ菌が得られた。その菌が含む *lacI* 遺伝子を調べると、何種類かの変異型が見られたが、どれも少なくとも三カ所に変異が見られ、その結果、ふだんはオペレータに結合せず、IPTG存在下でオペレータに結合するというように、性質が逆転していた(図4)。

これは、リプレッサーとオペロンの間のモジュール性を人工的に進化させることができたという点で、

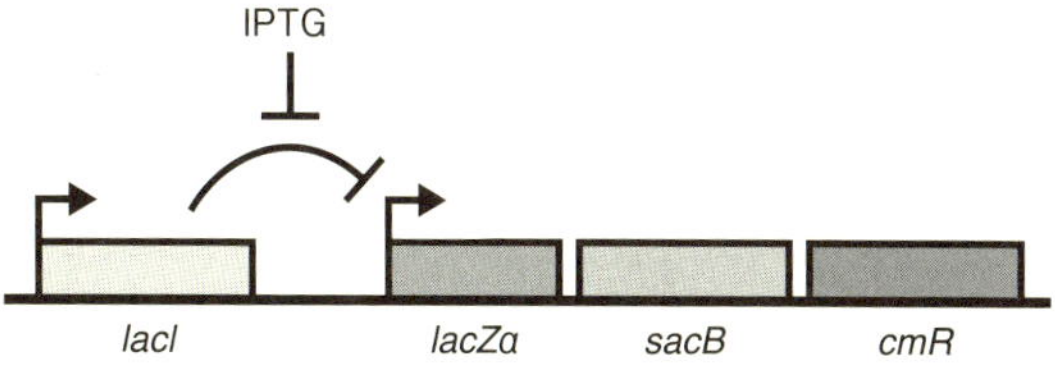

図 3　人工的につくったラクトースオペロン様遺伝子群

図 2 と比較してみると，*lacZ* のあとに *sacB, cmR* という遺伝子を配置してあることが異なる．*sacB* 遺伝子が働くと，ショ糖の存在下で，生育ができなくなる．*cmR* 遺伝子が働けば，クロラムフェニコール（抗生物質）の存在下で生育できる．IPTG があると，これら 3 個の遺伝子が同時に発現する．最初に，*lacI* 遺伝子の部分だけ取り出して，人工的にランダム（無差別）に突然変異を導入し，それをこの遺伝子システムに組み込む．この遺伝子群をプラスミドとして大腸菌の細胞に組み込み，IPTG とショ糖の存在下で 3 時間，クロラムフェニコールの存在下で 3 時間培養するということを，3 回繰り返す．これが選択にあたる．この条件は，どちらも，大腸菌がそのままでは育たない条件のはずだが，変異した *lacI* をもつ大腸菌の中には，少しは生きることのできるものがいる．そこで，さらに *lacI* 遺伝子を取り出してきて，もう一度変異を加えてから遺伝子システムに組み込んで，再度，同様の選択を行う．さらにもう 1 ラウンド同様の操作を行った結果，IPTG がある時にのみオペレータに結合するという，普通のリプレッサーとは逆の特性をもったリプレッサーをもつ大腸菌が得られた．

モノーの考えを実証したことになる。おそらく、モノーが偶然性と必然性の関係を最初に考え出したのは、このモジュール性であったと思われる。そしてモジュール性が進化によって最適化されるということは、モノー自身ばくぜんと『偶然と必然』第6・7章で書いていたのだが、四〇年経って、かなり限定的な実験とはいえ、実験的検証ができたという意味では、モノーの仮説の意義は大きい。これも「遺伝コードの分子的理論」の一つなのである。

では、こうした遺伝子制御システムを使えば、生命が理解できるのか、ということになると、未だにはっきりしない。制御システムが大事なことは確かだが、それならば、よくできた機械と同じである。テレビやパソコンは、いろいろな制御回路が働いて、いつも、

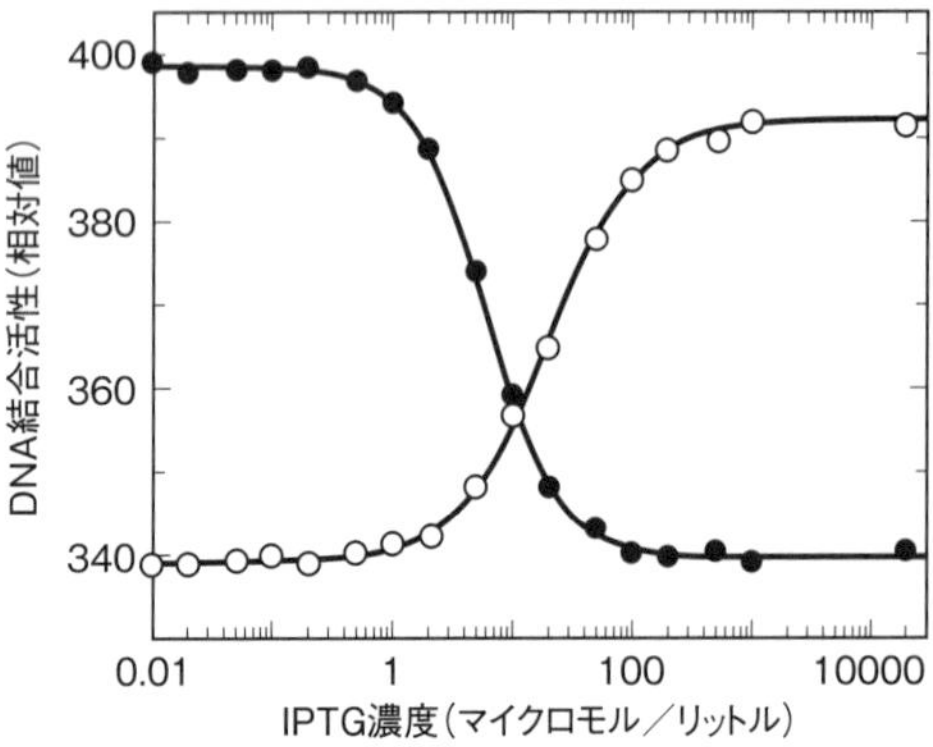

図 4　選択を繰り返すことによって得られた変異型リプレッサーが示すDNA 結合特性の IPTG 濃度依存性

黒丸は野生型のリプレッサータンパク質，白丸は変異実験で得られたリプレッサータンパク質．結合特性が逆転していることに注意．

ユーザーの都合のよいように動作している。だからといって、これらは生命体に近づいているとは思われない。それは、『偶然と必然』の第1章で、仮想的な宇宙人が生命を解析するという話と同じである。その意味では、いくら制御系を研究しても、生命の（目的的な）合目的性にはたどり着かない。

問題は、生命の制御系がもつ協同性や正のフィードバックが示す非線形な現象で、モノーの理解は、このあたりまでは及んでいなかったように思われる。Schoffeniels (1973) は、自律的に発展する散逸構造や自己組織化について言及しており、Prigogine (1972) が、*La Recherche* に散逸構造の解説を載せて、生命も散逸構造で理解できる可能性があることを述べていた（四章）。HN執筆当時のモノーも、こうしたことをまったく知らなかった訳ではないと思われるが（七章4）、むしろ、デカルト流の機械論ですべてが理解できると思っていたために、新しい複雑系物理学・生物物理学の発展を理解できなかったのかもしれない。

(4) 生命の起源の理解

生命の誕生の確率がきわめて低かったというモノーの考え方は、現在では否定されている。『偶然と必然』が出版された当時でも、Schoffeniels (1973) はすでに、太陽系以外にも惑星をもつ星はたくさんあることを指摘していた。実際に太陽系外惑星が発見されたのは一九九三年になってからである。ハワイのすばる望遠鏡による観測やハッブル宇宙望遠鏡による観測により、二〇一一年現在、その数は数百に上っている。その中でも、地球と似た環境にある惑星(いわゆるハビタブルプラネット)が発見されており、生命の存在の可能性が議論されている。このような状況のもと、Pavé (2007) は生命の出現はモノーが言っていたほどにはまれなことではないと述べている。

また、理論的に考えても、現在、地上にいる生物が基本的に同じ遺伝暗号表を使っていることは、現存する生物の起源が一つであることを示しているだけで、そもそも生命が誕生したことがどれだけまれなことであるのかについての情報を与えることはない。湯浅 (1971) も生命誕生の確率は、モノーの議論のような形では決められないとしていた。おそらく、ひとたび、ある形の生命が誕生すれば、それ以後に少し違ったしくみの生命が誕生しても、すぐに駆逐されることが考えられる。また、並行していくつかの種類の生命が誕生したとしても、その中の一つの系統だけが生き残ることは、十分にあり得ることである。代謝の効率や繁殖の効率が少しでも違えば、より効率のよい方が他を圧倒することは、微生物の混合培養実験などでも明らかである。このように、現在存在する生命が単一起源であるからといって、生命誕生の確率を議論する参考にはならない。

どのようにして、原始スープから生命が誕生したのかについては、モノーの当時からあまり大きな進展はない。たくさんの研究は行われているものの、現実に「生命体もどき」をつくってみせることには、誰も成功していない。

ただ、RNAが最初の生命にとって重要だったらしいことは、多くの研究者が認めていることである。実際にRNAワールドがあったのか、それともRNAとタンパク質が協調的に働くRNPワールドが最初なのか、詳細については議論が分かれるところである。最近のリボソームの構造解析でも、リボソームを構成するタンパク質成分とRNA成分のうちで、本当に重要なのはRNA成分であることが明らかになり、その意味では、リボソームは私たちの細胞の中に今も生き続けるRNAワールドということができる。

生命誕生が物理・化学で説明しきれるのか、それとも創発論的な説明が必要なのかについては、議論が続いている。最近では、Malaterre (2010) による著書があり、創発を実用主義的に定義するという論法で議論し、どうしても物理・化学で説明できないときだけ、創発と考えようというのである。マラテールは、創発と考えるかどうかは、そのときどきの科学的知識に依存するとし、生命出現のステップを細かく分けていけば、おそらく、それぞれのステップは、どれも物理・化学で説明可能ではないかと推論する。その結果、見かけ上創発的に思える生命の出現は、物理・化学に還元できるはずだと結論づけている。

このようにして、現代フランスの科学哲学界では、生命の起源が、物理・化学による説明ができないような特別なことではないと考えられているようだが、それは、結局、モノーの見解でもあった（第8章）。

（5）進化の理解

進化については、モノーの記述も不明瞭であるが、それを取り上げる批評家たちの取り上げ方も一方的なものが多く、モノーが書いていた内容の多義性が認識されていない。すなわち、モノーはネオ・ダーウィニズムの急先鋒という見方が強い。一方で、モノーの議論では、進化が選択によって起きるというダーウィンの進化論だけが議論され、中立説は取り入れられていなかった。中立説では、偶然性が固定されること自体が偶然によっている。木村資生の中立説の論文が出たのは一九六八年であるが、フランスに広く知られたのは一九八〇年頃になってからのようである。

中立進化があてはまるのは、主に塩基レベルでの、表現型には表れないような変異が中心で、一つの塩基の置換だけで、選択に対する有利性を獲得することは難しいと考えられる。一方で、一つの塩基の変化でも、明らかに不利な変異ならば、直ちに淘汰されてしまう。ところが、モノーの議論も含め、世間では、進化というと、個別の個体レベルでものを考えてしまいがちだが、進化を集団の問題として考える集団遺伝学という研究分野がある。一つの個体に出現した突然変異が子孫に遺伝し、世代を重ねるうちに集団内で広がり、集団の全個体に共有されるようになることを固定と呼ぶ。中立変異であれば、固定確率は集団サイズにはよらず、変異確率に等しい（斎藤 2007 など参照）。固定確率は、実は、有利な変異でも大して変わらないことがわかっている。不利な形質を引き起こす変異でも、いきなり致死になるようなものでない限りは、中立変異に比べて固定確率が著しく低いということもない。

実際、アルデヒド脱水素酵素（ＡＬＤＨ２）の変異は、お酒が飲めない表現型を与えるが、二万年前のアジアの一人に出現したと考えられる変異が、今や、アジアの広い範囲の人々に共有されるまでになっており、体内で発生するアルデヒドの解毒がしにくいため、中立よりは多少不利に違いないにもかかわらず、人間集団に広まっている中立的な変異のよい例である。

一方で、中立変異を利用することによって、遺伝子の系統樹をつくることができる。近年のコンピュータのめざましい進歩によって、非常に精巧な理論に基づく計算が短時間でできるようになり、分子系統解析はいまや進化研究になくてはならない技術になった（斎藤 2007 など）。これは、分子レベルでの進化について言及していたモノーにも予測できないことであった。

他方、動物や植物の多様な形態の進化が、単なる突然変異の積み重ねによって可能になるとは思えないという考え方は根強く、マクロな形態進化を説明する理論がないままになっていた。最近よく耳にする Evo-Devo の考え方は、そうした困難を解決すると期待されている説である（Carroll 2005, Arthur 2011 など）。マクロな形態は、胚発生の過程を経て、動的につくられるものであるので、いきなり顔の形を決めたり、手足の形態を決めることはできない。発生の過程は、段階を追って順に進み、それぞれの段階は、転写因子のネットワークによる制御に基づき、このような制御が何段階も順に積み重なることで、最終的な形態や機能が保証されている。

したがって、途中の制御の仕方が少し変わっただけでも、最終的な形態は大きく変わることがある。このように考えると、制御ネットワークの制御因子（主に転写因子）に起きた突然変異は、たった一個の塩基の変化でも、マクロな表現型を大きく左右することが考えられる。こうした考え方に基づいて、マクロな形態であっても、突然変異と自然選択による、基本的にはネオ・ダーウィニズム（総合説）に基づく理解が可能であると信じられている。その場合、単なる突然変異とアミノ酸変異ではなく、遺伝子制御ネットワークと発生プログラムが土台になっていることが重要である。そうした前提の上で、モノーが考えたような突然変異と自然選択による進化が、高等生物の進化のしくみの説明ともなり得るのである。

もう一つの進化に関する重要な考え方は、細胞内共生である。これについても、昔から学説はあったが、本格的に信憑性が増したのは、リン・マーギュリスの『真核生物の起源』（Margulis 1970）によってである。マーギュリスは、それまでに得られていたデータをもとに、ミトコンドリアと葉緑体の起源が、それぞれプロテオ細菌とシアノバクテリアであることを提唱した。その後、遺伝子の配列情報が得られるようになり、ミトコンドリアと葉緑体のゲノムの配列も多数の生物で判明したことにより、この細胞内共生説に疑いをもつ研究者はなくなった。

細胞内共生で重要なことは、ミトコンドリアや葉緑体というエネルギー産生系オルガネラの獲得により、細胞の生き方が根本的に変わったことである。原核細胞はそのまま大きくなろうとしても、十分なエネルギー産生ができないので、無理であることもわかってきた（Lane & Martin 2010）。小さなオルガネラを多数もつことによって、ゲノムサイズを大きくすることなく、細胞の代謝を高めるとともに大きな細胞を実現することができる。こうした基礎の上に、初めて、多細胞化による大型の生物の誕生が可能であったと考えられている。一方で、こうしたオルガネラを受け入れた真核細胞にも大きな変化があったはずであり、真核生物特有の新たな遺伝子をつくり出すことも起きたと考えられる。こうした点は、比較ゲノム研究によってかなり明らかにされてきており、細胞内共生由来の遺伝子と真核生物独特の遺伝子の両方が相まって、オルガネラの機能を支えている（Sato 2001 など）。

さらにもう一つの重要な進化的できごとは、水平移動（horizontal gene transfer, lateral gene transfer、英語）である。細菌の世界では、ある細菌から別の細菌に遺伝子が移動して機能していることがしばしばある。たとえば、根粒菌という細菌は、マメ科植物の根に寄生して根粒をつくり、そこで、植物から炭水化物を得ながら、窒素固定を行い、植物に窒素源を供給する。この性質は、ひとまとまりの遺伝子のブロック（共生アイランド）にコードされており、その全体がまとめて他の細菌に移動することにより、新たに窒素固定能を獲得した細菌が、根粒を形成する。この他、多くの遺伝子が細菌の間で移動し合っていることがだんだんと明らかになってきた。

いまや、細菌の世界では、昔ながらの意味での単純な二分岐の繰り返しによる系統樹が考えにくくなってきている。細胞内共生にしても水平移動にしても、それまでその生物とは関係のなかった遺伝子が入ってくることによって、生物の生き方が大きく変わり、今度はその遺伝子によって得られた機能をできるだけうまく活かすように、新たな進化が始まる。これは、ラマルクの定向進化に通ずるものがある。変異と選択による進化に関するモノーの考え方のうちには、canalisation、つまり、ある進化が起きるとそれによって選択圧が変化し、ある方向への進化が促進されるという概念や、co-adaptation、つまり、二つの形質が一緒に進化していくという概念がある（Badyaev 2011, Arthur 2011 など参照）ように思われる。人間の進化に関するモノーの考えはまさしくこの canalisation/co-adaptation であると考えられる。確かにこれらも偶然の産物に違いない。しかし、モノーが人類の進化について言語の役割を指摘したように、ひとたび重要な機能を獲得してしまえば、それから先は、いままでとは異なる生き方が始まり、つまり、異なるニッチを獲得し、異なる選択圧を受けることになる。こうした現象は、単純にダーウィニズムとからラマルキズムという原理的な議論だけでは、進化を理解できない複雑さを表している。

ここまで述べた進化の理解は、結局のところ、ダーウィンの理論とは違うにしても、機械的な進化の理解の延長線上にあると言ってもよい。それに対して、本書四章で引用したカウフマンなどの考え方は、生物進化が創発的な過程であるというものである。これは、本当に新しい形質が、突然変異だけでできるわけがない、という強い信念の表明であった。カウフマンは、自己組織化という考え方を示して、生物が自ら新しい形質をつくり上げていくことを提唱した。しかし、現実の進化の中で、それを実証することは難しく、機械論と自己組織化論の間には大きな溝があった。

これに対し、Badyaev (2011) は、表現型の変異、遺伝子型の変異、自然選択、発生過程の変異を区別して、それぞれが進化において果たす役割を整理した。つまり、ダーウィンの進化論では、遺伝子型が考慮されていなかった。ネオ・ダーウィニズム(総合説)では、発生過程の変異が考慮されていない。これに対して、上述の Evo-Devo の考え方は、発生過程を重視するが、遺伝子型との関係が明確にできていない。バディアエフは、個体の生活環に注目し、生活環の各段階で受ける自然選択がそれぞれ異なることを考慮すると、幅広い条件にさらされるようにすることで選択圧の個体差を少なくし、それによって、変異を蓄積しながら、大きな進化を実現することができるというような仮説を提示している。エピジェネティクスは環境への柔軟な適応を可能にし、同じように選択圧のばらつきを少なくし、進化を促進する効果がある。

最近、『進化的革新の諸起源』という本が出版され、創発的な考え方と機械論的な考え方の橋渡しをするような理論が示されたことは注目に値する (Wagner 2011)。ワグナーは、遺伝子型の多様性の場を考え、一つの表現型を可能にする遺伝子型が多数存在すると考えた。しかも、一つの遺伝子型をもつ個体の表現型にも可塑性があり、ばらつきがあると考える。そのため、ある遺伝子型をもっている時に、その集団の中では少数派がもつ表現型が、別の遺伝子型をもつ集団では多数派になっていることがある。つまり、同じ遺伝子型をもつ集団は、自己組織化を通じて特定の表現型を強く表すが、ここに自然選択が働くと、表現型の選択を通じて、遺伝子型が移行する。このような形で、可塑性が自己組織化と自然選択の働きを受けることによって、進化が可能になると考えた。自己組織化を含む創発的とも見える過程も、ダーウィニズムと矛盾するわけではなく、また、ラマルキズムとも矛盾しないことに注目すべきであろう。こうして、ポストゲノム時代になって、進化の理論も新たな段階に入ったのである。

(6) 科学と哲学・倫理との関係

『偶然と必然』において、最もふしぎに思えるのが、最終章最後の理想的な社会主義の提案である。社会の理想として、社会主義を考える根拠が不明確であるし、そもそもモノーが考える社会主義の定義が説明されていない。当時は一九六八年の五月革命があり、社会主義ということがあたり前だったということがあるのかもしれないが、むしろ、マルクス・エンゲルスの向こうを張って、科学に基づく本当の社会主義をつくろうと考えたように見えるのが、日本の読者にとって、最も違和感が強いところである。おそらく、社会主義とマルクス主義は分けて考える必要がある。フランスでは、社会主義は一般的な思想であったようである。

この点について、その後の展開がどうであったのかと言えば、一九八九年のベルリンの壁崩壊に続くソビエト連邦の崩壊、東ヨーロッパの脱共産主義化と、今や、共産主義や社会主義はまったく人気のない話題になってしまった。かろうじて残った中国の経済は完全に資本主義経済に飲み込まれており、キューバの経済は破綻している。今日、共産主義や社会主義に希望を見いだそうと考える人はいないだろう。それどころか、中東情勢の膠着化につれて、イスラム教とキリスト教・ユダヤ教の争いが厳しくなり、モノーが考えるような、宗教からの脱却どころか、むしろ、宗教が人々の心を強く支配するようになっている。こうしたことを考えたとき、実存的不条理を科学的価値観で克服するどころか、実存的不条理を感じないような、古き良きアニミズムへと回帰する方向にも進んでいる。アメリカでも、非常に保守的なティー・パーティーなどの動きに見られるように、人間の心の問題は、宗教的解決や愛国心などによる解決の方が手っ取り早い。人間は社会的動物である。社会全体の人々の方向についていくことで、個人的な実存的不安を隠蔽できるのなら、アニミズムに頼り続けることも、充分あり得ることだろう。

そのときに、科学が本当に人を救うことができるのなら、それでも人はついていくだろう。しかし、ことあるごとに、科学技術の問題が露呈すると、人々の信頼は得られない。おそらく本当は、科学に基づく技術というのは、非常に困難なものなのであろう。何重にも起こりうる不測の事態に対応する万全の安全策を尽くさなければならないのだろうが、それは採算とは矛盾する。経済的な合理性は、科学を貫徹させないこともある。原子力発電が秘める危険性を、二〇一一年以前に誰が真剣に考えただろうか。わかっていても公にすることは、いたずらに混乱を招くとして、誰も本当のことを言わない。後からなら何とでも言えるが、簡単な問題ではない。実際問題として、採算というのは非常に微妙なバランスの上に成り立っていて、為替の変動や勤務条件、電力事情など、さまざまな条件によって容易に変わるものである。人間生活が、経済に依存している以上、経済的合理性は、以前にも増して重要になっている。それは、科学的合理性とは別物である。まして、人間の心を支える宗教や社会集団のつながりとも別の次元にある。人間社会を動かすしくみを語らずに、人間の不条理が偶然性によって説明されるといっても、説得力も、解決策もない。こうした意味で、モノーが提示した問題点は、未だ未解決のままである。

おわりに――四〇年後のいま、モノーに答える

本書では、一章から三章で、モノーとその著作を紹介し、四章と五章で、さまざまな批評や翻訳書の扱いについて述べた。これらを背景として、六章と七章では、モノーの考え方を詳しく検討し、さらに八章では、この四〇年間を振り返って、モノーが述べていたことの当否と、現代的意義について解説した。最後に、これまで述べてきたことを、ここでまとめることにより、四〇年前のモノーの問いかけに対する私の答えとしたい。

『偶然と必然』の構造

『偶然と必然』は、一般には、還元論的ネオ・ダーウィニズムとして、ベルクソン、テイヤール・ド・シャルダン、マルクス主義などを排斥したように紹介されているが、これは、訳者による解釈に基づいている。モノー自身は、還元論などは知らない、自分は分析的手法をとっているだけだと述べている（Monod 1974p 371）。ところが、モノーの思想を述べた他の著作（コレージュ・ド・フランス開講講義LI、ノーベルシンポジウムSV）には、もっと直接的に、モノーの考え方が表現されている。それらを総合すると、モノーは、実際には、上の三つの思想から、進化の無方向性、理性的世界の概念、弁証法をそれぞれ借用し、それらに基づいて科学的必然を装った自説を構築したことがわかる。

『偶然と必然』が内包する問題点は、本当は複雑なことがさまざまに述べられているにもかかわらず、全体があたかも還元論に基づいて論理的に統一されているような体裁をとっていることである。モノーにおいては、還元論と創発論（開講講義では（目的律的な）合目的性と同じ意味で使われている）は区別されておらず、創発を突然変異で説明したつもりになって、全体が書かれている。モノーは非常に厳格な論理を貫く性格のもち主であったことが、Morange（2010）にも書かれている。そのため、『偶然と必然』で述べられた多様かつ矛盾した考えを、あえて、一つの概念で貫いているように装ったと考えられる。作者がどのような意図であったにせよ、後のカウフマンなどが述べたのとほぼ同じことを、モノーは表現していたのではないかと、私には思われる。しかし、モノーが述べようとしていた思想の中心は、冒頭の引用にあるカミュの『シジフォスの神話』に表れている人間存在の不条理を説く実存思想であった。

『偶然と必然』を構成するモジュールは、次のようになる。

1. 生命に関する理論の紹介
2. オペロン説とアロステリック制御におけるモジュール性に基づく目的律的な機構の紹介
3. 生命の誕生と人類の誕生の偶然性＝人間存在の不条理（実存思想）
4. 科学的客観性に基づく価値観（科学的実存主義）

『偶然と必然』の「知の考古学」

これまで、分子生物学や進化論の面からしか扱われていないモノーであるが、その考え方を分解して思想マップに展開することを、最初に、本書の一つの目的として掲げた。上にまとめたように、相互に独立したいくつかの話題が、『偶然と必然』という作品を構成していることがわかった。生命の（目的律的な）合目的性という、古来議論の的となってきた重要なテーマが扱われているものの、本質的には還元論・機械論で理解するのだという。しかし、その議論を細かく見ていくと、必ずしも還元論・機械論ではない要素がさまざまにちりばめられている。進化の理解も単純ではなさそうであり、ラマルキズムすらも含まれているように思われる。そして、何よりも議論の中心は、人間存在の意味である。生命が誕生したのも、人間が生まれたのも、みな偶然であり、宇宙にはそうした必然性はなかったのだと考えるとしても、それが、科学による成果なのか、信念に属する思い込みなのか、明確ではない。こうした意味で、『偶然と必然』を構成するさまざまなディスクール（discours、デカルトの『方法序説』の「序説」を表す言葉だが、フーコーの著作の翻訳では言説と訳される。作品を構成する個別の話の筋のこと）自体がモジュール的であり、相互に必然的な論理関係によって結びつけられていない。

その意味では、これは、フーコー流の「知の考古学」の格好の題材ということができる。モノーが示したように、モジュールを組み合わせることによって目的律的な制御系ができるとすると、ディスクールを組み合わせることによって、未来に向けた優れた思想体系ができるのだろうか。モノー自身、自分の論理がモジュールの組み合わせだったとは思っていなかったに違いないが、『偶然と必然』のもつ二重のモジュール性、つまり、モジュールを組み合わせることによる（目的律的な）合目的性の構築と、モジュール的なディスクールの組み合わせによる独自の思想の構築は、この本のもつ多義性を表しており、「知の考古学」の発掘現場となっている。

コンピュータ社会と「理性が支配する王国」

中でも最も中心的なディスクールとして、これからの問題解決策として、不条理を科学によって克服するということがある。これは、分子生物学的な話とは切り離された独自のモジュールを構成しているが、いわゆる科学至上主義とは異なり、いろいろな問題点の存在を示した上での提言であり、その妥当性は別として、他にはない指摘である。というのも、ニーチェは、不条理を超越していく「力への意思」(超人の思想)を述べ、サルトルは、不条理＝無を、投企・アンガジュマンで克服するとした。これらに対し、科学＝客観性が切り札となるという考え方の難しさは、八章の最後でも指摘した。その後の世界的な経済・政治の混迷は、アメリカから始まった金融危機におけるコンピュータによる投資合戦の失敗や、繰り返される原発事故などに象徴されるように、科学的な技術に基づいて、合理的に人間社会を導いていくということへの信頼を失わせる結果となっている。しかし、依然として、それに代わる考え方があるわけでもない。

現在、日常生活には、次々と便利なアイテムが入り込み、われわれは何でもコンピュータに依存した生活にのめり込んでいて、重要な価値判断ですら、コンピュータが提供する情報に依存するようになってきている。これは、モノーが考えたものと同じではないにせよ、客観性が支配する世界、つまり、「思想の王国」の姿なのではないだろうか。『偶然と必然』の読者は、第9章を読んで、「知識の倫理」など空想だと思ったかもしれないが、現実の今の社会こそ、知識がすべてを支配する世界そのものなのではないかと疑ってみたくなる。このまま、コンピュータが支配する世界になっていって大丈夫なのか、結局、問題はいつまでもめぐり続けている。

忘れられた実存

『偶然と必然』という本は、学問的な内容を人間の生き方に結びつけるという、アリストテレス以来の思想史の伝統を受け継いでいるばかりでなく、著者の強い意向とは裏腹に、生命に関する還元論と全体論の葛藤も反映した多元的な思想マップを垣間見せてくれている。一九六〇年代は、第二次大戦後二五年を経て、その後世界がしばらく安定していた時期であった。一方、一九六八年の世界的な学生運動の波は、戦後ベビーブームによる学生数の劇的な増加の反映でもある。『偶然と必然』において提示された人間の実存的苦悩は、戦後の世界を映し出す思想的背景の中ではぐくまれたものである。

こうした実存的苦悩や人間の疎外という言葉は、最近あまり聞かれない。それは、問題がなくなったということではなく、関心を誘わなくなったということに違いない。現実に、人口爆発や核兵器や環境の問題は今でも変わらないし、貧困や格差はますます深刻化している。もはや、問題は、個人としての人間と世界との関係ではなくなってしまったために、実存が語られなくなったのかもしれない。その意味では、『偶然と必然』は、モノーによる生物学的な発見その他の偶然的要因はあったにしても、その時代の必然であったのかもしれない。現在から見た時、そこに書かれていることそのものは、あまり参考にならないが、科学と社会をめぐる問題が複雑であること、いろいろ考えるべきことがたくさんあり、一つの考え方で割り切ることができないことを、改めて考えさせてくれる。そして、上に述べたように、案外その予言はあたっているのかもしれない。

生命の理解

一方、生命に関する問題だけに絞って考えてみた時には、どのようなことが言えるだろうか。ゲノム解読によって、生命を与える情報の全体像がすべて表に出てきた。さらに、その情報の中身も、かなりの部分は解読された。生命体を構成する部品の重要なものはすでに判明している。では、それによって、生き物がつくれるのか、というと、実は、生身の生き物の装置を借りない限り、思うようにシステムを構成することはできない。そのため、生命の問題を、現実の生物から切り離すことがなかなかできない。

すでに、複雑系理論によって、生命のなぞの本質的な部分はほとんど解けていると私は感じている（佐藤 2012）のだが、生命の研究の大部分は、医療や生産などへの応用のため、依然として、生物の体のしくみの詳細な解明に向けられている。これに対して、生命というのは、個別の生物体を離れた概念であるはずである。

モノーが取り組んだのは、生物のもつ生物らしさが、それ自身として生きているとは言えない生体分子の相互作用によって説明できるという最初の可能性を、明らかにしてみせたことである。一九七〇年という時代に、すでに、サイバネティクスの名の下に、合成生物学の基本的概念を確立していることは、むしろ今日的なモノーの科学的な意義として見直すことができる。言い換えれば、モノーは、ネットワーク解析や合成生物学の元祖である。生命の合成というタブーに挑んでいくという、こうした今日的な問題を、すでに四〇年前に提示していたという点で、『偶然と必然』には、今日的な意義がある。ただし、物質と生命の関係、代謝活動や細胞活動とは別のレベルにある知的活動の解明の可能性、そして、こうした知識と人間の感情や意思とのかかわり合い、こうしたことが理解できるようになるのかどうか、モノーが四〇年前に提示した生命に関する課題は、依然として今日的な問題である。

人間の偶然性と必然性のいま

最後に、モノーが語った人間存在の偶然性について、私の考え方を述べておきたい。モノーは、人間が宇宙に生まれたのは偶然だと述べている（第8章 HN p 161、第9章 HN p 185 など）。これを、ショエーは、いわば「事故」のようなものと表現した（Choay 1970）。ところが、現実の人間という生物は、二通りの形で、世界に組み込まれている（佐藤 2011a, Sato 2012 など）。私はこれを「めぐりめぐむ生命」という言葉で表している。これについては、佐藤（2012）でまとめて述べたので、ここでは簡単に触れるにとどめたい。一つは、代謝や生態系といったエネルギーの流れと物質の循環で、人間の生存は、究極的には、太陽の光エネルギーが、宇宙に熱エネルギーとして散逸する過程の一部をなしている。人間の思考も、もとをたどれば太陽の光によって可能になっている。もう一つは、遺伝子や進化の問題で、それぞれの人の遺伝子は、必ず世界の誰かと共有しており、世界中の人類は遠い親戚にあたる。また、人類のゲノムは他の生物のゲノムと系統関係によって結ばれている。このようにして、人間は、この生命世界において、しっかりとした位置づけをもっている。具体的にこんな形をした人間が生じたのは、偶然とも言えるが、他の生物の進化があって生まれてきたという意味では、進化の必然とも言える。実存主義では、人間が世界の中に突然ぽつんと放り込まれているというところを出発点にするが、現実の人間にはしっかりとした存在の根拠がある。この考え方は、プリゴジーンの考え方に近いのかもしれない。根拠がないのは、人間というカテゴリー・イデアの問題に違いない。震災をきっかけとして人々の絆が意識される今日、偶然的な人間の存在という高次の哲学的命題が、果たしてどれだけの意味をもつのだろうか。こうした命題も、人間を勢いづけてこそ意味があるように思える。その意味では、モノーのように理性によるのではなく、ニーチェのように力への意思によって苦境を乗り越えていくという思想が、いまの日本にはふさわしいように思う。

外国語を知る意義

翻訳は誰にとっても難しい。『偶然と必然』のような、一般向けを装いながら、非常に専門的な内容の本の翻訳は、時間をかけて、関連資料も調べながら行う必要がある。このため、私は、本書全体にわたり、私自身の訳文を提供し、また、あえて訳文の検討を資料2として加えることにした。

私は、折に触れて、フランス語など、英語以外の言葉の習得が、本当の国際化に必須であると説いている（佐藤 2011b）。特に自然科学の基礎をつくるのに大きく貢献したのは、フランスの科学者であり、フランス語で書かれた研究論文であることが、現在の日本では忘れられがちである。しかし、現状は、国際化イコール英語の普及といいながら、英語の実力も衰退しているという、実に嘆かわしい状況にある。英語教育もよいが、世界は英語だけで動いているわけではない。新興の中国なども大事だろうし、いまだに国連の公用語であるフランス語は、依然として大きな重要性をもっている。私は、第二外国語の今ひとたびの普及を呼びかけたい。

金子邦彦　生命とは何か　第二版　複雑系生命科学へ　A5　三六〇〇円

日本宇宙生物科学会／奥野・馬場・山下編　生命の起源をさぐる　宇宙からよみとく生物進化　四六　二八〇〇円

長谷川寿一・長谷川眞理子　進化と人間行動　A5　二五〇〇円

山極寿一　家族進化論　四六　三二〇〇円

多田　満　レイチェル・カーソンに学ぶ環境問題　A5　二八〇〇円

ここに表示された価格は本体価格です．ご購入の際には消費税が加算されますのでご了承ください．

著者略歴

佐藤直樹（さとう・なおき）

1953年　岐阜市に生まれる

1981年　東京大学大学院理学系研究科博士課程単位取得後退学

東京大学理学部助手，東京学芸大学教育学部助教授，埼玉大学理学部教授を経て

現　在　東京大学大学院総合文化研究科教授，理学博士

主要著書　『生命科学』（共著，2006年，羊土社）

『光合成の科学』（共著，2007年，東京大学出版会）

『図説生物学』（共著，2010年，東京大学出版会）

『エントロピーから読み解く生物学——めぐりめぐむ わきあがる生命』（2012年，裳華房）

40年後の『偶然と必然』
——モノーが描いた生命・進化・人類の未来

2012年8月23日　初　版

［検印廃止］

著　者　佐藤直樹

発行所　財団法人　東京大学出版会

代 表 者　渡辺　浩

113-8654 東京都文京区本郷 7-3-1 東大構内

電話 03-3811-8814　FAX 03-3812-6958

振替 00160-6-59964

印刷所　研究社印刷株式会社

製本所　誠製本株式会社

ISBN 978-4-13-063333-8　Printed in Japan

事項索引

「偶然」「必然」は立項しなかった．イタリックの数字は巻末の資料 1, 2 のページを指す．

人名索引

「モノー，ジャック」は立項しなかった．イタリックの数字は巻末の資料 1, 2 のページを指す．

ナ行

ハ行

マ行

ヤ行

ラ行

ワ行

アルファベット

引用文献

『偶然と必然』各国語版

Monod, Jacques (1970) Le hasard et la nécessité. Essai sur la philosophie naturelle de la biologie moderne. Seuil, Paris: **HN** と表記（原書）．この他，1989 年の再版には，Henri Laborit による解説がつけられている．France Loisirs, Paris: **HN1989** と表記．

ジャック・モノー（1972）『偶然と必然――現代生物学の思想的な問いかけ』渡辺格・村上光彦訳，みすず書房：**JP** と表記（日本語版）．

Monod, Jacques (1972) Chance and Necessity. An Essay on the Natural Philosophy of Modern Biology. Translated by Austryn Wainhouse. Vintage Books, New York（ポケット版）: **US** と表記（英語版）．単行本は 1971 年発行，Alfred A. Knopf, Inc., New York. イギリスでは，同じ翻訳で，1972 年出版，Collins, London.

Monod, Jacques (1971) Zufall und Notwendigkeit — Philosophische Fragen der modernen Biologie. Vergesetzt von Friedrich Griese. R. Piper & Co. Verlag, München．副題は直訳すると「現代生物学の哲学的諸問題」となる：**DE** と表記（ドイツ語版）．

Monod, Jacques (1970/1997) Il caso e la necessità. Saggio sulla filosofia naturale della biologia contemporanea. Tradizione di Anna Busi. Oscar Mondadori, Milano.（ポケット版 Oscar classici moderni）．単行本は 1970 年に Arnoldo Mondadori Editore S. p. A., Milano より刊行：**IT** と表記（イタリア語版）．

モノーの著作

Monod, Jacques (1988) Pour une éthique de la connaissance. Textes choisis et présentés par Bernardino Fantini. Éditions La Découverte, Paris. 書名は『知識の倫理』．小論文を集めて，B. Fantini による紹介文を載せたもの：**EC** と表記．本書に特に関連する主な 2 つの論文は，以下に別項目として記す．

Monod, Jacques (1970) La science et ses valeurs. Conférence lors des Rencontres Nobel 14 (Nobel Symposium 14: The Place of Value in a World of Facts in 1969), Fonda-

tion Nobel. Traduit de l'anglais par Marie-Brigitte Foster. ノーベルシンポジウム要旨「科学とその価値観」(EC 所収 6 章): **SV** と表記.

Monod, Jacques (1967) De la biologie moléculaire à l'éthique de la connaissance. Leçon inaugurale faite le vendredi 3 novembre 1967 au Collège de France. コレージュ・ド・フランス開講講義「分子生物学から知識の倫理へ」(EC 所収 7 章): **LI** と表記.

Monod, Jacques (1971) On the logical relationship between knowledge and values. In "The Social Impact of Modern Biology" (Edited by Fuller, W.), pp. 11–21. Routledge & Kegan Paul, London. 本のタイトルは『現代生物学の社会的インパクト』だが, 全体の翻訳はない. モノーの講演の部分の邦訳は村上光彦訳(1971)「知識と価値との論理的関係について」みすず 145 号, 25–36: **LR** と表記.

Monod, Jacques & Jacob, François (1961) Teleonomic mechanisms in cellular metabolism, growth, and differentiation. *Cold Spring Harbor Symposium on Quantitative Biology* **26**, 389–401. モノーがテレオノミーを最初に使った発表論文.

Monod, Jacques (1974) On *Chance and Necessity*. In "Studies in the Philosophy of Biology. Reduction and Related Problems" (Edited by Ayala, F. J. & Dobzhansky, T.), pp. 357–375. University of California Press, Berkeley.『偶然と必然』刊行後に, この本についてコメントを述べた学会発表論文.

パスツール研究所発行専門誌 *Research in Microbiology* モノー生誕 100 周年記念号掲載論文

Ullmann, Agnes (2010) Jacques Monod, 1910–1976: his life, his work and his commitments. *Res. Microbiol.* **161**, 68–73.

Legout, Sandra (2010) Jacques Monod (1910–1976) and his publications in the "Annales de l'Institut Pasteur". *Res. Microbiol.* **161**, 74–76.

Morange, Michel (2010) The scientific legacy of Jacques Monod. *Res. Microbiol.* **161**, 77–81.

モノーの伝記・追悼文

Crick, Francis H. C. (1976) Obituary: Jacques Lucien Monod. *Nature* **262**, 429–430.

Lwoff, André & Ullmann, Agnès (1979) Origins of Molecular Biology: A Tribute to

Jacques Monod. Academic Press, New York.『分子生物学の起源』というタイトルで，ルヴォフやウルマンを始めとする多くの研究者によるモノー追悼の論文をまとめたもので，本書では，主にルヴォフの文章を参考にした．

Institut Pasteur Web site: Jacques Monod (1910–1976). http://www.pasteur.fr/infosci/archives/mon0.html

Stanier, R. Y. (1977) Obituary. Jacques Monod, 1910–1976. *J. Gen. Microbiol.* **101**, 1–12.

欧文引用文献

Arthur, Wallace (2011) Evolution. A developmental approach. Wiley-Blackwell, Atrium.『進化——発生学的アプローチ』

Badyaev, Alexander V. (2011) Origin of the fittest: link between emergent variation and evolutionary change as a critical question in evolutionary biology. *Proc. Roy. Soc. B* **278**, 1921–1929.「最適者の起源——進化生物学の重要問題としての創発的変異と進化的変化のつながり」

Barthélemy-Madaule, Madeleine (1972) L'idéologie du hasard et de la nécessité. Seuil, Paris.『偶然と必然のイデオロギー』

Brun, Jean (1968) Les présocratiques. Presses Universitaires de France, Paris.『ソクラテス以前の哲学者たち』

Bunge, Mario (1979) Some topical problems in biophilosophy. *J. Social Biol. Struct.* **2**, 155–172.「生物哲学におけるいくつかのトピック的な問題」

Camus, Albert (1942a) L'étranger. Gallimard, Paris. カミュ (1954)『異邦人』窪田啓作訳，新潮文庫など．

Camus, Albert (1942b) Le Mythe de Sisyphe. Gallimard, Paris. カミュ (1969/2007)『シーシュポスの神話』清水 徹訳，新潮文庫（本書では『シジフォスの神話』と表記）．

Camus, Albert (1957) L'Éxil et le Royaume. Gallimard, Paris. カミュ (2003)『転落・追放と王国』大久保敏彦・窪田啓作訳，新潮文庫所収．

Carroll, Sean B. (2005) Endless Forms Most Beautiful. The New Science of Evo Devo and the Making of the Animal Kingdom. Weidenfeld & Nicolson, London.『無限が最も美しい生物を作る——エヴォ-デヴォの新しい科学と動物界の構築』

Centre d'Études Prospective (1969) L'homme encombré. Prospective 15. Presse Uni-

versitaire de France, Paris.『八方塞がりの人間』
Choay, Jean (1970) Jacques Monod: L'homme n'est qu'un accident, La Quinzaine Littéraire 12 月 1–15 日版．現在はウェブで閲覧可能．http://laquinzaine.wordpress.com/ で検索すれば表示される．ジャック・モノー (1973)「人間は事故に過ぎない」與謝野文子訳，現代思想第 1 巻 6 月号，116–122.
Deleuze, Gilles & Guattari, Félix. (1991/2005) Qu'est-ce que la philosophie? Les Éditions de Minuit, Paris. ドゥルーズ・ガタリ (1997)『哲学とは何か』財津 理訳，河出書房新社.
Descartes, René (1637) Discours de la méthode. Ian Maire, Leyde. 参照したのは (1951) Discours de la méthode suivi des Méditations. Union Générale d'Editions, Paris. (『省察』も付属している版)．デカルト (1997)『方法序説』谷川多佳子訳，岩波文庫.
Dewey, T. Gregory (1997) Algorithmic complexity and thermodynamics of sequence-structure relationships in proteins. *Phys. Rev. E* **56**, 4545–4552.「タンパク質の配列と構造の相関のアルゴリズム的複雑性と熱力学」
Edmunds, Lowell (1972) Necessity, chance, and freedom in the early atomists. *Phoenix* **26**, 342–357. 古代ギリシアの原子論者における，必然，偶然，自由を論じた論文.
Eigen, Manfred & Schuster, Peter. (1977) The hypercycle. A principle of natural self-organization. Part A: Emergence of the hypercycle. *Naturwissenschaften* **64**, 541–565.「ハイパーサイクル――自然界の自己組織化の原理」アイゲンのハイパーサイクル理論を解説した論文の第 1 部．全部で 3 部からなる.
Fagot-Largeault, Anne. (1995) Le vivant. In "Notions de philosophie" tome I, Folio Essais, pp. 231–300. Gallimard, Paris.「生き物」哲学概念をテーマ別に解説した読む辞典の 1 章．ラマルク，ベルナール，モノー，マイアを取り上げ，生物概念について解説している.
Foucault, Michel (1969) L'archéologie du savoir. Gallimard, Paris. フーコー (2006)『知の考古学』(新装版) 中村雄二郎訳，河出書房新社.
Guthrie, William Keith Chambers (1965) A History of Greek Philosophy. Vol. 2. The Presocratic Tradition from Parmenides to Democritus. Cambridge University Press, Cambridge. 古代ギリシアの哲学に関する解説書.
Harvey, William (1651) Exercitationes de generatione animalium (動物の形成に関

する試論）. Typis Du-Gardianis, London. 紹介は次の論文などを参照．Donaldson, I. M. L.（2009）William Harvey's other book: *Exercitationes de generatione animalium. J. R. Coll. Physicians Edinb.* **39**, 187–188.

Heidegger, Martin（1927/1972）Sein und Zeit. Max Niemeyer Verlag, Tübingen. ハイデガー（1971）「存在と時間」『世界の名著 ハイデガー』原 佑訳，中央公論社.

Hoffmeyer, Jesper（1993）En Snegl På Vejen: Betydningens naturhistorie. og Munksgaard/Rosinante, København. 英訳（1996）Signs of Meaning in the Universe（Advances in Semiotics series）. Indiana University Press, Bloomington. ホフマイヤー（2005）『生命記号論――宇宙の意味と表象』松野孝一郎・高原美規訳，青土社.

Jacob, François（1970）La logique du vivant. Une histoire de l'hérédité. Gallimard, Paris. ジャコブ（1977）『生命の論理』島原 武・松井喜三訳，みすず書房．原題は『生物の論理――遺伝の歴史』．ジャコブが生物学の歴史をもとに，生命についての考え方をまとめた本で，モノーの『偶然と必然』とほぼ同時期に出版された.

Jacob, François（1997）L'opéron 25 ans après. *C. R. Acad. Sci. Paris. Science de la vie.* **320**, 199–206.「25 年後のオペロン」オペロン説についての回顧.

Kant, Immanuel（1790/1922）Kritik der Urteilskraft. Fünfte Auflage. Felix Meiner, Leipzig. カント（1964）『判断力批判』篠田英雄訳，岩波文庫.

Karström, H. von（1930）Über die Enzymbildung in Bakterien. Doctor's Thesis, Helsingfors University, Helsinki, Finland.（入手できないため確認していない）

Karström, H. von（1938）Enzymatische Adaptation bei Mikroorganismen. *Ergeb. Enzymeforsch.* 7, 350–378.「微生物における酵素の適応」

Kauffman, Stuart. A.（1993）The Origins of Order. Self-Organization and Selection in Evolution. Oxford University Press, New York.『秩序の起源――進化における自己組織化と選択』

Kauffman, Stuart（1995）At Home in the Universe. The Search for Laws of Self-Organization and Complexity. Oxford University Press, New York. カウフマン（1999）『自己組織化と進化の論理――宇宙を貫く複雑系の法則』米沢富美子監訳，日本経済新聞社，2008 年にちくま学芸文庫.

Kirschner, Marc, Gerhart, John & Mitchison, Tim（2000）Molecular "vitalism". *Cell*

100, 79–88. 分子レベルでの「生気論」というタイトルで，形態形成などの自律的な生命現象を，どのように分子レベルで解明していくのかを議論した論文．

Koestler, Arthur & Smythies, J. R.（1969）Beyond Reductionism. New Perspectives in the Life Sciences. Hutchinson, London. ケストラー・スミシーズ（1984）『還元主義を超えて――アルプバッハ・シンポジウム '68』池田善昭監訳，工作舎．The Alpbach Symposium の報告集で，生命の階層性を考えた組織化によって，形態形成，進化，精神活動などを理解しようとする講演が集められている．ホロン説を唱えるケストラーの他，心理学者のピアジェなども含まれている．

Lane, Nick & Martin, William（2010）The energetics of genome complexity. *Nature* **467**, 929–934.「ゲノム複雑性のエネルギー論」

Mahner, Martin & Bunge, Mario（1997）Foundations of Biophilosophy. Springer, Berlin. マーナ・ブーンゲ（2008）『生物哲学の基礎』小野山敬一訳，シュプリンガージャパン．なお邦訳では，著者名がマーナーとブンゲではなく，マーナとブーンゲとなっている．

Malaterre, Christophe（2010）Les origines de la vie: émergence ou explication réductive? Hermann, Paris.『生命の起源――創発か還元論的説明か』翻訳を準備中．

Margulis, Lynn（1970）Origin of Eukaryotic Cells. Yale University Press, New Haven.『真核細胞の起源』細胞内共生説を提唱した代表的な著作．

de Marivaux, Pierre Carlet de Chamblain（1730）Le Jeu de l'Amour et du Hasard. マリヴォー（1935/1977）『愛と偶然との戯れ』進藤誠一訳，岩波文庫．フランスの喜劇．

Massé, Pierre（1965）Le Plan ou l'Anti-hasard. Gallimard, Paris.『計画あるいは反-偶然』モノーが HN を書く少し前に出版された経済政策についての本で，偶然を排して計画的に進めようという内容．

Mayr, Ernst（1961）Cause and effect in biology. *Science* **134**, 1501–1506.「生物学における原因と結果」目的律の定義を述べた論文．

Mayr, Ernst（1988）Toward a New Philosophy of Biology. Observations of an Evolutionsist. The Belknap Press of Harvard University Press, Cambridge. マイア（1994）『進化論と生物哲学――一進化学者の思索』八杉貞雄・新妻昭夫訳，東京化学同人．

Molecular Cell 特集記事（2011）Fifty years after Jacob and Monod: What are the unanswered questions in molecular biology? *Molecular Cell* **42**, 403–404.「ジャコブとモノーから 50 年――分子生物学に残された疑問点」

Morange, Michel（2003）La vie expliquée? 50 ans aprés la double hélice. Odile Jacob, Paris.『生命は説明されたか．二重らせんから 50 年』

Naturwissenschaften 記事（1985）Historischer Kalender. Karl Theodor Ernst von Siebold. *Naturwissenschaften* 72, 179.「歴史上の今日の出来事――フォン・ジーボルト」

Nietzsche, Friedrich（1887）Zur Genealogie der Moral. Verlag von C. G. Neumann, Leipzig. 現在校訂済みデジタル版は，Nietzcshe source（http://www.nietzchesource.org/）より入手可能．フランス語版タイトル La généalogie de la morale. ニーチェ（1940）『道徳の系譜』木場深定訳，岩波文庫．

Nouvel, Pascal（2011）Repenser le vitalisme. Histoire et philosophie du vitalisme. Presse Universitaire de France, Paris.『生気論再考――生気論の歴史と哲学』

Pasteur, Louis（1922）Œuvres de Pasteur réunies par Pasteur, V.-R. Tome II Fermentations et générations dites spontanée, pp. 210–294. Masson, Paris. パストゥール（1970）『自然発生説の検討』山口清三郎訳，岩波文庫．

Pavé, Alain（2007）La nécessité du hasard. Vers une théorie synthétique de la biodiversité. EDP Sciences, Les Ulis.『偶然の必然性――生物多様性の総合的理論へ』タイトルはモノーの本の題名をもじったものである．

Piaget, Jean（1977）Chance and dialectic in biological epistemology. A critical analysis of Jacques Monod's theses.（Translated from the French by Hans Furth）. Advances in research and theory（edited by W. F. Overton and J. M. Gallagher）, Vol. 1, 1–16 Plenum Press, New York.「生物学的認識論における偶然と弁証法」

Poelweik, Frank J., de Vos, Marjon G. J. & Tans, Sander J.（2011）Tradeoffs and optimality in the evolution of gene regulation. *Cell* **146**, 462–470.「遺伝子制御の進化におけるトレードオフと最適性」遺伝子調節系の試験管内進化に関する新しい論文．

Poincaré, Henri（1908）Science et Méthode. Flammarion, Paris. ポアンカレ（1953）『科学と方法』吉田洋一訳，岩波文庫．引用した第 4 章は，もともと単独の論文を採録したものである：Poincaré, H.（1907）Le hasard. *Revue du mois* **3**, 257–276.

Prigogine, Ilya (1972) La thermodynamique de la vie. *La Recherche* (on-line)「生命の熱力学」

Prigogine, Ilya. & Stengers, Isabelle. (1979) La nouvelle alliance. Métamorphose de la science. Gallimard, Paris. 原題の意味は「新たな絆——科学の変容」. プリゴジーン・スタンジェール (1987)『混沌からの秩序』伏見康治・伏見 譲・松枝秀明訳, みすず書房. 英語版からの邦訳.

Redi, Francesco (1668) Esperienze Intorno Alla Generazione Degl'Insetti, all'Insegna della Stella, Firenze.『昆虫の発生についての実験』(イタリア語).

Ricard, Jacques (2006) Emergent Collective Properties, Networks and Information in Biology. New Comprehensive Biochemistry Vol. 40. Elsevier, Amsterdam.『生物学における創発的集合的性質, ネットワーク, 情報』

Sarkar, Sahotra (2005) Molecular Models of Life. Philosophical Papers on Molecular Biology. MIT Press, Cambridge, MA. (13 報の論文をまとめて一冊の本にしたもの)『生命の分子モデル』

Sartre, Jean-Paul (1946/1970) L'existentialisme est un humanisme. Les Éditions Nagel, Paris. サルトル (1996)『実存主義とは何か』増補新装版, 伊吹武彦訳, 人文書院.

Sato, Naoki (2001) Was the evolution of plastid genetic machinery discontinuous? *Trends Plant Sci.* **6**, 151–156.「色素体の遺伝的装置の進化は不連続か」

Sato, Naoki (2012) Scientific élan vital: entropy deficit or inhomogeneity as a unified concept of driving forces of life in hierarchical biosphere driven by photosynthesis. *Entropy* **14**, 233–251. 生命世界を, 不均一性をキーワードとして説明する理論.

Sattler, Rolf (1986) Biophilosophy. Analytic and holistic perspectives. Springer, Berlin.『生物哲学』

Sattler, Rolf (1988) Homeosis in plants. *Am. J. Bot.* **75**, 1606–1617.「植物におけるホメオシス」

Schoffeniels, Ernest (1973) L'Anti-hasard. Gauthier-Villars, Paris.『反-偶然』次の文献の原書.

Schoffeniels, Ernest (1973) Anti-Chance. A Reply to Monod's Chance and Necessity. Pergamon Press, Oxford. スコフェニル (1984)『アンチ・チャンス——生命, 偶然か必然か』堀内四郎・安孫子誠也訳, みすず書房.

Schrödinger, Erwin (1944) What is Life? The Physical Aspect of the Living Cell. Cambridge University Press, Cambridge. シュレーディンガー (2008)『生命とは何か――物理的にみた生細胞』岡 小天・鎮目恭夫訳, 岩波文庫.

Scott, Alwyn C. (2007) The Nonlinear Universe. Chaos, Emergence, Life. Springer-Verlag, Berlin.『非線形の宇宙――カオス, 創発性, 生命』

Serres, Michel (1971) Ce qui est écrit dans le code. I. Les métamorphoses de l'arbre. *Critique* **27**, 483–507. II. Vie, information, deuxième principe. *Critique* **27**, 579–606. 後半の和訳は, セール (1973)「コードに書かれたもの」村上光彦訳, 現代思想第1巻6月号, 84–115.

Stegmüller, Wolfgang (1975/1979) Hauptströmungen der Gegenwartsphilosophie. Alfred Kröner Verlag, Stuttgart. シュテークミュラー (1984)『現代哲学の主潮流 第4巻』中埜 肇・竹尾治一郎監修, 田村祐三・秋澤雅男・大谷隆昶・成定 薫訳, 法政大学出版局. これは原著第二版第2巻第4–6章に相当する.

Vollmer, Gerhardt (1975/2002) Evolutionäre Erkentnistheorie. S. Hirzel, Stuttgart. 参照したのは第8版. フォルマー (1995)『認識の進化論』入江重吉訳, 新思索社.

Wagner, Andreas (2011) The Origins of Evolutionary Innovations. Oxford University Press, Oxford.『進化的革新の起源』

Wiener, Norbert (1961) Cybernetics, 2nd edition. John Wiley & Sons, Inc., New York. ウィーナー (1962)『サイバネティックス――動物と機械における制御と通信』第2版, 池原止戈夫ほか訳, 岩波書店.

Wortmann, J. (1882) Untersuchungen über das diastatische Ferment der Bakterien. *Z. physiol. Chem*. **6**, 287–329.「細菌のジアスターゼに関する研究」

日本語の引用文献

日下部吉信編訳 (2001)『初期ギリシア自然哲学者断片集』(3), ちくま学芸文庫.

現代思想 (1973)「特集 モノー & 哲学の扉を叩く現代生物学」第1巻6号, 青土社.

斎藤成也 (2007)『ゲノム進化学入門』共立出版.

佐倉 統 (1997)『進化論の挑戦』角川選書.

佐藤直樹 (2011a)「光合成のエントロピー論再考: 階層的生命世界を駆動する

エントロピー差／不均一性」光合成研究 **21**, 70–80.
佐藤直樹 (2011b)「理系学生にもっと第二外国語を」東京大学教養学部報 2011 年 6 月第 539 号.
佐藤直樹 (2012)『エントロピーから読み解く生物学――めぐりめぐむ　わきあがる生命』裳華房.
佐藤宗子 (1985)「二つの『家なき子』再話について」千葉大学教育学部紀要第 1 部 **34**, 137–148.
武谷三男・野島徳吉 (1975)『現代生物学と弁証法――モノー『偶然と必然』をめぐって』勁草書房.
東京大学生命科学教科書編集委員会編 (2010)『生命科学』第 3 版，羊土社.
中村桂子 (1993)『自己創出する生命――普遍と個の物語』筑摩書房 (現在，ちくま学芸文庫として刊行)
野間 宏 (1973)「現代の王国と奈落――ジャック・モノー『偶然と必然』をめぐって」世界 2 月号,「新しい生命理論と「ヨーロッパの終焉」」世界 7 月号. 1979 年に『現代の王国と奈落』(作品集)，轉轍社に所収.
平川祐弘 (1996)『オリエンタルな夢』筑摩書房.
平川祐弘 (2006)『和魂洋才の系譜』平凡社.
藤澤令夫 (2001)「ギリシア哲学と現代――世界観のあり方」『藤澤令夫著作集 5』，岩波書店.
松本俊吉編著 (2010)『進化論はなぜ哲学の問題になるのか――生物学の哲学の現在 (いま)』勁草書房.
三浦聡雄・増子忠道 (1995)『東大闘争から地域医療へ』勁草書房.
山本光雄訳編 (1965)『初期ギリシア哲学者断片集』岩波書店.
湯浅年子 (1971)「モノー教授の生物学と哲学」自然 5 月号，53–65，6 月号，88–101.

資料1　語句解説

本文に出てきた自然科学の用語と哲学関連の用語について，簡単に解説する．本文でも，ある程度説明しているので，合わせてお読みいただきたい．このほか，偶然，必然，目的論などについては，本文で詳しく述べた．スペースにも，また私の知識にも限りがあるので，詳しくは，それぞれの専門の書物を参照していただくのがよい．ここに出ていない語句については，巻末索引により，それぞれ該当する本文の記述にあたっていただきたい．なお，読者の便宜のため，主に英語の語彙を示した．

ネオ・ダーウィニズム

ダーウィンが提唱した進化論では，変異の遺伝が漠然と前提とされていた．メンデルの遺伝法則が認知されてからは，遺伝子に起きる突然変異（一般に，変異 variation という言葉を生物体に起きる何らかの変化と考えたとき，遺伝子に起きる変異を突然変異 mutation として区別する．日本語では，変異という言葉に突然という言葉を重ねるが，言葉の意味としては，どこにも突然という意味合いはない）が，自然選択（selection の訳語としては，淘汰も使われる）の対象となって，明らかに有利な突然変異が選択されると考えるのが，元来のネオ・ダーウィニズム（総合説）である．時代とともに，内容は変遷し，後には，中立進化説の内容も含むものになって，現在に至っている．

これに対抗する考え方は，突然変異はランダムに起きるのではなく，方向性をもって意味のある形質を生み出すように起きると考えるもので，進化を自己組織化の過程と考えるカウフマンの説や，柴谷・池田らの構造主義生物学などがある．特に大きな問題は，多細胞生物の形態の進化で，これを単なる突然変異の積み重ねで理解するのは無理だと考えるこれらの立場と，いかに難しく見えても，突然変異と自然選択で理解可能であると主張するネオ・ダーウィニズムの立場（Pavé 2007，斎藤 2007 など）とが，鋭く対立している．一つの解決策は，Evo-Devo の考え方（Carroll 2005 など）で，生物がいろいろな発生プログラムをいくつかの少数の制御遺伝子によって切り替えていると考える立場が有

力である．

中立進化説

1968年に木村資生が発表した進化に関する学説で，突然変異の大部分は生存にとって有利でも不利でもなく，子孫に確率的に伝えられるというもの（斎藤2007など参照）．計算機シミュレーションをすると，このような変異は，やがて集団の中で消えていくこともあるが，ごくまれには，集団の中に広まっていき，集団全体に共有されるようになることが起きる．これを固定と呼ぶ．集団を単位として考えた場合，新たな突然変異が固定される頻度は，突然変異の発生頻度と等しくなる．このため，二つの種の分岐以後の時間が，遺伝子間の差異の数に比例すると考えられる．たとえば，ヒトとイヌの遺伝子の違いに比べ，ヒトとチンパンジーの違いは少ない．これをもとにして考えると，分子データに基づく系統樹，つまり分子系統樹を推定することができる．中立進化説の提唱当初は，ダーウィンの進化論に対立する説として，大いに議論がわき起こったが，明らかに不利な突然変異が淘汰されることには変わりなく，中立的な大部分の突然変異の挙動を記述する考え方として，現在では定着している．

生気論と機械論

生物現象を理解するとき，生物を機械仕掛けの装置として理解することが可能だという信念が，デカルトなどの時代以降，科学者の間には広まっていて，これを機械論 mechanism という．これに対し，生物が示す現象，特に創発的な現象（いままで何もないところから突然新たな現象が生まれること：生物に関しては，発生過程など，これまでとはまったく異なる構造や形態が生まれることなどがこれにあたる）は，生物に特有の原理が関わっており，生物は単なる機械ではないという立場が生気論 vitalism である．ただし，生気論は時代とともにその内容が変化しており，昔は霊魂の存在が信じられていたにしても，近代では，もう少し曖昧な形で生気論が考えられてきていると思われる．生気論については，知識の進歩に合わせて考え直すという考え方もある（Nouvel 2011）．生気論は次の全体論とも関連し，機械論は次の還元論とも関連する．モノーが『偶然と必然』の中で使っている生気論は，一般的な生気論という言葉の意味とはだいぶ違った定義で使われている（三章5）．世間ではベルクソンの『創造的進化』に書かれた生命の勢い élan vital（フランス語）を生気論と見る考えも

あるようだが，ベルクソンを読まずに生命力 vital force と混同しているだけで，私はこれは別物であると考えている（Sato 2012）．

還元論と全体論

生物現象に関して還元論 reductionism という場合，生物が示す複雑な現象は，生命体を構成する成分の種類や量，性質を調べ上げれば，基本的には，理解可能であると考える立場を指す．これに対して，全体論 holism とは，全体が示す現象は，必ずしも部分の理解だけではわからず，全体を全体として考えなければわからないという立場を指す．現在の分子生物学に基づく生物学は，基本的には，還元論の立場で研究が行われていると思われるが，それでも，個体全体が示すいかにも生物らしい行動や特徴については，全体論的な見方をすることも多い．ただし，生物体の構成成分すべてを定量しネットワークとして記述した上で，シミュレーションを行うという，システム生物学の立場からは，個別の部品の挙動をすべて正確に記述できれば，全体が示す一見不思議な挙動も理解可能であると信じられている．

弁証法的唯物論・唯物論的弁証法，史的唯物論・唯物史観

唯物論 materialism は，唯心論または観念論 idealism に対する哲学用語で，あらゆる現象の基礎にあるのは物質であると考える立場である．それに対して，唯心論・観念論は，人間の精神が基礎になって物質世界が存在すると考える立場である．生命の理解に関しては，唯物論は生気論と対立する．弁証法 dialectic は，ソクラテスに始まるギリシア哲学以来の基本的な論証法で，ドイツの哲学者ヘーゲル Hegel が発展させた．対話をしながら，最初の命題 These（ドイツ語）に対して，対立命題 Antithese（ドイツ語）をたて，両者の対立点（矛盾）を検討することによって，さらによい解決策として総合命題 Synthese（ドイツ語）を生み出すという方法論を指す．総合する過程のことを aufheben（止揚する：ドイツ語）という．これは，「否定の否定」であり，形式論理ならばもとに戻ってしまうが，弁証法では，もとのものとは違ったレベルの命題が生み出されるとする．ヘーゲルはこれを，思想の歴史的な発展の説明に用い，歴史的必然という考え方を示した．

マルクス主義では，ヘーゲルの弁証法を物質的な社会経済に適用した．社会の発展に関する理論は，歴史的な展開を含むので，史的唯物論・唯物史観とい

う．生産力と生産関係との矛盾が原因となって，封建制から資本主義，さらに共産主義へと必然的に移行すると説いた．『偶然と必然』で問題となっている「否定の否定」は，こうした背景のもとに議論されている．生化学や進化に対してこのような概念的な意味づけをしても，新しい発見・発展の契機になるとは思えないので，モノーが当時の思想家たちに対して大いに怒ったのも今となれば当然と言える．

実存主義・実存思想（一章5）

哲学・思想の分野で使われる実存という言葉は，existenceの訳語であるので，著者や文脈により，存在と訳すべきこともある．その上で，実存という考え方は，ヤスパース，ニーチェ，ハイデガー，サルトルなどの哲学に登場してくる他，カミュの小説でも中心的テーマとなっている．それぞれの思想はかなり異なるので，ひとまとめにして述べることは適当ではないが，ある程度の共通項として言えるのは，人間存在を，世界に投げ込まれたものとして，存在の根拠が始めから与えられていないと考えることであり，特に，カミュやサルトルでは，人間は本質的に不条理なabsurdものとして運命づけられていると考える．サルトルは，実存を特徴づけるものが「無」であると考えた．ヤスパースは，キリスト教の枠内で実存思想を考えたが，ニーチェが神を頼りにすることをやめて以来，実存思想に神は出てこない．実存思想は，ネガティブな思想というわけではなく，サルトルに代表されるように，無を逆手にとって，未来は何でも可能だと考え，自分の意思で未来をつかみ取ればよいというアンガジュマンの思想に至る．ニーチェも「力への意思」という言葉で，今の存在を超えていく存在として「超人」を考え，力強い意思によって未来を拓いていくことを主張した．

資料 2 『偶然と必然』の翻訳をめぐる検討

『偶然と必然』の日本語訳は，原著出版から 2 年後の 1972 年，みすず書房から出版された．翻訳は，フランス文学が専門の村上光彦と分子生物学が専門の渡辺格による．訳者あとがきにもあるように，実際の翻訳は村上の手によるもので，気になる点を渡辺が英語版やドイツ語版を参照しながら修正したとされる．それでも，どうしても訳語の選択の不適切さ，著者の意図とは異なる言葉の選択などが目立つように思われる．また，おそらく訳者には実存主義に対する理解がない（あるいは理解するつもりがない）らしいことも，一因なのかもしれない．細かい問題点のすべてを列挙することは，全体を翻訳するに等しいので，はばかられるが，重要概念について，誤解を与える可能性の大きな点をまとめることにより，『偶然と必然』の読者の理解を助けることができるのではないかと考えた．そこで，項目のタイトルを中心として，問題点を拾っていくことにする．なお，本文でも述べたように，翻訳は，後からならば訳文を比較できるので，ずっとよい訳ができることは間違いない．そのため，このような資料を添付することにしたとしても，以前の訳者を非難するつもりではないことを明言しておきたい．あくまでも，日本の多くの読者のためを思ってである．

おもしろいことに，1975 年に出版された武谷・野島（1975）の中の議論で，不正確な訳文がもとで議論が沸騰している部分が多々あることがわかった．この人たちはなぜ原文にあたらなかったのか，という疑問もわく．そのことも情けないと感じたが，ともかく，今回の翻訳の問題点探しには，非常に便利であった．

何度も引用する書物は，本書で一貫して使っているものの他，

武谷：武谷三男・野島徳吉（1975）『現代生物学と弁証法――モノー『偶然と必然』をめぐって』勁草書房

湯浅：湯浅年子（1971）「モノー教授の生物学と哲学」自然 5 月号，53–65，6 月号 88–101

と略した．また，筆者による訳文は NS として記した．

原文のイタリック体はそのままイタリック体とし，それを翻訳した部分は傍点で表記する．なお，ラテン語もイタリック体であるが，これについては後でまとめて記述するので，イタリック体は，基本的には本文の強調を目的としたものである．ここでは，日本語版の問題点を指摘するという目的のため，それぞれの章のタイトルは JP に従い，必要に応じて訳語案を示した．また，必要に応じて原文も表示した．

I　ふしぎな存在（D'étranges objets）

objets を存在と訳すと，存在と訳すべき他の言葉を訳し分けることが難しくなる．湯浅の訳は，「不思議な物体」であるが，これも適切ではない．内容的には生物のことを表しているが，対象（objet）は，後に出てくる客観性（objectivité）とも関連する言葉であるので，生き物や物体としてしまわない方がよいと思われる．étrange については，後に述べるように異邦人 étranger との関係も考える必要があり，これはセールも un étranger au monde boltzmannien，また，Camus et le postulat d'objectivité などと指摘している（Serres 1971 p 582）．そこでは，「要するに，不可思議とは，不可能あるいは滅多にないことで，それが起きる奇跡の確率の計算をすると，ほとんどゼロに近い値になることである」と明確に述べられている．HN 第 8 章で，人間や生命の誕生の確率がほとんどゼロであるという考えが示されるが，それに対応している．さらにセールは，「不可思議は偶然を表し，対象は必然性を表している」とまで述べている．そこまで含めるのは難しいが，ここの筋は，火星人が地球上の生物を見た時にどう思うかというようになるので，その場合には，「なぞにみちた対象」，異邦人性を加えて考えると「不可思議な対象」ではいかがだろうか．何事も初めが肝腎，この一言を正しく訳すには，全体の理解が必要なのである．

小見出しの 2 番目は，「宇宙プログラムの困難」（Les difficultés d'un programme spatial）だが，本当は，「宇宙の生物を解析するプログラム」（NS）である．次の小見出し「計画を授けられた物体」（Des objets dotés d'un projet）では，上と同じ objets が今度は物体になり，projet は計画と訳されている．Projet を適切に訳すのは難しいが，私は，本書の中では，目的・意図とした（二章 2）．

小見出し「自己を複製する機械」(Des machines qui se reproduisent) は，「自己増殖する機械」が適当である．

小見出し「ふしぎな特性——不変性と合目的性」(Les propriétés étranges: invariance et téléonomie) では，étrange が単にふしぎというよりも，最初に書いたように，なじみがない，理解できない，という意味である．そこでタイトル前半は言葉を補って，「生命の不可思議な性質」としたい．

小見出し「不変性の〈矛盾〉」(Le «paradoxe» de l'invariance) では，「パラドクス」はそのまま (または逆説) がよい．ここで問題になっているのは，論理的な矛盾ではない．

II 生気説と物活説 (Vitalismes et animismes)

一般に使われるのは，生気論とアニミズムではないだろうか．湯浅の訳は「生気論と精神主源論」である．少なくとも「物活説」が不適切なことは，野間 (1973) も指摘している．しかも，モノーはこれらの言葉を独自の意味で使っているので，このままでは誤解を受ける．ここでの意味は，テレオノミー (ここでは目的論の意味) を生物だけに認める説と，物質にも認める説であるので，それぞれ「生命特殊論」と「生命物質同等論」とでも訳すのがよいと考えられる．

小見出し「科学的生気説」(JP p 30) (vitalisme scientiste, HN p 41)：このタイトルと違って，本文には «scientifique» と書かれている．ここでいう scientiste というのは，科学主義など，科学的ではない科学信仰を表すと考えられる．

小見出し「《物活説的目的》と《旧約》」(JP p 33) (la «projection animiste» et l'«ancienne alliance», HN p 43)：まず，旧約とは何だろうか．原語は，キリスト教の旧約つまり，神とアブラハムの間での約束を指すのが普通だが，ここは意味が違う．意味を考えるために，まず，この節の中の文章を検討する．

> その子供らしい素朴さに対し，愛情と尊敬のこもったほほえみを浮べるのは，まちがいであろう．近代文化が自然についての主観的解釈を断念した

などと，ほんとうに信じてよいのであろうか．物活説は〈自然〉と〈人間〉とのあいだに深い盟約を確立したのであって，いったんその盟約から踏み出すと，そのあとに残るものはただ恐るべき孤独しかないように思われる．(JP p 35)

On aurait tort de sourire, même avec la tendresse et le respect qu'inspire l'enfance. Croit-on que la culture moderne ait véritablement renoncé à l'interprétation subjective de la nature? L'animisme établissait entre la Nature et l'Homme une profonde alliance hors laquelle ne semble s'étendre qu'une effrayante solitude. (HN p 44)

ここで盟約と訳されているのも同じ alliance である．旧約聖書におけるように，人間と神の間に約束事があるのとは違うので，盟約や旧約は不適切であろう．神話的世界において擬人化された自然と人類の祖先との間にあった親密な関係という意味である．また，l'enfance は，この節の出だしにある「人類の揺籃期」l'enfance de l'humanité を指す．大きな違いはないが，少し言葉を補うと，以下のようになる．

古き良き時代の人間が示すあどけなさが，やさしさや尊敬に満ちていたとしても，それに対してほほえみを浮かべるとするならば，それは勘違いであろう．近代文化が本当に自然に対する主観的な解釈をしなくなったと信じられるだろうか．アニミズムはかつて，神格化された自然と神話の英雄に代表される人間との間に深い絆を築き上げていて，その絆の範囲外では，恐ろしい孤独感が広がるばかりであるように思われた．(NS)

そこで，最初のタイトルに戻ると，projection が何かをやり遂げる目的のように訳されているが，投影ではないだろうか．JP 本文中でも 34 ページ最後から 2 行目（HN p 43 下から 3 行目）には，投影として訳されている．アニミズムでは，人間の主観が自然物の中に投影され，人間と自然が渾然一体となっている．そうすると，この節のタイトルは，「〈アニミズム的な投影〉と〈自然と人間の絆〉」とするのがよいだろう．

小見出し「科学的進歩主義」(JP p 36) (le progressisme scientiste, HN p 44)：見出しは「科学主義的」とするとして，パラグラフの最初から検討しよう．

> テイヤール・ド・シャルダンの生物哲学は，それが科学界のなかまで驚くべき成功を博したのでなかったのなら，わざわざそれに言及するまでもないような代物である．(JP p 36)

> La philosophie biologique de Teilhard de Chardin ne mériterait pas qu'on s'y arrête, n'était le surprenant succès qu'elle a rencontré jusque dans les milieux scientifique. (HN p 44)

これは，現実とは逆の仮想的条件を述べた文であるので，訳文の意味合いは少しネガティブ過ぎる．つまり，言いたいことは，「言及するに値する」ということである．

> テイヤール・ド・シャルダンの生物哲学は，科学界にまで驚異的な成功を博するのでなかったなら，ここであえて取り上げる価値はなかったのかもしれない．(NS)

JPの翻訳からは，モノーがこうした諸説を口汚く罵倒しているように感じられるが，原文からは，そこまで強く感情的に聞こえるような否定的な感じを受けない．一方的に断定しているというような誤解は，武谷 (p 46 など) が何度も述べている．

小見出し「弁証法的唯物論における物活説的目的」(JP p 38) (la projection animiste dans le matérialisme dialectique, HN p 46)：上に述べたように projection は投影である．タイトルは，「弁証法的唯物論におけるアニミズム的な投影」(NS) とするのがよいだろう．

小見出し「生物圏——第一原理から演繹できない独特の発生」(JP p 48) (la biosphère: événement singulier non déductible des premiers principes, HN p 54)：événement singulier は「独特の発生」ではなく，「特異な事象」(NS) である．最

初のパラグラフには，

> 私は，今日われわれは，つぎのように断言することができると信じている．すなわち，なんらかの普遍的理論が…生物圏の構造とその進化とを，第一原理から演繹しうる現象として，包含しつくすことは決してできないであろう．(JP p 48–49)

> Nous pouvons, je crois, affirmer aujourd'hui qu'une théorie universelle, ... ne pourrait jamais contenir la biosphère, sa structure, son évolution en tant que phénomènes *déductible* des premiers principes. (HN p 54)

表題と同じことが書いているが，訳文の断定調に比べて，原文は，Nous pouvons, je crois, ne pourrait jamais というように，トーンを抑えた表現が並ぶ．訳文では全体を二つに分割して，それぞれを断定的に書いていることに問題がある．言いたいことを整理して訳すと次のようになる．なお，第一原理は複数になっているので，本当は第一ではない．むしろ基本原理と考えるべきである．

> 生命世界やその構造，さらにその進化までも含む単一の普遍的な理論によって，これらの現象を基本原理から導き出すということは決してできそうもない，ということは，今日われわれが認めることができることであると，私は考えている．(NS)

演繹というのは強すぎるように思うが，どのみち否定されていることなので，導き出す（傍点部）としておきたい．同じ節の少し後を検討しよう．

> 私がこれからしようとする提示テーゼは，生物圏のなかには予見できる類別された物体ないしは現象はひとつも含まれないで，ただ，ある個別の出来事——その出来事は，たしかに第一原理と両立はしても，それらの原理から演繹されることはなく，したがって本質的に予見不能である——から成り立っている，ということなのである．(JP p 50)

La thèse que je présenterai ici, c'est que la biosphère ne contient pas une classe

prévisible d'objets ou de phénomènes, mais constitue un événement particulier, compatible certes avec les premiers principes, mais *non déductible* de ces principes. Donc essentiellement imprévisible.（HN p 55）

「提示テーゼ」,「類別された」などよくわからないように思う.

私がこれから述べる命題では，生命世界には予見可能な種類の対象や現象は存在しておらず，生命世界という特異な事象は，基本原理と矛盾しないものの，基本原理から導き出すことのできない本質的に予見不可能なものである．（NS）

III　マックスウェルの魔物《デモン》（Les démons de Maxwell）

魔物が複数なのは，ここで言っている魔物の正体が酵素だからである.

小見出し「構造的かつ機能的合目的性の分子因子としてのタンパク質」（JP p 52）（les protéines comme agent moléculaires de la téléonomie structurale et fonctionnelle, HN p 59）:「構造的にも機能的にも（目的律的な）合目的性をもった分子レベルの機能素子であるタンパク質」（NS）agent はエージェント，スパイ，代理人などいろいろな訳があり得るが、生物が化学的機械という意味を込めて，機能素子としておきたい.

小見出し「マックスウェルの魔物」（JP p 69）（le démon de Maxwell, HN p 72）: 章のタイトルと異なり，この見出しでは，魔物は単数である．つまり，これは純粋に気体分子運動論におけるマックスウェルのデーモンのことを述べている. この章の最後で，酵素がデーモンと同様の機能を果たすことを述べるところが気になる.

以下の諸章では，この鍵の概念がきわめて重要であることを例をあげて示そう．生物のもっとも特徴ある性質を究極的な解釈として理解するために，この概念が，またわれわれの前に現れてくるであろう．（JP p 70–71）

Les chapitres suivants illustreront l'importance centrale de cette notion clé, que

l'on retrouvera comme interprétation ultime des propriétés les plus distinctives des êtres vivants. (HN p 73)

「鍵の概念」,「われわれの前に現れてくる」とは何のことだろう.

以下のいくつかの章では、この鍵となる概念(酵素の立体特異的で非共有結合による複合体形成)が中心的な重要性をもつことを示すが,それが生物のもつ,もっとも際立った特質についての究極的な解釈であることが,改めてわかるであろう.(NS)

IV　微視的サイバネティクス(Cybernétique microscopique)

このタイトルは特に問題ではないが,現代的なわかりやすさを考えると「ミクロなレベルでのサイバネティクス」(NS)がよいだろう.なお,湯浅の訳は,「微細サイバネティックス」である.

小見出し「調節にあずかるタンパク質と調節の論理」(JP p 73)(protéines régulatoires et logique des régulations, HN p 78):普通の生化学の言葉として訳すと「制御タンパク質といろいろな制御の論理」(NS)である.

化学ポテンシャル(potentiel chimique)という語が,JP 78 ページ(HN p 82)あたりから時々出てくる.これは(ギブスの)自由エネルギーの 1 モルあたりの部分量を表しているので,一般書としては,自由エネルギーとして訳しておくのが親切なように思われる.実際,HN p 68 では,l'énergie libérale という言葉も使われている.ただ,現在のフランス語の用語としては,ヘルムホルツの自由エネルギーは,l'énergie libre,ギブスの自由エネルギーは,l'enthalpie libre と言うようである.一般の読者には,化学ポテンシャルの何であるかはまったくわからないに違いない.少し先の説明の中で,ΔF として(ヘルムホルツの?)自由エネルギー変化が出てくる(JP p 87, HN p 89)ので,やはり自由エネルギー変化として考えるのが妥当である.

次のアロステリック酵素の説明における「共同動作」(JP p 82)(concerté, concertation, HN p 85)は,普通は「協調性」と呼ぶ.「集積的な特性」(JP p 83)(propriétés intégratives, HN p 86)は「情報統合的な特性」.分野が異なると用語

が異なるためである．

小見出し「無根拠性という概念」(JP p 89) (la notion de gratuité, HN p 91)：ここはかなり本質的なところである．ラクトースがβガラクトシダーゼで分解されるという事実と，ラクトースオペロンつまりβガラクトシダーゼをコードする遺伝子の誘導がラクトースによって起きるという事実の間には，必然的な関連はないというのが，この gratuité という概念である．日本語にするのはかなり難しい．Gratuit という形容詞は，無償，ただ，という意味で使うが，特に代償を求めないで行う行為にも使う．また，根拠のないことにも使う．したがって無根拠性でも間違いではないが，それだけ聞いた場合には，内容を誤解する可能性がある．武谷 (p 77) の議論では，「立体的な識別性などと言って，ラクトースが結合するしくみにはちゃんと根拠があるではないか」というように，正しく理解されていない．

ここで大事なのは，βガラクトシダーゼという酵素の働きと，それを合成するための遺伝子の構成とが「無関係である」，言い換えると，いろいろな制御系において，それぞれのモジュールそのものは，しっかりと機能を果たすように目的律的にできているが，どのモジュールとどのモジュールが組み合わさるのか，ということは任意であり，どういう組み合わせにしてもよいということである．無根拠性という言葉の意味は，こういうことなので，もう少しよい訳語をあてなければならない．「恣意性」「任意性」も何か変である．「自由に組み合わせられる性質」なので，いっそのこと「モジュール性」とでも言ってしまえばよさそうである．これについては，八章 3 を参照のこと．

V　分子個体発生 (Ontogénie moléculaire)

このタイトルには少し引っかかる．個体発生は生物の発生に関する言葉であり，分子と結びつけるときに，ただつなげばよいというものではない．この章の話題は，タンパク質分子が自然にフォールディングすること，多数のタンパク質分子が自然に集合して，高次の複合体を形成すること，これを拡張すれば，細胞も，個体も，分子の自然な集合体として理解できるだろうということである．後半の半分は正しくない面もあるが，言いたいことはそういうことである．したがって，「分子が示す個体発生」(NS) というような意味である．この章は，分子レベルの構造から，分子集合，さらに顕微鏡で見える構造や，マクロな構

造体が形成されるという，生命の階層性の一つの段階を説明する重要な章であり，明確に定義される分子の説明と，より高次の集合体の形成に関するややあやふやな説明が混在している．そのため翻訳も難しい．

小見出し「オリゴマー・タンパク質におけるサブユニットの自発的集合」（JP p 96）（l'association spontanée des sous-unités dans les protéines oligomériques, HN p 98）：このタイトルは，内在する生命力を感じさせる表現である．spontanée と聞けば，すぐにパスツールが否定した自然発生 génération spontanée が思い浮かべられる（Pasteur 1922）．この部分は，タンパク質のレベルでも創発が起きることを説明しようとしている．始めの言葉は，「多量体タンパク質」がよかろう．

最初のパラグラフで，「閉鎖結晶」（JP p 96）（«cristaux fermés» HN p 98）という言葉が出てくる．これは通常の科学用語ではないので，意味がわかりにくい．本書三章 3 に述べたように，あえて訳すとすれば，「自分自身で閉じた結晶」「それ自身で完結した結晶様のもの」であろうか．

「後成的」（JP p 97）（épigénétique, HN p 99）という言葉については，注意が必要である．これは現在の生命科学で使われるエピジェネティックとは異なる．現在の意味は，DNA 自体に配列情報としてコードされていない染色体の状態を規定する情報で，DNA のメチル化に始まり，ヒストンのメチル化やアセチル化によって，染色体を堅く凝縮させたり緩めるかが決まってくることを言う．それがヒストンコードと呼ばれるような情報を担っていることがわかったのは，最近のことである．つまり，DNA の塩基配列情報だけではない情報が染色体には載っており，それは独自の伝達をするのである．この場合，génétique の後に（épi）くるものという意味である．

これに対し，モノーが使う épigénétique という言葉は，もっと昔からの生命に関する議論を受けた，まったく別の意味の言葉であった．これは，本文の注釈（JP p 97, HN p 99）にも説明されているが，もともと前成説では，成体の体の構造が胚の中にすでにある（préformation）と考えたのに対して，後成説では，卵から胚発生を経て体ができてくる，つまり，胚の後（épi）で genèse（形態形成）によってできると考えた．後者を épigénèse と呼び，その形容詞が épigéné-

tique である．モノーの用法は，最初には潜在的だった性質が，形態形成の結果として後から顕在化することを指している．しかし，分子レベルでの自己集合のようなものを後成的と表現するのが妥当なのかどうか，解釈は難しい．

第 3 パラグラフ（JP p 96, HN p 99）で，変性剤によるタンパク質複合体の解離と再会合の話が取り上げられているが，変性していない本来のタンパク質の会合状態について，《生来の》という言葉があてられている．これは，natif の訳語であるが，「本来の」「天然型の」または「本来の未変性状態の」または英語で「ネイティブな」と訳す他はない．

小見出し「複合粒子の自発的構造形成」（JP p 98）（structuration spontanée de particules complexes, HN p 100）：この節の後の方の文を検討する．

> 要するに，これらの後成的過程の本質は，以下のことにある．すなわち，多分子よりなる複雑な構造体の有機的な全体性は，構成要素の構造のなかにそれぞれ潜在的に含まれてはいるが，それらの構成要素が集合してはじめて開示され，そして顕在化する，というわけである．（JP p 100，下線は NS）

> L'essence de ces processus épigénétiques consiste donc en ceci que l'organisation d'ensemble d'un édifice multimoléculaire complexe était contenue en puissance dans la structure de ses constituants, mais ne se révèle, ne devient *actuelle* que par leur assemblage.（HN p 102）

モノーが「有機的な全体性」などという言葉を使うわけがないのは明らかである．また，開示と顕在化の訳語の使い分けももう少し考えるべきで，se révéler に対して「顕在化する」を，devenir actuelle に対して「実現する」「現実のものになる」をあてるべきではないだろうか．révélation はキリスト教の啓示であるが，開示の意味は少し違う．本節の最後の行には，「創造ではなくて開示」（JP p 101）（... n'est pas une création, c'est une révélation, HN p 102）と書かれているが，自然に現れてくるものを指しているので，誰かが開示するものとは異なり，やはり「顕在化」である．上の文章の訳の修正案は，

したがって，これらの後成的な形成過程の本質は，多分子からなる複合体の全体的な組織化プランが，その成分分子の構造の中に潜在的に含まれていて，実際に分子集合が起きる過程で，顕在化し実現されるということである．(NS)

となろう．途中の接続詞 mais を，日本語にするときに逆接として訳すのは誤りである．フランス語では，反対のことを続けて書くときには逆接の mais を使うが，日本語では，そのような場合でも，順接で表現するのが普通である．organisation は組織化することだが，ここでは，それがプランとして潜在的に存在していることを述べたいはずなので，言葉を補って，組織化プランとした．現代の発生学でも，ボディープランなどという言葉が使われる．なお，次のパラグラフでは，「構造の設計図」(le plan de la structure) という言葉が実際に使われている．フランス語は，同じ内容を異なる言葉で繰り返すのが通例なので，これで納得できる．

この節の最終パラグラフ 1 行目「口先だけの意味のない単なる言いあいにすぎなくなってしまう」(JP p 100) (une dispute verbale, dénuée de tout intérêt, HN p 102)：「特に意味のない表現上の論争にすぎなくなる」(NS) としたらよいだろう．

小見出し「微視的形態発生と巨視的形態発生」(JP p 101) (morphogénèse microscopique et morphogénèse macroscopique, HN p 102)：形態発生は，形態形成が普通の訳である．そこで，「ミクロな形態形成とマクロな形態形成」となる．この節の後の方で，再び「有機的組織体」(JP p 103) (une organisation, HN 104) が出てくるが，これも不適切で，「組織化」または「(ミリメートルスケールの) 構造形成」(NS) の意味である．この節の最後の文を検討する．

形態発生の《場》ないしはグラジエントを解釈するのには，単に静的な立体特異的相互作用という観念だけでは十分ではないことも大いにありうることである．この観念を発展させるためには，アロステリックな，相互作用の解釈を可能とするような，動力学的な仮説を使わなくてはならないであろう．しかし私自身としては依然として，分析を突きつめたばあい，こ

れらの現象の鍵をいつかは授けてくれるのは，タンパク質の立体特異的な識別特性にすぎないと信じている．（JP p 103–104，下線は NS）

Il est assez vraisemblable que la notion d'interactions stéréospécifiques purement *statiques* s'avérera insuffisante pour l'interprétation du «champ» ou des gradients morphogénétiques. Il faudra l'enrichir d'hypothèses cinétiques, analogues peut-être à celles qui permettent d'interpréter les interactions allostériques. Mais je demeure convaincu, pour ma part, que seules les propriétés associatives stéréospécifiques des protéines pourront, en dernière analyse, donner la clé de ces phénomènes.（HN p 104）

訳文を読むと，何か矛盾したことを述べているように感じられる．つまり，静的な相互作用で理解できない可能性を述べながら，しかし自分は静的な問題で解釈できると信じている，というように読める．これは文学作品ならばよいだろうが，明らかに論理的矛盾をはらむ内容を，モノーが書いているような印象を与えない方がよい．

ここの意味は，静的な性質を理解した上で，さらに反応速度論的（動的）な計算をすることで，形態形成の場についての理解が深まると予想されるが，その場合でも，一番の鍵となるのは静的相互作用の特異性であるはずだといっているのである．現実には，その後の研究によって，このような形態形成の場が，何段階もの遺伝子発現の正のフィードバックによって悉無的な細胞分化のパターンをつくることがわかってきたので，モノーが考えるような分子間相互作用は確かに大事だが，さらにマクロな形態形成のシステム的な原理があったということになる．その意味では，モノーの懸念があたっていたとも思われる．なお，en dernière analyse という成句は，「よく考えた結果」「最終的に」である．

純粋に静的な立体特異的な相互作用という概念では，形態形成の〈場〉や勾配を理解するのに不十分であることは，十分にあり得ることである．アロステリック相互作用を解釈するのに使われたような，動的な仮説を加えれば，もっと完全な解釈ができるのかもしれない．しかしいま現在，自分としてわかるのは，立体特異的に集合するというタンパク質の性質だけが，結局は，これらの現象の鍵となるだろうと考えることで満足する他はない

ということである．(NS)

小見出し「後成的に《豊かになる》という偽りの逆説」(JP p 109) (le faux paradoxe de l'«enrichissement» épigénétique, HN p 108)：ここの意味は，後成的な形態形成によって，もともとなかった情報が加わるように見える逆説が誤りであることである．「偽りの」は「誤った」とすべきである．「豊かになる」というのはあまりにも抽象的であるが，JP でこのパラグラフの 4 行目にある情報内容 (le contenu informatif) (通常の訳語は，情報量) の豊かさを指している．「後成的形態形成では情報が増えるという誤ったパラドクス」(NS) というくらいに言葉を補いたい．この後の「豊かになる」もすべて「情報が増える」というようにした方がよい．

次のパラグラフ最初の「分子的後成」(JP p 109) (l'épigénèse moléculaire, HN p 108)：これでは意味がわからないので，「分子レベルでの形態形成」(NS) がよい．あまり「後成的」ということにこだわらなくても，形態形成という概念自体がそれを含んでいる．同じパラグラフ「遺伝的情報」(JP) (l'information génétique, HN) は「遺伝情報」(NS) である．そのあとの括弧書き「配列順序を意味している」(JP) (représentée par la séquence, HN) は，「アミノ酸配列で表された」(NS) として，遺伝情報の前にもってくるのがよい．

小見出し「合目的的構造の最後の議論《ウルチマ・ラチオ》」(JP p 111) (*ultima ratio* des structure téléonomique, HN p 110)：この標題のつけられた箇所の半ページ前くらいから，なんども *ultima ratio* (日本式ラテン語読みでは，ウルティマ・ラツィオ) というラテン語が出てくる．これは，「最後の議論」では意味が通じないように思える．*ultima ratio regum* (万策尽きたときの国王の最後の手段としての武力) という言葉は，もともとリシュリューが好んだもので，フランス王ルイ 14 世が大砲に刻んだとされている．ここでは，国王のかわりに「目的律的な構造」が主体となる．目的律的な構造を断固実現するためにとる「最後の手段」がここで出てくる *ultima ratio* と考えられる．「究極の答え」ではどうだろうか．この言葉を考えるために，少し戻って，前の節に書かれた内容から検討したい．

生物の合目的的構造と働きの最後の議論《ウルチマ・ラチオ》は，生物学におけるマクスウェルの魔物の《胎児》とも言うべき，球状タンパク質のポリペプチド鎖のなか

のアミノ酸残基の配列順序のなかに封じ込められているのである．現実的な意味で，生命の秘密――そういうものがあるとして――が，かくされているのは，このレベルの化学的構成の中にである．そして，たんにこれらの配列順序を記述するだけでなく，さらにそれらがどのような法則によって折り畳まれているかを明瞭にすることができたなら，そのときこそ，秘密が見破られ，最後の議論《ウルチマ・ラチオ》が解かれたと言うことができるであろう．（JP p 111，下線は NS）

L'*ultima ratio* de toutes les structures et performances téléonomiques des êtres vivants est donc enfermée dans les séquences de radicaux des fibres polypeptidiques, «embryons» de ces démons de Maxwell biologiques que sont les protéines globulaires. En un sens, très réel, c'est à ce niveau d'organisation chimique que gît, s'il y en a un, le secret de la vie. Et saurait-on non seulement décrire ces séquences, mais énoncer la loi d'assemblage à laquelle elles obéissent, on pourrait dire que le secret est percé, l'*ultima ratio* découverte.（HN p 110）

これを読むと，宝探しの最後に秘密を暴く魔法の呪文が *ultima ratio* であるかのような書き方である．つまりそれが究極の答え，すなわち生命の秘密である．ここで言う生命の秘密は，その前のページで 4 項目にわたって列挙された形態形成の 3 つのレベル，すなわち，タンパク質の高次構造をつくるフォールディングのしくみ，タンパク質間相互作用による複合体（オルガネラと同一視している）形成，さらに細胞間相互作用による組織や器官の形成という（目的律的な）合目的性を実現する原理を指している．それらをまとめてここでは「分子集合の法則」（loi d'assemblage）と呼び，それらを支配する配列情報そのものがわかれば，生命のふしぎはすべて解明できたことになると述べている．

生物がもつすべての目的律的な構造と機能の究極の答えは，ポリペプチド鎖のアミノ酸残基の配列の中に埋め込まれており，その意味では，ポリペプチド鎖は，生物学的なマクスウェルのデーモンそのものである球状タンパク質にとって，発生過程における《胚》のような存在である．かなり現実的な意味において，生命の神秘というものがあるとして，それが存在するのはこうした化学的な組織化のレベルにおいてである．もしも，ポリ

ペプチド鎖の配列を記述するだけでなく，それが従う分子集合の法則を解明できたとしたら，生命の神秘が暴かれ，究極の答えが発見されたことになるであろう．(NS)

それにしても，*ultima ratio* が，アミノ酸配列のことを指すのか，それとも，分子集合の法則を指すのか，明確ではない．後の節を見る限り，アミノ酸配列が解読されたことがこれにあたるように述べられているので，モノーは，アミノ酸配列の中に，分子集合の法則が書かれているはずだと信じていたようである．分子集合のための情報がアミノ酸配列の中に存在することは間違いないが，それが単純に目で見てわかるようなものではなかったのである．

小見出し「メッセージの解釈」(JP p 113) (l'interprétation du message, HN p 111)：少し説明を加えて「配列メッセージの解釈」(NS)，あるいは，さらに「配列メッセージの謎解き」というくらいがよいのではないだろうか．この節は，本書全体の中でも，科学的な内容に関して，重要概念をまとめている部分である．メッセージというのは，ポリペプチド鎖の配列のことを指しており，そこに書き込まれた情報をどのように解読するのかというのが，生命の秘密の解明だという趣旨で書かれている．しかし，細かい点でいろいろな翻訳の問題があるので，長くなるが引用して詳細に注解する．

球状タンパク質は，分子のレベルの一個のまぎれもない機械なのであるが，それはその機能的特性によってであり，今見たような盲目的組合せの遊び[1]以外のなにものでもないその構造の点からそういわれるのではない．この偶然は，不変性を保持する機構につかまれており，それによって保存・再現され，秩序・規則・必然[2]に転換されている．まったく盲目的な遊びのなかからは，その言葉の定義から言って，何でもあらゆるものがでてくることが可能である．ビジョンそのもの[3]さえでてくる．まさしく一個の機能的タンパク質の個体発生のなかに，生物圏全体の起源と血統[4]とが反映されているのである．生物は，ある企ての表われであり[5]，その企てを追求し，それを達成しつつあるわけだが，その企ての最終的な源は，タンパク質の一次構造の綴っている，きちんとした正確な，しかも本質的に解読不能なテキストともいえるこのメッセージのなかにあるのである[6]．なぜ

解読と言ったかというと7)，そのテキストは，それが自発的に果たしている生理学的に必然的に8)見える機能を示す9)前には，自分の構造のうちに，ただその起源の偶然性10)しか示してみせないからである．しかしこの本体がこのようなものだということこそ，幾時代もの遠い昔から11)われわれのもとへ届けられたこのメッセージに秘められた，もっとも深い意味なのである．(JP p 114，下線と番号づけは NS)

Une protéine globulaire c'est déjà, à l'échelle moléculaire, une véritable machine par ses propriétés fonctionnelles, mais non, nous le voyons maintenant, par sa structure fondamentale où rien ne se discerne que le jeu1) de combinaisons aveugles. Hasard capté, conservé, reproduit par la machinerie de l'invariance et ainsi converti en ordre, règle, nécessité2). D'un jeu totalement aveugle, tout, par définition, peut sortir, y compris la vision elle-même3). Dans l'ontogénèse d'une protéine fonctionnelle, l'origine et la filiation4) de la biosphère entière se reflètent et la source ultime du projet que les êtres vivants représentent5), poursuivent et accomplissent se révèle dans ce message6), dans ce texte précis, fidèle, mais essentiellement indéchiffrable que constitue la structure primaire. Indéchiffrable7), puisqu'avant d'exprimer9) la fonction physiologiquement nécessaire8) qu'il accomplit spontanément, il ne révèle dans sa structure que le hasard de son origine10). Mais tel est, justement, le sens le plus profond, pour nous, de ce message qui nous vient du fond des âges11). (HN p 112，下線と番号づけは NS)

(1) JP では，jeu を遊びと訳しているが，組み合わせゲームのようなものを考えればよい．

(2, 8) なお，問題の「必然性」(下線 2) は，本当はそうではなく，「タンパク質が細胞に必要な生理的機能を果たすこと」(下線 6) を意味するというのが，筆者の考えである (本書六章 4)．

(3) vision は aveugle と対応していて，盲目的な遊びの中から視覚も生まれるという言葉遊びをしている．「ビジョン」では意味が異なる．

(4) filiation を血統と訳したのでは意味が異なる．ここでは，進化の歴史を表しているので，系統関係を表している．

(5) 「生物は，ある企ての表われであり」ではなく，「生物が表現している

目的・意図」である.「それを達成しつつあるわけだが」では，生物が目的をもって進化していることを肯定する表現になるので，モノーの趣旨には合わない.「生物が達成する」というだけにしておくのがよい.

(6) se révèle dans ce message は，これまでの記述から見ると少し変で，メッセージが発現して初めて生命の（目的律的な）合目的性が表れるので，言いたいことは，生物がもつように見える目的・意図の源泉がメッセージの中にあって，そこから発現して，顕在化してくるということである.

(7) 「なぜ解読と言ったかというと」に対応するのは indéchiffrable であり，むしろ「なぜ解読不能と言ったかというと」とすべきである.

(9) exprimer は，分子生物学用語で，遺伝情報が「発現する」という意味で，一般的に「表現する」「示す」という意味ではない.

(10) le hasard de son origine というのは，「その起源の偶然性」ではなく，「その起源においては偶然だったもの」つまり「メッセージの配列のそれぞれの文字が独立で他の文字からでは推定できないこと」である.

(11) 「幾時代」というのも表現としておかしいように思う. du fond des âges は「太古の昔から」の意.

NS の訳は，本文の六章 4 で示した.

VI 不変性と擾乱 (Invariance et perturbations)

擾乱《じょうらん》という言葉の意味が違っていることは，五章 1 で指摘した.

この章の始めに出てくる，「客観性の公準」(JP p 116) (le postulat d'objectivité, HN p 115) と言っているのは，本当は正確ではないように思われる. 公準というのは非常に強い意味の言葉で，数学の公理に準ずるものを指している. しかし，この名詞は，postuler という動詞から派生した言葉であるので，「適用する」というもとの意味も残しているのではないかと思われる. つまり，こういう公準があるというよりも，この言葉の意味は，「科学を客観的なものとすること」(NS) を指しているのではないだろうか.『偶然と必然』の中には何度もこの言葉が出てきて，明らかに公準という意味で使われている場合もあるが，あまり明確ではない場合も多い. 偶然 hasard を副詞 au hasard で使う曖昧さと似ている. ここで postulat は，「〜をあてはめる」の意味でしかないように思われる. ただ，後にもモノーは「客観性の公準」を重要な概念として述べている (Monod

1974) ので，公準という意味でとれる場合にはとった方がよいと思われる．

> 科学にとって唯一の先験的なものは客観性の公準であって，科学はこの公準によって，このような論争に参加しないですますことができるし，あるいはむしろそれを禁止されているのである．(JP p 116)

> Le seul *a priori*, pour la science, est le postulat d'objectivité qui lui épargne, ou plutôt lui interdit, de prendre part à ce débat. (HN p 115)

> 科学に関して唯一始めから (無条件に) 言えることは，科学を客観的なものとすることであり，それによって，科学がこの議論 (真理は不変か変化か) に加わるのを避けたり，禁じたりすることができる．(NS)

同じパラグラフのもう少し先には，もう一度「公準」が出てくる．

> 科学のもっとも基本的な命題は，普遍的な保存という公準である．(JP p 116)

> les propositions les plus fondamentales de la science sont des postulats universels de conservation. (HN p 116)

これに関しても，postulats には不定冠詞がついているだけなので，何か基本的な公準というよりも，「いろいろな現象に普遍的に保存概念が適用できること」(NS) あるいは「保存量が存在すること」(NS) を指していると考えるべきであろう．この文の主語は，翻訳ではわからないが，複数形であって，それは，保存性が見られる現象が複数あることに対応している．ここで postulat を特定の論理的な公準とすると，主語が命題であるので，命題＝公準となり，言葉を言い換えているだけになる．そうではなくて，postulat は「保存性が適用できること」を指すと考えるのがよいと思われる．さらに，

> 同一性の原理は，古典的科学においては物理学の公準としてはかぞえられていない．(JP p 117)

Le principe d'identité ne figure pas comme postulat physique dans la science classique. (HN p 116)

ここでは，comme の後なので，無冠詞で postulat physique と書かれていて，ここは「物理学的な公準」の意味でよいが，訳文では，古典的科学と物理学との関係がはっきりしない．物理学的な内容が古典的科学の中に含まれていたという表現であると考えられる．

その先では，ベルクソンについての言及の後，次のような文章でこの章は終わっているが，ここは，重要なまとめを記した部分である．

したがって，非生物系，すなわち複製をしない系では，いっさいの構造がすこしずつ崩壊してゆくが，同じ擾乱とか《雑音》が生物圏においては進化を生むもととなり，そして，音楽だけでなく雑音も残しておこうとする音痴の，《偶然》を保存する機関《コンセルヴァトワール》ともいうべき，DNA の複製構造のおかげで，完全な創造の自由をもつことになった理由の説明がつくという次第である．(JP p 136)

Il faut donc dire que la même source de perturbations, de «bruits» qui, dans un système non vivant, c'est-à-dire non réplicatif, abolirait peu à peu toute structure, est à l'origine de l'évolution dans la biosphère, et rend compte de sa totale liberté créatrice, grâce à ce conservatoire du hasard, sourd au bruit autant qu'à la musique: la structure réplicative de l'ADN. (HN p 131)

この訳文はまったくの間違いではないが，意味がわかりにくい．最初の，非生物系が崩壊するのが，訳文どおりでは，自然に起きるように思えるが，実は，攪乱や騒音が原因である．また，音痴という言葉が出てくる理由がわからない．"sourd" というのは，ここでは，「騒音にも楽曲にも耳を貸さないで区別しない」，言い換えれば，「正しい遺伝情報でも変異を起こした情報でも区別しない」という意味である．「創造の自由」(JP) は「創造してもよい自由」のようにとれるが，そうではなくて，「あらゆる可能性を生み出すことができること」(NS) を述べている．すぐ前のベルクソンの説に対するコメントで、進化には方向性がないことをベルクソンが認めたことを評価しているので，ここはそれを受け

ている．ベルクソンは「なんでもつくり出せる進化」（創造的進化）を基本に据えたが、モノーは，進化の自由度がDNAへの撹乱の結果であるとしている．同じ“créatrice”という言葉を使っている点も，ベルクソンの影響（あるいはベルクソン崇拝の表れ）と考えるべきである．筆者の訳は，次のようになる．

> そこで，次のように結論しなければばならない．撹乱つまり《雑音》という同じ一つの原因が，複製が起こらない無生物の系ではすべての構造を少しずつ壊していくのに対し，生命世界では進化を生み出す源泉となり，あらゆる創造の可能性があることの説明となっている．これは，雑音も正しいメロディーも区別しないで偶然的事象を保存する保管庫，すなわち，複製するべく構造ができているDNAのおかげである．（NS）

VII　進化（Évolution）

ここで出てくる，「突然変異」（mutation）という言葉が，碩学のはずの武谷（p 123）をも混乱させている．同じことは一般の読者にもあてはまりそうに思われる．日本語の学術用語としては「突然」という言葉がつくが，mutationというのは，単一の概念で、本来，「変異」でよいはずだが，遺伝学の伝統として，variationを変異と呼び，mutationを突然変異と呼んで区別している．何も「突然」という部分に意味はないのだが，生物学の専門教育を受けていない読者には，わかりにくい言葉遣いである．Variationで表される変異は，遺伝しないものも含まれる曖昧な概念である．ただし，今では，染色体のエピジェネティックな変化（モノーが使うépigénétiqueとは異なる概念），つまり，DNAのメチル化，ヒストンのアセチル化，メチル化を含む発現レベルでの変化まで考えると，おそらく，多くのvariationはこの部類に含まれるのではないかと思われる．進化の原因となる淘汰に関する説明で，

> （ネオ＝ダーウィン主義者たちは）淘汰の決定因子は《生存競争》ではなくて，種の内部における増殖率の差である，ということを示した．（JP p 138）

> Les néo-darwiniens ... ont ... montré ... que le facteur décisif de la sélection n’est pas la «lutte pour la vie» mais, au sein d’une espèce, le taux différentiel de reproduction. (HN p 136)

と訳されているが，増殖率ではなく繁殖率を使うとよい．これは，生存した個体が次の世代を残すことを意味していて，生態学や進化学の普通の概念である．増殖は，細胞が分裂して数を増やすことであるが，進化における問題は，次の世代を残すかどうかであり，次世代を残さない個体がいくら増えても，それだけでは選択されたことにはならず，進化には直接の影響はない．つまり，上に書かれた陳腐化されたダーウィン主義では，生存競争が自然淘汰の要因であるが，

> 一つの種の中で考える場合には、繁殖率の差が異なることが選択の決定的要因になる．（NS）

と言っている．いわゆる生存競争は，えさとなる他の種を消費することを指しているので，考えている状況がまったく異なる．言い換えれば，変異株間の競争というときに，それぞれの繁殖率が違えば，限られた資源の中では，繁殖率の高い変異体が優占する．

> したがって，受け容れられる突然変異というのは，合目的的装置の首尾一貫性を低下させてはならないだけでなく，むしろすでに起こっている変化の方向に即してこれをさらにいっそう強化するか，あるいはまた——それよりずっと稀なことではあるが——あらたな可能性を開くといったぐあいの突然変異でなければならない．（JP p 139，下線は NS）

> Les seules mutations acceptables sont donc celles qui, à tout le moins, ne réduisent pas la cohérence de l'appareil téléonomique, mais plutôt le renforcent encore dans l'orientation déjà adoptée ou, et sans doute bien plus rarement, l'enrichissent de possibilités nouvelles. (HN p 136)

訳文にある「なければならない」という言葉が，実は原文にはないので，少し論理が変わってくる．

> 系に受け容れられる突然変異というのは，少なくとも，目的律的な装置の首尾一貫性を低下させないものだけではあるが，むしろ，すでに採用した

変化の方向性を強化したり，また，さらにずっとまれな場合には，新たな可能性をつけ加えることによってその方向性に幅を与えるものだけである．(NS)

その続きが次の文章である．

偶然から生まれた試みを，一時的にせよ永続的にせよ，受け入れるか，それとも排除するかを決める初期条件を与えるのが，この合目的的な装置であり，突然変異が現れたときに第一番目に作用するのである．(JP p 139)

C'est l'appareil téléonomique, tel qu'il fonctionne lorsque s'exprime pour la première fois une mutation, qui définit les *conditions initiales* essentielles de l'admission, temporaire ou définitive, ou du rejet de la tentative née du hasard. (HN p 136)

すでに述べたように，exprimer という動詞の意味は「発現する」である．突然変異が現れるのではない．つまり，選択は突然変異そのものに働くのではなく，それが発現した表現型に対して働くのである．強調構文なので主語が長くなってしまうが，ここは，少し言葉を補って訳しなおすことにする．

偶然に生じた突然変異という試みを，一時的に受け入れるだけにするか，最終的に受け入れるか，あるいは拒絶するのかを決めるために必須の初期条件を規定しているのは，この目的律的な生命装置であり，これは，突然変異が最初に発現するときに直ちに働いている．(NS，下線部は補った言葉)

小見出し「偶然をひきおこす豊かな源泉」(JP p 139) (richesse de la source de hasard, HN p 137)：hasard に冠詞がないので，source de hasard が一つの概念である．これは字義通りには「偶然という源泉の豊かさ」(NS) である．この後では，「気まぐれな (偶然にゆだねられた) 源泉」(une source au hasard) とも言っていて，偶然そのものが突然変異の源泉であるのか，突然変異の源泉 (つまり複製機構) が偶然にゆだねられているのか，はっきりしないが，おそらく後者のようである．

次の文章では，論理が逆になっているように見える．

> したがって，生物圏における進化は時間的に方向性をもった必然的に不可逆的な過程である．(JP p 143)

> L'évolution dans la biosphère est donc un processus nécessairement irréversible, *qui définit une direction dans le temps*; (HN p 139)

> したがって，生命世界における進化は必然的に不可逆的な過程であり，そのことが時間の方向性を定めている．(NS)

次の文章は，ずいぶんと原文から逸脱しているようである．

> 今日知られているもっとも霊妙かつ精密な分子適応現象の基礎に，偶然ということがあるということを発見するのは，まことに注目に値する．しかし《あらゆる方向》にたいする防衛手段を生物に与えられるほど豊かな源は，いま述べた偶然というようなもの以外になにもありえないだろうということは，(経験的に《ア・ポステリオリ》) 明瞭である．(JP p 145)

> Il est bien remarquable de trouver, à la base d'un des phénomènes d'adaptation moléculaire les plus exquisement précis qu'on connaisse, une source au hasard. Mais il est clair (*a posteriori*) que seule une telle source pouvait être assez riche pour offrir à l'organisme des moyens de défense en quelque sorte «tous azimuts». (HN p 141)

「もっとも霊妙かつ精密な」(本当は，「霊妙なほど精密な」) は現象にかかるが，そうした現象の一つが抗体であるというように書かれているので，「一つ」という言葉を入れないと，きわめて強い断言になってしまう．分子適応という概念を勝手につくり出していると武谷 (p 141) が指摘するように，ここは，分子レベルでの適応現象としたい．抗体分子そのものは変化せず，どんな抗体がつくられるのかが変化するのである．また，偶然が基礎にあるのではなく，au hasard は副詞句であり，「気まぐれな源」と書かれている．*a posteriori* はカント

の概念で，*a priori* 先験的の反対語ではあるが，ここでの意味は，「こういうしくみがわかってみれば，後から，なるほどと納得できる」ということであろう．以下のように訳してみることにする．

> 分子レベルの適応現象で，知られる限りもっとも精妙なものの一つである抗体分子の生成の源泉が，気まぐれに支配されていることがわかったことは注目に値する．しかし，わかってみれば，そうした源泉であればこそ，その豊かさによって，どんな方向からの攻撃（多くの種類の感染）も防ぐことができる多様な手段（抗体）を生物に与えることができることが明らかである．（NS）

小見出し「淘汰の圧力を方向づけるものとしての行動」（JP p 146）（le comportement comme orientant les pressions de sélection, HN p 141）：選択圧は集団遺伝学の専門語であるので，これは，「選択圧を方向づける（ものとしての）行動」となり，括弧内はなくてもよい．この内容は，定向進化や目的にあった進化を容認するもので，最初にその生き物が「ある選択をすると」（le choix initial, HN p 142），その後は，結果として（une influence à très longue portée, HN p 142），目的律的進化が起きるように書かれている．武谷（p 145）がネオ・ラマルキズムと呼ぶのも不思議ではない．

小見出し「脳の後成的発達過程中にプログラムされた言語の習得」（JP p 156）（l'acquisition du langage programmée dans le développement épigénétique du cerveau, HN p 149）：これでは，プログラムされるのは発達過程中のように読めるが，そうではない．脳の発達「過程中」に起きるのは言語の習得であって，それが予めプログラムされていると述べているのである．正しくは，「脳の（後成的）発達における予めプログラムされた言語習得」（NS）である．épigénétique という言葉が，現在の生命科学で使われるエピジェネティックとは異なることを，すでに注意しておいた．脳の発達により，最初にはなかった機能が獲得されてくるという意味のようである．結局のところ，現代の発生学の知識では，発生ということ自体が後成的なものなので，あえて訳語に入れる必要はない．

次はマルクス主義関連である．

一般に，言語は《上部構造》を構成しているにすぎないと見られている．文化的進化というこの第二次の進化の所産である人間の言語の極度の多様性から言えば，もちろんそのとおりに見えるのである．（中略）言語能力はもはや上部構造とのみみなすことはできなくなる．（JP p 157，下線は NS）

On admet en général que le langage ne constitue qu'une «superstructure», ce qu'il paraît, bien entendu, par l'extrême diversité des langues humaines, produits de la deuxième évolution, celle de la culture. ... En ce sens, la capacité linguistique ne peut plus être considérée comme une superstructure.（HN p 150）

ここで，superstructure の訳語は上部構造であるが，これはマルクス主義で使われる概念である．マルクス主義では，生産や労働，資本のように社会をものとして動かしている下部構造（infrastructure）と，文化，制度，国家，宗教など政治的，思想的に動かしている上部構造（superstructure）とを区別する．ここでは，マルクス主義で使われるような意味での固定した概念としての上部構造を否定して，下部構造である脳の認識機能との協調的な進化を考えるために，対立概念として出している．素直に読めば，次のようになるだろう．

言語が《上部構造》の一つでしかないと一般には考えられているが，これは，第二の進化つまり文化の進化が生み出した人類の言語の著しい多様性によっても，当然，正しそうに思われる．（中略）この意味で，言語能力は，もはや上部構造の一つと見なすわけにはいかなくなっている．（NS）

VIII　未開拓の領域（Les frontières）

このタイトルでは，未開拓ではなく，「研究の最先端」を指しているはずである．湯浅の訳も「生物学の最尖端」となっている．Frontières というのは，この場合，既知のことと未知のこととの境界，既知の領域の最前線，あるいは最先端であり，未開拓とは意味が異なると考えられる．

小見出し「遺伝暗号の起源についての謎」（JP p 166）（l'énigme de l'origine du code, HN p 159）：現生生物の遺伝暗号がどのようにして今のものに決まり，全生物で基本的に共通なのかということが，ここでの謎の内容である．

この題目にかんしては，最後のことばはまだ出されてはいない．(JP p 167，下線部は NS)

Peut-être le dernier mot n'a-t-il pas été dit sur ce sujet. (HN p 160)

おそらくこの件については，最終的な結論は出ていない．(NS)

同じパラグラフの最後の一文．

推測の領域が自由であり，自由すぎるのである．(JP p 168)

le champ est libre, trop libre. (HN p 160)

については，「自由」ではなく，「場所が空いている」という意味である上に，trop はあまりに何々すぎて何々できないという意味なので，意味が逆になり，

推測はいろいろ可能であるが，何でも推測できすぎて何もわからない．(NS)

というくらいが妥当であろう．

この後に，生命が地球上にただ一度だけ誕生したのか，それとも複数回誕生したが，現在のタイプのものだけが生き残ったのか，という議論がある．

このような決定的な出来事は一度しか生じなかったという仮説の可能性は現在の生物圏の構造から見てとうてい排除することはできない．(JP p 168)

L'hypothèse n'est pas exclue, au contraire, par la structure actuelle de la biosphère, que l'événement décisif ne se soit produit *qu'une seule fois*. (HN p 160)

ここでは，「可能性」とか「とうてい」に相当する言葉がないはずである．このあたりの議論は，よくわからないと言いつつ進めているので，かなり控えめな論調であるのに，非常に強く断言する調子で訳されているように感じられる．

このパラグラフの最後でも，

> そのことは，生命の出現する先験的な確率はほとんどゼロであったということを意味している．(JP p 168)

> Ce qui signifierait que sa probabilité *a priori* était quasi nulle. (HN p 160)

と述べているが，これは条件法で書かれていて，断言していない．

> このことはその事前確率がほとんどゼロであったことを意味するように思われる．(NS)

というくらいである．ちなみに *a priori* は，その少し前にある，「生命誕生以前における」(NS) (*avant l'événement,* HN) と同義と考えられるので，カントの先験的ではなく，むしろ統計学の用語の「事前確率」(prior probability 英語) を使った方がよいと思われる．つまり，条件確率において，われわれがある特定の事実を知る前と知った後でのある事象の確率を比較する問題で使われる．

小見出し「もう一つの未開分野――中枢神経系」(JP p 170) (l'autre frontière: le système nerveux central, HN p 162)：ここでも，未開分野ではなく，「もう一つの最先端研究分野」とすればよい．

小見出し「先天性と経験主義」(JP p 177) (innéisme et empirisme, HN p 167)：翻訳では，二つの言葉が対になっていないことに違和感がある．ここで，経験主義または経験論という言葉は，「人間のすべての知識はわれわれの経験の結果である」とする，ロックなどの哲学的・心理学的立場を表す．これに対する言葉は，生得説である．nativisme というのも類似概念だが，ある考えや能力が最初から備わっているという意味で，innéisme (innatism 英語) は，最初からあっても，ある年齢に達しないと表れてこないような能力も含んでいる．言語はまさしくそういうものである．このパラグラフに出てくる「認識の枠組の《先天性》」(JP p 177) (l'«innéité» des cadres de la connaissance, HN p 167) と同じことを意味する．ただし，日本語では innéisme と nativisme の二つの区別がはっ

きりしないようである．デカルトは，この生得説の立場に立って，「あるいくつかのものの考え方（経験を超越する神の概念や数学の公理など）は，最初から個人に備わっている」と考えた．先天性，先天主義などの言葉も考えられる．また，ここでの議論は，具体的な心理的発達を議論するので，それを説明する考え方に対する名称としては，「主義」よりも「説」の方がよいと思う．タイトルは，「生得説と経験説」とするのがよいと思われる．

小見出し「模試《シミュレーション》の機能」（JP p 180）（la fonction de simulation, HN p 169）：この「模試」はどうもなじまない．ルビで「シミュレーション」と書かれているものの，あまりにも場違いである．それにフランス語の基本知識として，冠詞のない言葉が de でつながっている時には，日本語の四字熟語のように一つの概念になるのが普通である．したがって，この場合，「の」を入れないで，「模擬実験機能」または「シミュレーション能力」である．fonction の訳として，機能でなく，能力のほうがふさわしいように思う．個別の機能ではなく，心身の全体を使った総合的な能力のことを述べているからである．

「先天的論理装置」（JP p 184）（l'instrument logique inné, HN p 172）：「生得的な論理装置」（NS）．これは，「主観的模試装置」（JP p 184）（le simulateur subjectif, HN p 172）を指す．フランス語は，同じ言葉を重ねないように書くので，このように言い換えているが，訳すときには同じことの言い換えであることがわかるようにするのが適切である．

「表象的な言語」（JP p 184）（langage symbolique, HN p 172）：これは，論理的な言語のことを指すので，「象徴（的）言語」または「シンボリック言語」（NS）．その後にある「象徴的道具」（JP）（instruments symbolique, HN）とも関連する．

小見出し「二元論的幻想と精神の存在」（JP p 185）（l'illusion dualiste et la présence de l'esprit, HN p 173）：幻想が二元論的なのではなく，二元論者のいうことは幻想だと言っているので，「二元論者の幻想と精神の存在」（NS），または意味を考えて「二元論という幻想と精神の存在」（NS）とすべきであろう．

「ここに境界線があって」（JP p 185）（Voilà la frontière, HN p 173）：確かに境

界線でもよいが，この章のタイトルも同じ言葉なので，「ここが最先端であって」（NS）となる．その前のパラグラフで，脳のしくみがまだよくわからないが，主観的シミュレーターとしてのすばらしい機能があることをまとめていて，この言葉はまさしく「ここが」最先端なのだと言っている．つまり，「その前に書いたことが，いまわかっている最先端なのだ」と述べているのである．

> それを越えるまでは，われわれの活動のなかで，二元論は真実を保持しつづける．（JP p 185）

> Tant qu'elle n'est pas franchie, le dualisme conserve en somme sa vérité opérationnelle. (HN p 173)

ここで原文にある「操作的な」という言葉が翻訳では消されている．opérationnel という言葉は，『偶然と必然』で繰り返し使われている言葉で，本質的な理解ができていなくても，実際上，やってできることを表現している．ジャコブとモノーのオペロン説の中心をなすのも，opérateur（オペレータ）であるので，これはモノーの思想の本質的なところに関係するはずである．つまりここでは，

> 最先端を突破する研究ができない間は，いろいろ細かい問題はあるにしても全体としては，二元論が正しいとして実際上，問題はない．（NS）

ということを述べている．そしてそのことはデカルトの頃と何も変わらないといっているのである．単に二元論では何のことかわからないので，その次に出てくる「脳と精神」ということを先に出して，「脳と精神は別だという二元論」とすればわかりやすい．さらにその続きの文章を見よう．

> 客観的分析によって，われわれの中にある見かけの二元論は幻想であることを認めざるをえない．ところが，この二元論はわれわれの存在自体とじつに密接に結びついているので，主観をはっきり理解することで，それを消し去ろうと思ったり，それなしに感情的・道徳的に生きることを学ぼうとしても，それはまったくの無駄に終わるであろう．（JP p 185）

L'analyse objective nous oblige à voir une illusion dans le dualisme apparent de l'être. Illusion pourtant si intimement attachée à l'être lui-même qu'il serait bien vain d'espérer jamais la dissiper dans l'appréhension immédiate de la subjectivité, ou d'apprendre à vivre affectivement, moralement, sans elle. (HN p 173)

後半で,「主観をはっきり理解する」とは何を意味するのだろうか. appréhension immédiate というのは, デカルトがコギトによって主観を疑い得ないものとして理解したように, 説明なしでいきなり理解することを指すはずである. さらに, apprendre は appréhension の動詞なので, 同じ概念を表している.「生きることを学ぶ」とはどういうことだろうか.「心得る」くらいがよいのではないか. つまり, 後半はこのようになる.

主観があることを無条件に受け入れることによって, 精神と脳 (身体) の二元論を解消することを期待するわけにはいきそうもない. また, 二元論なしに, 情緒的にまた道徳的に生きるすべを心得るのも無理だろう. (NS)

IX　王国と奈落 (Le Royaume et les ténèbres)

そもそも, このタイトルが何を言っているのか, 日本語としてわからない. ちょっと考えると, 天国と地獄という意味に思える. 湯浅は, まさしくその通りの訳をつけている. しかし, 本書の記述を読めばわかる通り, モノーは宗教を否定している. 王国の原語は大文字になっていて, たった一つの特別なもののように読める. 反面, ténèbres というのは, 複数でしかも多義的なことばである. 本来の意味は, 暗いところであるが, 先が見通せなくてどうしてよいかわからない状態を指すと思われる.「奈落」は地獄の意味なので, ここでは不適当である. では, 王国とは何かということになると, これはテイヤール・ド・シャルダンの 3 段階進化説 (atmosphère, biosphère, noosphère) の最終段階である noosphère に対応している (SV および Barthélemy-Madaule 1972). これは nous (ヌース: ギリシア語で精神, 理性) と環境を表す sphère を結合してつくられた造語で,「人間の理性が支配する世界」を意味する. 日本語版の訳者は, モノーがテイヤール・ド・シャルダンを否定していると思い込んでいるので, このような誤解につながっている. モノーが理想と考えたのは, 人間が理性によって科学をうまく活かすだけでなく, 理性的な判断をすることによって

優れた倫理的な社会をつくるという，結局は，アリストテレスやデカルトなど，過去の哲学者が目指した哲人政治であったと考えられる．そのように考えると，Royaume の訳は，「理性が支配する理想郷」あるいは「理性の王国」ではどうだろうか．これに対して，ténèbres は，科学的な知識と旧来の生活倫理が対立して，混乱している現代の状況を指しているので，「混迷」あるいは「現代の混迷」という意味である．

小見出し「〈人間〉の進化における淘汰の圧力」(JP p 187)(pressions de sélection dans l'évolution de l'Homme, HN p 177)：「淘汰の圧力」は「さまざまな選択圧」．複数ということも重要である．原著で大文字の l'Homme をどのように訳すのか問題だが，何の断りもなくただ〈人間〉と括弧で表していても，意味が伝わらない．『偶然と必然』で最初にこの大文字の人間が現れたのは，第7章「進化」の途中である．言語を獲得することによって，独自の進化の道を歩み始めた *Homo sapiens* に対して，大文字の人間という言葉をあてているように見える．この章の始めには，次の文がある．

> すでにのべたように，オーストララントロプスなり，彼と同時代のだれかほかの者なりが，それまでのように，具体的な自分の当面した経験だけではなく，主観的経験や個人的《模試《シミュレーション》》の内容までも表現できるようになった日から，あらたな治世，すなわち観念・思想の治世が誕生したのである．新しい進化，つまり文化の進化が可能となったのである．(JP p 187)

> Du jour, avons-nous dit, où l'Australanthrope ou quelqu'un de ses congénères parvint à communiquer, non plus seulement une expérience concrète et actuelle, mais le contenu d'une expérience subjective, d'une «simulation» personnelle, un nouveau règne était né: celui des idées. Une évolution nouvelle, celle de la culture, devenait possible. (HN p 177)

この règne (王が統治すること) が，本章のタイトルである王国 Royaume (王 roi の国) の誕生を宣言している．つまり，前章にも述べられていたシミュレーション能力の獲得が，思想が支配する王国を生み出したとしている．idées という言葉も訳しにくく，JP では，観念・思想と二つの言葉を併記して表現している．

筆者は思想としておきたい．重要なのは、目の前にあることがらを指し示して説明するような形のコミュニケーションならば，動物でもできないことはないが，人類の進化の特別な点は，個人的体験から遊離した一般的概念を用いて思想が形成され，思想が進化をリードしてきたことであるというのが，モノーの考え方である．訳文で「治世」とすると，直接的に王国の存在が明示できないので，むしろ意訳して，「新たな王国，つまり，思想が支配する王国が誕生した」(NS) としたらよいのではないかと思う．この王国の住人が，大文字で表される〈人間〉ということになる．次の文を見よう．

> この進化は，たんに部族の掟が受け容れられることを容易にするだけではなく，さらに掟についての神話的説明——この説明は掟に主権を付与することで，その基礎を与えることになる——の必要をも作り出さずにはいなかった．(JP p 196)

> Cette évolution devait non seulement faciliter l'acceptation de la loi tribale, mais créer le *besoin* de l'explication mythique qui la fond en lui conférant la souveraineté. (HN p 183).

これは神話で集団の支配を行ったという仮想的な過去の人類についての記述であるので，主権の付与のところはもう少し違う表現が必要である．「容易にする」と「必要を作り出す」が対になるが，あまりはっきりしていない．

> ものの考え方の枠組みが進化すると，集団の決まりを受け容れやすくなったはずだが，それだけでなく，集団の決まりに絶対的権限を与えることで，決まりを掟として確立する神話的な説明をする必要性が生じたはずである．(NS)

おそらく，loi という言葉を繰り返し使っているものの，souveraineté が与えられる前と後では，中身が違うはずなので，言葉を補って訳してみた．また，JP の翻訳では語調が強すぎるように思う．「作り出さずにはいなかった」というのは，歴史の必然を語っているような感じだが，進化の過程で自然とそうなったはずだといっているに過ぎない．少し先に進もう．

その（神話，宗教，哲学）なかに本質的に同じ《形》がつねに見いだされるわけを，どのようにして説明できるのであろうか．（JP p 197）

Comment expliquer ... la même «forme» essentielle se retrouve?（HN p 183）

ここでは，forme はプラトンのイデア・形相を意味していると考えられる．つまり，説明原理の形式が共通だということを述べている．少なくとも「形式」というくらいの訳が望ましい．

その後のプラトンのイデアを説明しているところで，『共和国』（JP p 198）（*la République* HN p 184）という書物は，普通は，『国家』と呼ばれている．ギリシア語の原題は，Πολιτεία（ポリテイアー）だが，通常フランス語ではこのようなタイトルで呼ばれる．しかし，フランスの共和制における共和国ではなく，ギリシア・ローマ時代の *res publica*（ラテン語），つまり「公のもの」である．

小見出し「物活論的《旧約》と現代人の魂の病患との断絶」（JP p 199）（la rupture de l'«ancienne alliance» animiste et le mal de l'âme moderne, HN p 185）：旧約については，第 2 章で出てきているが，キリスト教の旧約だけにとらわれない意味とすると，神話の世界で人間が自然との間で交わした親密な関係というような意味で使われている．簡単に言えば「古き良き時代」のことであるので，少し変えて，「古き良きアニミズム世界」としてみる．そこで提案するタイトルは，「古き良きアニミズム世界から隔絶した現代人の魂の病」（NS）となる．断絶を主語に据えてもよいが，むしろ言いたいことは現代の問題であるので，このように変えるとよいと思う．

小見出し「価値と知識」（JP p 204）（les valeurs et la connaissance, HN p 188）：やはり，複数を表現しないと，この言葉の意味は通じない．価値観はいろいろあるが，科学的知識は一つだ，という内容と考えられる．「いろいろな価値観と唯一の科学的知識」（NS）というくらいに訳さないと，意味をなさないと思う．さらに，価値と知識の乖離《かいり》の理由を挙げた 2 項目目：

第二に，特に，《真の》知識という定義そのものが，分析を突きつめていくと，倫理的次元の公準にもとづいていることになるからである．（JP p 205）

— ensuite et surtout parce que *la définition même de la connaissance «vrai» repose en dernière analyse sur un postulat d'ordre éthique.* (HN p 188)

en dernière analyse は，第 5 章（JP p 104）と同じく，「結局」という意味である．ここの postulat は，不定冠詞がついているので，「適用」「あてはめること」としておくのがよさそうである．

次に，特に重要な理由は，〈真の〉知識という定義自体が，結局，一つの倫理的秩序をあてはめることに基づいているからである．（NS）

この節では，「行動」（action）と「談論」（discours）が出てくるが，この節の後半になると，デカルトの使った意味で discours を使っていると書かれており（JP p 207, HN p 190），そこからの訳では「叙説」に変わっている．ただ，「談論」と書いて「ディスクール」とルビをふっても，一般の読者，特に，生物に興味をもつ読者には，何のことかわからないという心配がある．

小見出し「知識の倫理」（JP p 209）（l'éthique de la connaissance, HN p 191）：これは他に訳しようがないのではあるが，普通にこの表現を聞いても何のことかわからない．本文中では，知識の倫理でもよいが，タイトルとしては，「客観的知識に基づく倫理観」（NS）くらいにすると，読む時に中身がわかりやすい．最初にこれを定義している文章がある．

知識の倫理においては，知識の基礎をなすものは原始的価値の倫理的選択である．（JP p 209）

Dans l'éthique de la connaissance, *c'est le choix éthique d'une valeur primitive qui fonde la connaissance.* (HN p 191)

この「原始的価値」とは何のことだろうか．その次の文章では，アニミズム的な倫理では，個人があずかり知らぬ「物に内在する決まり」，宗教的な決まり，イデオロギー的な決まりなどを知識として押しつけられることが述べられている．そうすると，原始的価値とは，それに基づいて科学的真理がつくられるよ

うなもとになる価値観のことを指すと思われる．実は，このことは前の節の後半から導入が始まっていて，「この混同の禁止という《第一戒律》は，客観的知識の基礎を形づくる」（JP p 208 8 行目）（cet interdit, ce «premier commandement» qui fond la connaissance objective, HN p 191 4 行目）がこれに対応する言葉と思われる．その場合，第一戒律では宗教色が強いので，「基本的要請」（NS）と考える．そうすると，上の「原始的価値」と対応することが明瞭になる．つまり，原始的価値ではなく，「最も基本的な価値観」を指すことになる．それをさらに意訳すると，次のようになる．

知識の倫理においては，客観的知識を築き上げるもとになる基本的な価値観（つまり客観性）を選択するという倫理的態度がある．（NS）

そのお手本がデカルトの方法序説だというのである．このパラグラフを締めくくる次の言葉が，『偶然と必然』全体のまとめでもある．客観的価値観を最初に受け入れるという選択をすることが大切だと言っている．

われわれの足もとに奈落がぽっかりとあいているのが見えるが，それを掘っているのはまさにこの矛盾なのである．現代世界の創造者である知識の倫理こそは，ただそれのみが現代社会と両立しうるものであり，そしてひとたびそれを理解して受け入れさえすれば，ただそれのみが現代世界の進化を導くことができるのである．（JP p 209–210）

C'est elle [= contradiction] qui creuse le gouffre que nous voyons s'ouvrir sous nos pas. L'éthique de la connaissance, créatrice du monde moderne, est la seule compatible avec lui, la seule capable, une fois comprise et acceptée, de guider son évolution. (HN p 192)

この gouffre を奈落と訳しているが，最初の ténèbres と同じだと言うのだろうか．この「淵《ふち》」は現代社会における倫理と知識の乖離を表しているのではないだろうか．

われわれの足もとに深い淵を開きつつあるのはこの矛盾である．近代世界

をつくり上げてきた知識に基づく倫理だけが近代世界と矛盾しないものであり，それを理解して受容することによってのみ，近代世界をさらに進化させることができる．(NS)

引き続くパラグラフでは，もっと驚くべきことが述べられる．

知識の倫理は，説明を与えることはできないが，人間の求めているものはそんな説明ではなく，自己を超克・超越することではなかろうか．(JP p 210)

Peut-être, plus encore que d'une «explication» que l'éthique de la connaissance ne saurait donner, l'homme a-t-il besoin de dépassement et de transcendance? (HN p 192)

この一つ前の文章では，知識の倫理が人間の不安を解消できるのかという疑問に対して，たぶん大丈夫だと答えている．それを受けたこの文章で，「説明を与えることができない」とは思いがたい．sauraitという条件法は，人々の不安の要請に応じてそれ以上のものを与えようとしても与えられないことを表していると思われる．また，最初の「おそらく」は，前の文章で出ている同じ言葉を再度繰り返して，反芻しながら，次の発展を述べている．dépassementとtranscendanceは同じことを言っているが，後者はカントやニーチェなどが使っていて，さまざまな意味が付与されているので，乗り越えることという普通の言葉を加えて説明したものと思われる．しかし，人間が必要とする超越とは何だろうか．訳文のように自己の超越なのだろうか．それでは，ニーチェと同じに聞こえる．超越と同じ内容は，plus encore queに相当する．une explication（一つの説明）を越えるのは，人類全体の倫理ということのようである．後の文章を読むと，個人を超越して社会を考えるようなことが書かれているので，モノー流の社会主義・実存主義のことを指していると思われる．そこで訳としては，このようなものを考えた．

おそらく，知識の倫理が与えることのできる個別の説明以上のもの，つまりそれを乗り越えること，超越することを人類は必要としているのだろう

か．(NS)

超越はしばしば出てくるが，ニーチェの意味での自己超克，超人とは少し違って，科学的知識による思想の超越的進化を指している．

小見出し「知識の倫理と社会主義者の理想」(JP p 212) (l'éthique de la connaissance et l'idéal socialiste, HN p 193)：これが最後の節である．訳の問題としては，あくまでも抽象論として社会主義を論じているので，「社会主義的な理想」とする方がよいだろう．フランスは個人主義の国である．その中で，個人の価値観を超えて，社会全体の価値観を見いだそう，そのさいに，客観的科学的な知識を基礎にしよう，というのは，確かに納得できそうな考え方である．それを，理想的社会主義を打ち立てるというような形で述べると，何を目指すのかわからなくなる．「客観的知識に基づく倫理によって社会全体を理想的に発展させる」というのが，このタイトルの意味と考えられる．そしてそれは，本章のタイトルである「思想 (理路整然とした客観的なものの考え方) が君臨する王国という理想郷」，つまり人類進化の次の段階への導入を意味する．

ラテン語の翻訳に関する問題

1. *ne varietur* (HN p 25)：これはラテン語ではあるが，Petit Larousse (フランス語の辞書) にも出ていて，学術的なフランス語で使われる言葉でもある．訳書にある「不変のまま」は意味が弱く，放っておけば不変になるように読めるが，この否定受動態接続法の本来の意味は，「変化させられないように」という目的をはっきりと意識した言葉であり，ここでは，遺伝子の複製のさいに，遺伝情報が変化しないような特別なしくみがあることを述べている．したがって，本文中の reproduction invariante (HN p 25), invariance reproductive (HN p 26) など，多用される invariant/invariance という言葉も，この意味で訳すのがふさわしい．単に「不変の」ではなく，「不変に保つような」など，少しだけ意図が加えられた表現がよい．そうすると，生物がもつ「意図」との関係が再び問題となる．

2. *ultima ratio* (JP p 111, HN p 110) については，上で述べたが，「最後の議論」ではなく，「究極の答え」，つまり「生命の神秘」を指している．

3. *a priori* (JP p 162 最後の行，HN p 157 1 行目)：他にも随所で出てくるが，カントの言葉で「先験的」と訳されている．反対語が *a posteriori* で，これもたくさん出てくるが，「後天的」などと訳されている．実際にこの例が出てくる該当箇所を読むと，カントの先験性の問題とは関係がないことがわかる．この言葉は，実際には，フランスの日常会話にも使われ，「最初から」「当然だ」という意味になる．*a posteriori* は日常で使うことはあまりないが，すでに上でも指摘したように，それぞれのコンテキストに応じて，適切に訳し分ける必要がある．

> 最初の生物の出現に先行したはずだと思われる過程には，先験的《ア・プリオリ》に以下の三段階があったものと思われる．(JP p 162)

> On peut *a priori* définir trois étapes dans le processus qui a pu conduire à l'apparition des premiers organismes. (HN p 157)

こうした例では，「先験的」はふさわしくない．特に実験的な事実があるわけではないが，いろいろな事情を考えると，このように考えるのが適当だというような意味である．「まず」というくらいでもよさそうである．

> 最初の生物を出現させ得た過程には，まず，次の三段階が考えられる．(NS)

4. *«omne vivum ex ovo»* (HN p 159)：「生物はすべて胚から生ずる．英国の医師ウィリアム・ハーベーの金言」(JP p 166) と説明がつけられているが，この *ovum* (奪格が *ovo*) は卵であって胚 (embryon) と言えるのかが問題となる．実は，ハーヴェー W. Harvey がその著『動物の形成に関する試論』(Harvey 1651) のタイトル挿絵に書き込んでいた言葉は，*Ex ovo omnia* (すべては卵から) であって，そこでは植物も含め，いろいろな生物が，一つの卵から飛び出してくるような図になっていた．*«omne vivum ex ovo»* を最初に使用したのは，ジーボルト Karl Theodor Ernst von Siebold で，1845 年のことである (*Naturwissenschaften* 記事 1985)．脊椎動物の卵が発見される以前，ハーヴェーの当時に知られていたのは胚でしかない．そのため，ハーヴェーの言葉には，「胚」という言葉

をあてるのが適当と考えられている．しかし，ジーボルトの言葉に胚をあてるのは適切ではない．結局，つけるべき説明は，「生物はすべて卵から生ずる．シーボルトの言葉」となるだろう．ちなみに，モノーの文章には，何の説明もない．

ここで使われている言葉は，後にフィルヒョウ Rudolf Ludwig Karl Virchow が使った *omnis cellula e cellula*（すべての細胞は細胞から）とも関連しているが，この有名な言葉も，ラスパイユ F. V. Raspail がもともと 1825 年につくり出したもので，その際の起源ははっきりしない．しかし，ジーボルトの言葉のもとかもしれない．その内容は，結局は，レディが昆虫の自然発生を否定した著作『昆虫の発生についての実験』（Redi 1668）において引用していたハーヴェーの文章に遡ると思われる．ただし，そこでは上のラテン語の言葉はない．*Quippe omnibus viventibus id commune est*（dice egli［ハーヴェーを指す］），*ut ex semine, ceu ovo, originem ducant: sive semen illud ex aliis eiusdem speciei procedat, sive casu aliunde adveniat.*（ラテン語）「当然のことながら，どんな生き物にも共通なのは，種《たね》や卵に起源があるということ，つまり，あるいはその種が同種の他のものから生ずるか，または偶然にどこか他のところからくるはずだということである」．このようにいろいろな学者が，よく似た表現をさまざまに変化させて使っていたようである．